高分子物理

陈义旺　胡　婷　谈利承　周魏华 等 编

科学出版社

北京

内 容 简 介

本书主要研究聚合物的结构与性能之间的关系，内容包括高分子的结构及形态学、高分子的分子运动特征及热转变、高分子材料的力学性能及电学性能等。通过揭示高分子的多层次结构、分子运动及主要物理、机械性能的基本概念、基本理论及基本研究方法，为高分子材料设计、改性、加工、应用奠定基础。

本书可作为高等学校高分子材料与工程、化学、化学工程与工艺和轻工纺织等专业本科生和研究生教材，也可供高分子材料研究、应用和生产领域相关专业技术人员参考。

图书在版编目（CIP）数据

高分子物理 / 陈义旺等编. —北京：科学出版社，2018.12

ISBN 978-7-03-060277-0

Ⅰ. ①高⋯　Ⅱ. ①陈⋯　Ⅲ. ①高聚物物理学－教材　Ⅳ. ①O631.2

中国版本图书馆 CIP 数据核字（2018）第 296622 号

责任编辑：陈雅娴　付林林 / 责任校对：杜子昂
责任印制：张　伟 / 封面设计：陈　敬

科学出版社 出版
北京东黄城根北街 16 号
邮政编码：100717
http://www.sciencep.com

北京虎彩文化传播有限公司 印刷
科学出版社发行　各地新华书店经销

*

2018 年 12 月第　一　版　开本：787×1092　1/16
2023 年 1 月第四次印刷　印张：13 3/4　插页：1
字数：352 000

定价：58.00 元

（如有印装质量问题，我社负责调换）

前　言

　　近年来，高分子材料研究迅猛发展，应用于国计民生的新材料层出不穷。作为高分子科学理论基础的高分子物理，是高等学校高分子材料与工程、化学、化学工程与工艺和轻工纺织等专业重要的专业基础课程。为适应高分子科学的发展，在本书编写过程中，编者立足基础、注重与时俱进，遵从微观结构到宏观性能的主线，使学科基础知识的结构层次清晰明了。

　　本书力求改进目前高分子物理教材组织的传统思路，以线条的形式展现高分子物理的主要内容，穿插一些实践中的问题以帮助读者巩固理解、融会贯通；另外，穿插某些实际问题的解决方法，引导读者运用理论知识解决实际问题；本书图片丰富，使读者能形象地理解复杂的物理化学问题。各章给出知识框架，突出重点知识及其相关性，使读者更容易把握各章的脉络。

　　本书由陈义旺教授组织南昌大学谈利承、周魏华、吕小兰、谌烈、胡婷，以及南昌航空大学钟卫、童永芬、徐海涛等从事高分子物理一线教学的教师，结合长期教学实践编写而成。第1章由钟卫、吕小兰编写，第2、5章由周魏华、陈义旺编写，第3章由童永芬、胡婷编写，第4章由谈利承、钟卫编写，第6章由谈利承、陈义旺编写，第7章由胡婷、吕小兰编写，第8章由谌烈、徐海涛编写。全书图片由刘海寒完成。在本书编写过程中得到北京化工大学闫寿科教授的指导和帮助。清华大学危岩教授对全书进行了审核。同时，本书得到了南昌大学教务处和化学学院的大力支持，在此一并表示感谢！最后，感谢科学出版社给本书提出的宝贵意见！

　　鉴于编者水平所限，本书尚有不尽完善之处，欢迎读者提出宝贵意见与建议。由于高分子物理正处于蓬勃发展阶段，随着时代的发展本书某些内容可能会有值得商榷和改正之处，留待日后再版时修正。

编　者
2018 年 7 月

目　　录

第1章 高分子链的结构

1.1 引 言

高分子是相对分子质量上万的物质，一般由数百个以上的重复单元（repeating unit）以共价键的方式连接组成。为了理解高分子结构的复杂性，本章首先讨论高分子链及其重复单元异构化（isomerization）带来的不规整性。由此进一步思考整根高分子链的结构，讨论主链中可旋转共价键所形成的构象（conformation）。由构象的变化进一步阐述柔性（flexibility）这一高分子独有的特征。通过理想高分子链模型及实际高分子链的等效处理，对高分子柔性的特征、表征参数、影响因素进行讨论。

1.1.1 高分子结构的特点

高分子是由大量相对分子质量不同的同系物所组成的混合物。高分子链的键接结构（bonding sequence）、重复单元的构型（configuration）、分子形状、构象和不同单体的共聚结构给高分子材料带来了复杂性和多样性。具体来说，高分子结构具有以下特征：

（1）高分子是混合物，其相对分子质量存在一定的分布。涉及某一种高分子相对分子质量时，应注意相应数值只是平均相对分子质量。平均相对分子质量是一个统计的概念，是数量巨大的高分子统计平均的结果，按照不同的加权方式，常见高分子的相对分子质量有数均相对分子质量（number-average relative molecular mass，$\bar{M}_n$）和重均相对分子质量（weight-average relative molecular mass，$\bar{M}_w$）。二者比值的大小能够衡量高分子相对分子质量分散性的大小。

（2）高分子的结构具有复杂性。高分子的重复单元可具有不同的键接结构、不同的构型；高分子还可能通过链支化（chain branching）、交联（cross linking）等形成各异的分子形状。重复单元由多种结构单元（structural unit）组成时还会形成变化的共聚序列。这些复杂的结构变化会影响凝聚态（condensed state），进而决定材料的性能。

（3）链段（chain segment）是理解结构和性能的重要方式。链段是高分子主链中若干个化学键组合起来的片段。尽管在不同条件下，链段中所包含的化学键数并不固定，但它是理解高分子行为不可或缺的模型。例如，实际高分子链通过等效链段的方式，可以具有自由连接链（freely-jointed chain）的特征。站在分子运动的角度上，链段能否自由运动，决定了高分子处于玻璃态还是高弹态。此外，高分子的流动和结晶也是通过链段的协同运动完成的。

（4）高分子的凝聚态受高分子链结构复杂性的影响，表现出与小分子不同的特征。高分子的非晶态（amorphous state）表现出远程无序、局部有序的特征。高分子的晶态（crystalline state）无法像高纯度的小分子一样形成接近100%的结晶。结晶高分子的熔融温度往往表现出一个很宽的范围。通常情况下，结晶高分子中无序区域和有序区域同时并存。

通过外力的作用，高分子主链的局部（链段）或全部沿某一特定方向排列，称为取向（orientation）。取向能提高材料在取向方向上的力学性能。

（5）共混（blending）是改善高分子材料性能的重要手段，目的在于将两种以上高分子混合在一起以发挥其各自的优势。高分子在不同条件下混合会形成形态各异的织态结构

（texture）。出于加工和使用的考虑，高分子材料往往加入不同功能的添加剂（additives），对材料的性能产生重要的影响。

（6）构象是理解高分子材料性能的重要途径。和小分子一样，高分子中不同的构象是由可内旋转（internal rotation）的化学键（如—C—C—、—C—N—）带来的。不同点在于高分子的构象数远远大于小分子。假设化学键旋转过程中能量较低的状态数为 x，分子中可旋转的化学键数为 a，那么由内旋转产生的构象数就是 x^a。高分子中 a 的数值比小分子大几个数量级，构象数差几百个数量级。高分子的溶解、结晶、流动、力学拉伸等过程中出现的现象都涉及构象变化。可以说，构象是理解高分子特性的重要方法。

（7）因为具有庞大的构象数，高分子表现出独特的高弹性（high elasticity）。高弹性是橡胶材料应用的基础。去除外力后，构象数最大化的熵增加特性是高弹性的本质特征。

1.1.2 高分子结构的研究内容

高分子结构分为链结构和凝聚态结构。链结构中重复单元的化学组成、键接结构、构型、支化、交联、共聚结构，属于近程结构（或一级结构）。链结构中高分子链的大小（相对分子质量）与形态（构象），高分子链的柔性属于远程结构（或二级结构）。高分子凝聚态结构属于三级结构，是大量高分子通过分子间作用力而形成的。高分子的凝聚态需要研究高分子的晶态、非晶态、取向、液晶态及共混形成的织态结构。图 1-1 总结了高分子结构的研究内容。

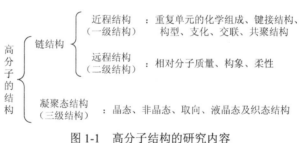

图 1-1　高分子结构的研究内容

1.2　高分子链一级结构

1.2.1　重复单元的化学组成

高分子是由许多重复单元通过共价键连接起来的，具有长链结构。表 1-1 列举了一些常见的高分子，其重复单元的化学组成决定了材料的性能。聚乙烯（PE）的结构最为简单，其结构式中的 n 为聚合度（degree of polymerization），代表了重复单元的个数。将 PE 重复单元中的氢原子用甲基、氯原子、苯环替代可依次得到聚丙烯（PP）、聚氯乙烯（PVC）、聚苯乙烯（PS）。

表 1-1 左栏高分子的主链均由碳原子组成，称为碳链高分子。表 1-1 右栏中，高分子的主链由碳原子与氮、氧、硫等杂原子构成，称为杂链高分子。与碳链高分子相比，杂链高分子极性更强，一般具有更好的力学性能。由于主链带有酯基或酰胺基团，杂链高分子更易受到酸碱的影响。主链完全不包含碳原子的称为元素有机高分子，如聚甲基苯基硅氧烷。这类高分子具有无机物的耐热性和有机高分子的弹性（elasticity）。苯环是一种刚性的结构，随着苯环在主链中所占比例的提高，高分子的耐热性能相应增加，如聚醚酮（PEK）耐热性高于聚

表 1-1　常见高分子

化学结构式	高分子名称	化学结构式	高分子名称
$\left[\!CH_2\!-\!CH_2\!\right]_n$	聚乙烯（PE）		聚对苯二甲酸乙二醇酯（PET）
	聚丙烯（PP）		聚己二酰己二胺（尼龙 66）
	聚氯乙烯（PVC）		聚碳酸酯（PC）
	聚苯乙烯（PS）		聚甲基苯基硅氧烷
	聚甲基丙烯酸甲酯（PMMA）		聚醚酮（PEK）
	聚四氟乙烯（PTFE）		聚酰亚胺（PEI）
	聚 2-甲氧基-5(2'-乙基)己氧基-1,4-苯撑乙烯（MEH-PPV）		聚苯并咪唑（PBI）
			聚 3-己基噻吩（P3HT）

对苯二甲酸乙二醇酯（PET）。表 1-1 中的聚酰亚胺（PEI）和聚苯并咪唑（PBI）称为梯形高分子（ladder polymer），分子链由连续的环状结构所组成，形如梯子。这类高分子受热后，即使主链断裂，只要不破坏环状结构或梯格，相对分子质量不会降低。梯形高分子在高温下仍能维持较好的力学性能，是耐热性最好的高分子。近年来，高分子半导体受到广泛关注，应用于发光二极管、太阳能电池等光电器件。这类材料的特点是主链具有共轭结构。其中，聚 2-甲氧基-5(2'-乙基)己氧基-1,4-苯撑乙烯（MEH-PPV）因为发光性能优异，成为最早的高分子发光二极管材料。聚 3-己基噻吩作为标准材料被大量用于研究和验证高分子太阳能电池器件的机理。

1.2.2　键接结构

表 1-1 中的 PP、PVC、PS 等高分子，结构通式为 $\underset{n}{\overline{\vert CH_2\!-\!CHR\vert}}$，可由单烯类单体聚合得到。在聚合过程中，重复单元的键接方式有头-头（head-to-head）连接、尾-尾（tail-to-tail）连接和头-尾（head-to-tail）连接。图 1-2 以 PS 为例标明了不同的键接结构。实际的聚合反应中，由于空间位阻效应（steric hindrance effect），高分子主链多采用头-尾连接的结构。

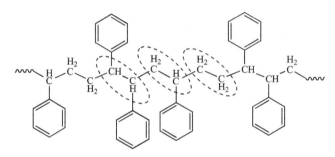

图 1-2　聚苯乙烯中不同的键接结构

椭圆虚线从左到右依次标注的结构为头-头连接、头-尾连接、尾-尾连接

1.2.3　高分子链的构型

高分子链是由重复单元构成的，重复单元的异构体会给高分子链的结构和性能带来复杂性。异构体之间虽具有相同的化学组成，但分子排列存在差异。异构体有两种重要类型，一种是由不对称碳原子引起的旋光异构体（optical isomers），如图 1-3 所示，有 (R) 型和 (S) 型两种基本形式。

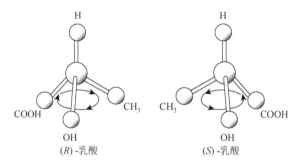

图 1-3　乳酸的两种旋光异构体

另一种是由双键存在引起的几何异构体（geometrical isomers），如图 1-4 所示，存在顺式（cis-）和反式（trans-）两种形式。异构体所呈现的原子排列形式称为构型。构型之间进行改变必须打断化学键，对原子或基团进行重新排列。几何异构体靠化学键的内旋

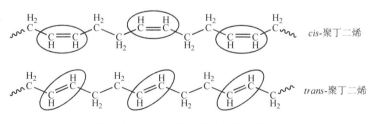

图 1-4　聚 1,4-丁二烯的几何异构体

转无法改变构型，也不能完成异构体之间的转变，与通过内旋转即可完成转变的构象有本质区别。

1. 旋光异构体

如果重复单元不具有对称面和对称中心，其本体与镜像体不能完全重合，可形成旋光异构体。从图 1-5 可以看出，乳酸的两种旋光异构体具有类似左手和右手的关系，而具有对称中心的圆底烧瓶则可以完全重合。也就是说，平移、旋转无法使(R)-乳酸转变成(S)-乳酸，只有破坏化学键，对取代基的位置进行交换才能实现二者的转换。

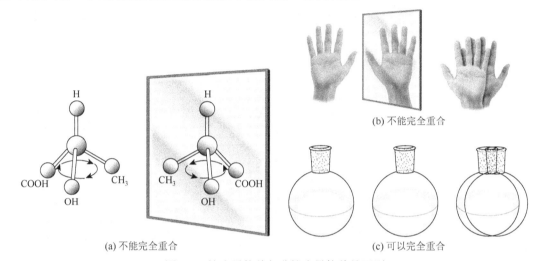

(a) 不能完全重合

(b) 不能完全重合

(c) 可以完全重合

图 1-5　旋光异构体与非旋光异构体的区别

旋光异构体在乙烯基高分子（vinyl polymers）中较为常见。乙烯基高分子的主链完全由碳原子组成，如果碳原子上的四个取代基团各不相同，重复单元就具有旋光异构体。由图 1-6 可以理解碳链高分子中旋光异构体出现的条件。主链上的碳原子和两边的长链 R_1、R_2 相连，R_1、R_2 一般是不同的。如果 X、Y 不同，取代基团的中心为不对称碳原子，为此，大多数的乙烯基聚合物需要考虑旋光异构的问题。

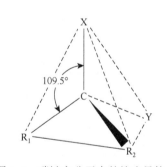

图 1-6　碳链高分子中的旋光异构体
R_1、R_2 为长链，X、Y 为取代基团

对于聚乙烯的情形，X 和 Y 都为氢原子，不具有旋光异构体。对于聚丙烯的情形，X、Y 分别对应 H、—CH_3，会出现(R)型和(S)型两种旋光异构体。如果高分子主链仅由一种异构体组成，称高分子具有全同立构（isotacticity）的构型；如果两种异构体交替出现，称为间同立构（syndiotacticity）。如果两种异构体的出现无规律，则得到无规立构（atacticity）高分子。图 1-7 示意了不同立体构型的聚氯乙烯分子，其中全同立构高分子包括(R)型和(S)型两种。尽管聚氯乙烯的重复单元具有不同的旋光异构体，但总体来说(R)型和(S)型异构体的数量相当，材料发生消旋，不具有旋光性。全同立构和间同立构的高分子所占百分比定义为等规度（isotacticity），是衡量乙烯基高分子规整程度的一个重要指标。等规度对材料的结晶乃至力学性能有直接的影响。等规度高的高分子容易结晶，对应的力学性能也更加优异。例如，等规的聚丙烯由于结晶度高可作为塑料使用，而无规聚丙烯是柔软的弹性体，没有实际的用途。再如，常见的聚苯乙烯通过

自由基聚合（radical polymerization）得到，是无规立构的，因此无规聚苯乙烯是典型的非晶态高分子（amorphous polymers），耐热温度在其玻璃化转变温度（glass transition temperature, $T_g = 100℃$）附近。与此对照，间规聚苯乙烯（syndiotactic polystyrene，sPS）是一种半结晶性高分子，其结晶速率比无规聚苯乙烯高两个数量级。结晶度的增加也使 sPS 耐溶剂性能大幅度提高，耐热温度在其熔点（melting point，$T_m = 270℃$）附近。为了得到等规度高的高分子，需要使用立构规整聚合（stereoregular polymerization）方法，采用特殊的催化剂（如 Ziegler-Natta 催化剂）。

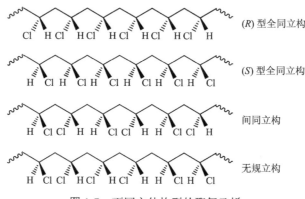

(R) 型全同立构

(S) 型全同立构

间同立构

无规立构

图 1-7 不同立体构型的聚氯乙烯

2. 几何异构体

双烯类单体通过 1,4-加成得到的高分子，取代基团在重复单元内的双键两侧可具有不同的排列方式，形成不同的几何异构体。几何异构体具有顺式构型（cis-configuration）与反式构型（trans-configuration）两种形式（图 1-4），几何异构也称为顺反异构。

不同几何异构体构成的高分子材料性能差异较大。图 1-8 中，顺式聚异戊二烯是天然橡胶（NR）的主要成分，具有良好的弹性和综合性能；反式聚异戊二烯是杜仲胶的主要成分，容易结晶，具有橡胶和塑料的双重特性。表 1-2 总结了聚 1,4-异戊二烯和聚 1,4-丁二烯顺反异构体的性质，可以看出反式异构体的 T_g 和 T_m 升高，室温下的弹性也随之降低。

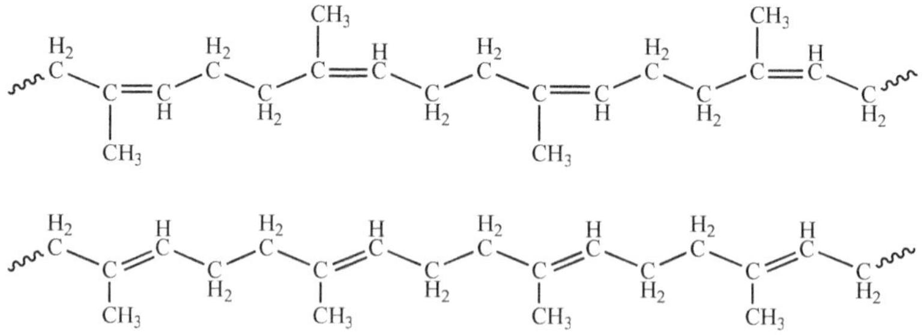

cis-聚异戊二烯
（天然橡胶主要成分）

trans-聚异戊二烯
（杜仲胶主要成分）

图 1-8 聚异戊二烯的几何异构体

表 1-2 几种高分子的熔点和玻璃化转变温度

高分子	熔点 T_m/℃		玻璃化转变温度 T_g/℃	
	cis-	trans-	cis-	trans-
聚 1,4-异戊二烯	30	70	−70	−60
聚 1,4-丁二烯	2	148	−108	−80

最后以聚异戊二烯为例，把构型作一个完整讨论。图 1-9 的中心是异戊二烯单体，如果采用 1,2-或 3,4-加成的方式聚合，可以得到乙烯基高分子，对应的为旋光异构体，类型为全同、间同、无规立构高分子。如果采用 1,4-加成的方式聚合，对应的为几何异构体，得到的是 *cis*-聚 1,4-异戊二烯和 *trans*-聚 1,4-异戊二烯。如果考虑键接结构，上述八种高分子还可以进行头-头、头-尾、尾-尾的组合排列。以聚异戊二烯为例，可以清楚地认识到高分子结构的复杂性。

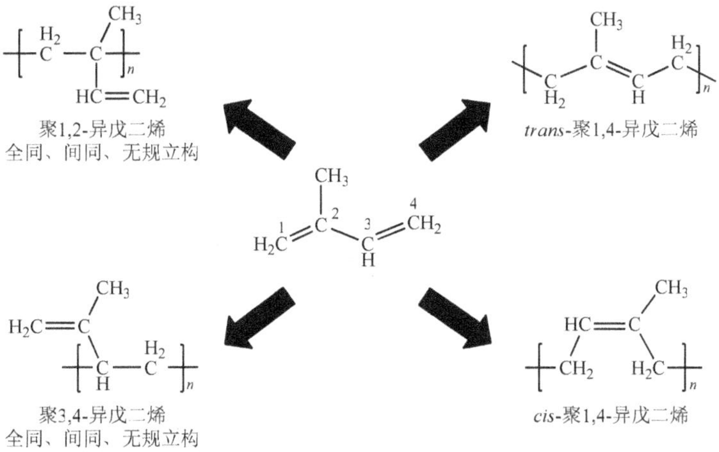

图 1-9　聚异戊二烯的构型

1.2.4　支化与交联

高分子在聚合或加工过程中，通过主链链增长（chain growth）得到的高分子是线型的，如果存在链转移（chain transfer）和交联，将得到支化和交联的高分子。图 1-10 中示意了高分子不同形状，一般来说支化会降低高分子的结晶度，使其力学性能和耐热性能变差；而交联则降低材料的变形能力，增加其模量、强度（strength）和耐热性能。交联对于热固性塑料（thermosetting plastic）和橡胶非常重要。塑料的交联反应称为固化（curing）。图 1-11 示意了脲醛塑料的合成过程，通过固化，脲醛塑料才能具有好的耐热性能和刚度。橡胶材料的交联反应称为硫化（vulcanization），这是因为很多橡胶用硫黄进行交联（图 1-12）。未经硫化的橡胶是没有实用价值的，受力后分子链容易滑移产生永久变形，受热容易发黏。硫化（交联）是橡胶材料应用的必要条件。

線型高分子　　　支化高分子　　　交联高分子

图 1-10　高分子的形状（●代表交联点）

除无规支化（random branching）外，还有一些比较特殊的支化结构。图 1-13 列举了几种特殊的支化形式。多个线型分子接枝到高分子主链，可形成梳形支化（comb branching）高分子。从某一中心延伸出多条高分子长链，可得到星形支化（star branching）高分子。20 世纪 90 年代，高度支化的树枝状高分子（dendrimer）和超支化高分子（hyperbranched polymer）引

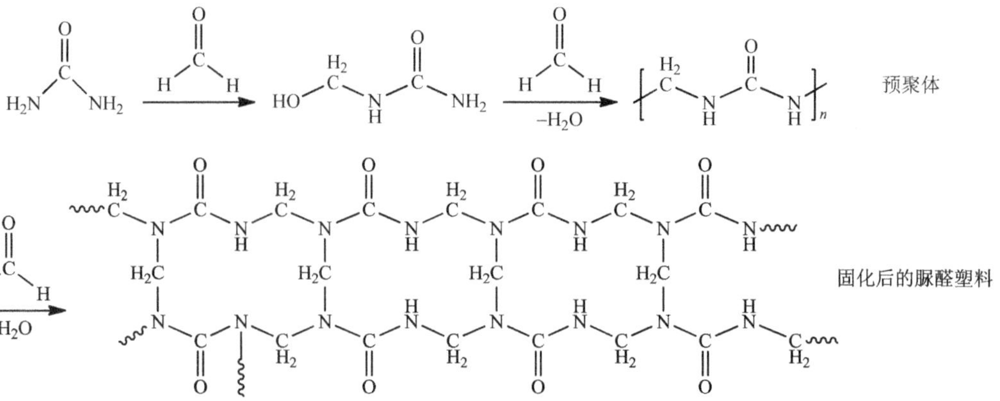

图 1-11 脲醛塑料的固化

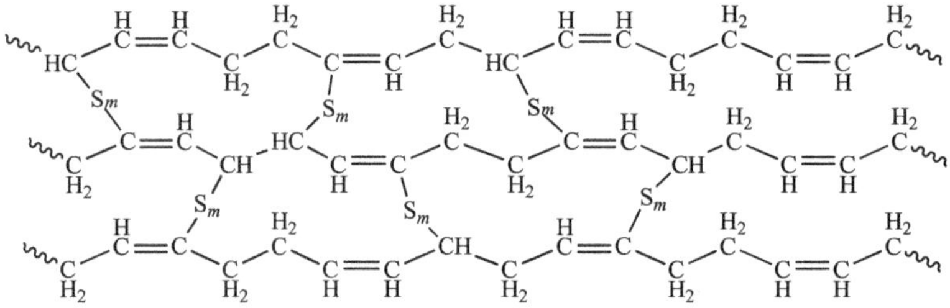

图 1-12 硫化后的顺丁橡胶（m 为硫原子个数）

起了人们广泛的研究兴趣。这类分子具有非常密集、分布于分子表面的端基官能团，可用于高效的功能材料。树枝状高分子呈现完美的球形，但合成和提纯步骤烦琐。超支化高分子支化形式和分子形状不规则，但合成步骤简单，应用方面更具有现实性。

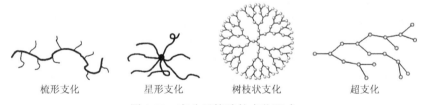

梳形支化　　　星形支化　　　树枝状支化　　　超支化

图 1-13 高分子特殊的支化形式

1.2.5 共聚物的结构

包含两种以上结构单元的高分子称为共聚物（copolymer）。多种单体的引入给材料性能的研究带来了复杂性和显著的影响。例如，聚乙烯、聚丙烯的均聚物通常作为塑料使用，而二者的共聚物是耐老化性能优异的乙丙橡胶。发生这种转变的原因在于无规共聚（copolymerization）降低了聚乙烯/聚丙烯的结晶能力。将单体进行共聚，往往希望能够改善高分子的性能。例如，聚苯乙烯具有好加工的优点，但韧性较差，通过引入丁二烯单体可提高聚苯乙烯的韧性，进一步引入丙烯腈单体可提高材料的热稳定性和化学稳定性，最终得到的丙烯腈-丁二烯-苯乙烯共聚物（ABS）是一种性能优异的高分子材料。描述共聚物的结构，首先要对其共聚形式进行区分。图 1-14 示意了 A、B 两种共聚单体存在时的各种共聚方式。表 1-3 举例说明了交替共聚物（alternating copolymer）、无规共聚物（random copolymer）、嵌段共聚物（block copolymer）与接枝共聚物（graft copolymer）的表达方法。

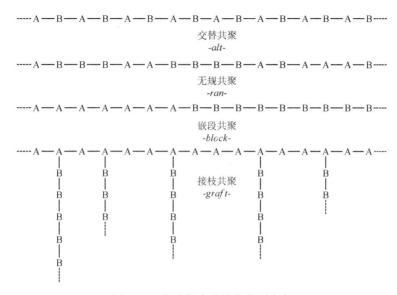

图 1-14　共聚物中单体的序列分布

表 1-3　共聚物的形式及表达方式

类型	连接符	举例
交替共聚	*-alt-*	聚（乙烯-*alt*-马来酸酐）
无规共聚	*-ran-*	聚（乙烯-*ran*-丙烯）
嵌段共聚	*-block-*	聚（苯乙烯）-*block*-聚（丙烯酸）
接枝共聚	*-graft-*	聚（苯乙烯）-*graft*-聚（甲基丙烯酸甲酯）

1.2.6　具有"天然"规整性的高分子

高分子的结晶对规整性要求很高，这就要求高分子链在几何上具有平移对称性（translational symmetry）。具有此性质时，按照一固定距离沿高分子平移，重复单元能够周期性地出现相同的化学组成和连接方式。图 1-15 示意了平移对称性的特征。

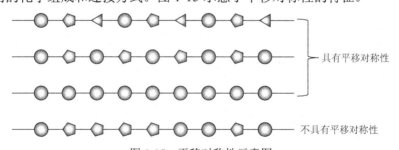

图 1-15　平移对称性示意图

有些高分子天然地具有规整性，是由其聚合过程决定的。例如，缩聚（polycondensation）得到的 PET 只具有一种重复单元，即

它由 $\left(\!\!\!\begin{array}{c}\text{O—C}_2^{H_2}\text{—C}_2^{H_2}\text{—O}\end{array}\!\!\!\right)$ 和 $\left(\!\!\!\begin{array}{c}\text{C—}\bigcirc\text{—C}\end{array}\!\!\!\right)$ 两种结构单元组成。缩聚过程使两种结构单元交替出现，因此 PET 具有平移对称性。此外，仔细分析 PET 可知其重复单元只具有一种构型。与缩聚相比，加成聚合（addition polymerization）不容易得到规整性好的高分子。

1.3 高分子链二级结构

1.3.1 高分子的相对分子质量

相对分子质量是衡量分子大小的尺度。对于结构确定的小分子，其相对分子质量具有明确的数值。高分子的相对分子质量受到结构复杂性的影响，不是一个单一数值，具有多分散性（polydispersity）。高分子链的长度存在或宽或窄的分布，其相对分子质量只能用统计平均值来表示，其常见的相对分子质量有数均相对分子质量 $\overline{M}_n$ 和重均相对分子质量 $\overline{M}_w$。聚合度与相对分子质量成正比，也可以衡量高分子的大小。由平均相对分子质量只能大致确定高分子的大小，为了详细研究高分子相对分子质量的组成情况，应使用相对分子质量分布曲线。图 1-16（a）的相对分子质量分布曲线中，横坐标为相对分子质量，纵坐标为具有该相对分子质量组分的质量分数。该曲线分布越宽，说明高分子组成越不均匀。为了获得相对分子质量分布曲线，常使用凝胶渗透色谱法（gel permeation chromatography, GPC）。GPC 是常见的相对分子质量测定方法，测试结果表现为图 1-16（b）的谱图。其横坐标为流出时间，流出时间越长，对应组分的相对分子质量就越小。流出时间和相对分子质量的对应关系要用标准物进行标定。GPC 谱图的纵坐标为浓度响应，一般通过折光系数来测定。对于具有紫外吸收的高分子，浓度响应还可以通过紫外吸收来测定。浓度通过换算可以转化成质量分数数据，最终浓度响应-流出时间谱图可以转换成质量分数-相对分子质量曲线。

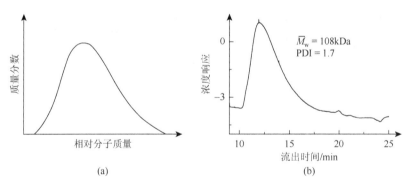

(a)   (b)

图 1-16　相对分子质量分布曲线和 GPC 谱图

PDI：多分散性指数；$1\text{Da} = 1.660\,54 \times 10^{-27}\text{kg}$

把不同相对分子质量的烷烃进行比较可理解相对分子质量的重要性，聚乙烯可以看成是相对分子质量很大的烷烃的混合物。表 1-4 对不同碳原子数的烷烃进行了比较，随着碳原子数增加，分子间作用力增加，物质发生气、液、固态的转变。随着相对分子质量的增加，材料的力学性能也逐渐提高，用途也随之改变。室温下，碳原子数 1～4 的烷烃处于气态。正戊烷室温为液态，沸点为 36.1℃，是一种低黏度液体。5～11 个碳原子的烷烃，液体黏度（viscosity）随碳原子数增加而增大。煤油、油脂具有更多的碳原子，状态逐渐变为高黏度液体。具有 25～50 个碳原子的烷烃是通常所说的石蜡，室温下是结晶性的固体。常见聚乙烯碳原子的数量为 1000～3000，是具有韧性的塑料。聚乙烯的熔点表现出对相对分子质量的依赖性。图 1-17 中，刚开始熔点随相对分子质量增加较为明显，至某一相对分子质量之后，熔点随相对分子质量轻微增加趋于一个极限值。大多数线型聚乙烯的熔点为 140℃，熔点趋近的极限值为 145℃。聚乙烯（相对分子质量高的烷烃）与石蜡（相对分子质量低的烷烃）更重要的区别还在于力学性能。用石蜡制成的蜡烛，用手轻轻用力即可掰断，而相对分子质量超过 150 万的超高相对分子质量聚乙烯（ultra-high molecular weight polyethylene，UHMWPE），耐磨性超过碳钢，可用作人工关节和防弹背心。

表 1-4　烷烃/聚乙烯的性能和用途

直链中的碳原子数	材料性能及状态	用途
1～4	气体	液化气
5～11	液体	汽油
9～16	中等黏度液体	煤油
16～25	高黏度液体	油脂
25～50	结晶性固体	石蜡、蜡烛
1000～3000	具有韧性的塑料	聚乙烯塑料瓶和容器

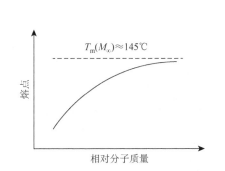

图 1-17　聚乙烯相对分子质量与其熔点的关系

M_∞ 代表相对分子质量无穷大（很大）时的状态

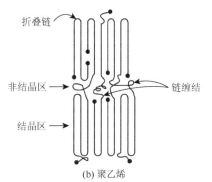

图 1-18　石蜡与聚乙烯的结构比较

图 1-18 能够帮助理解聚乙烯和石蜡力学性能的差异性。聚乙烯分子链较长，一根分子链能够跨越多个结晶区，石蜡的分子链短，结晶局限于单一结晶区。因此，石蜡的结晶区之间只存在范德华力（van der Waals force）的作用，而聚乙烯的结晶区之间还有化学键的连接。从图 1-18 还可以看到，聚乙烯的结晶区之间存在着非结晶区。非结晶区的存在能增加材料的柔性，提高其韧性。聚乙烯内部还存在链缠结（chain entanglement），这增加了分子之间的相互作用，使材料具有更好的力学性能。图 1-19 对比了有无链缠结的情况，分别对应烷烃高于临界相对分子质量和低于临界相对分子质量下的情况。

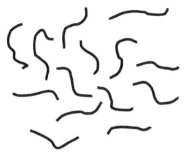 

(a) 无链缠结的低于临界相对分子质量的情况   (b) 有链缠结的高于临界相对分子质量的情况

图 1-19 高分子的链缠结

此外，熔融黏度（melt viscosity）随相对分子质量变化的关系也与链缠结有关。链缠结是高分子超过某一临界相对分子质量（critical relative molecular mass，M_c）才会具有的特性，因此高分子的一些性能在临界相对分子质量附近呈现不同的变化规律。

图 1-20 比较了相对分子质量对高分子断裂强度（fracture strength，σ_b）和熔体剪切黏度（shear viscosity，η_a）的影响。从图中可以看出，无论是断裂强度还是熔体剪切黏度，它们随相对分子质量的变化规律都在临界相对分子质量附近发生变化。Wool 的研究表明，单根分子链链缠结次数达到 8 次时，高分子的断裂强度可达到最大值的 90%。此外，高分子的剪切变稀（shear thinning，随剪切速率提高，表观黏度下降的一种现象）与高分子链的解缠结（chain disentanglement）有关。从相对分子质量的角度出发，同时提高使用性能和加工性能存在着矛盾。增加相对分子质量，能够提高材料的力学性能，但增加熔体的黏度使加工性能下降。在满足使用性能的条件下，材料的相对分子质量并不是越高越好。可以从相对分子质量分布的角度解决上述矛盾，因为高分子的力学性能是由相对分子质量高的组分决定的。橡胶、塑料、纤维三种材料中，一般橡胶的相对分子质量最大，分布最宽；纤维的相对分子质量最小，分布最窄。三种高分子材料相对分子质量的差异正是使用性能和加工性能平衡的结果。

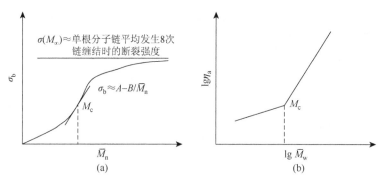

图 1-20 相对分子质量对高分子断裂强度（a）和熔体剪切黏度（b）的影响

1.3.2 高分子链的内旋转和构象

键接结构、构型、分子形状、共聚结构都可以看成是高分子结构的异构化——在维持组成不变的情况下改变高分子的结构。上述结构因素产生的异构体如果要进行相互转换，都需要打断化学键进行排列组合。本节讨论的构象仍然属于高分子异构化范畴，与之前内容的不同之处在于，具有不同构象异构体之间的转变只需要通过单键的内旋转。由此带来的本质区别是：构象改变比构型改变（需要打断化学键）要容易得多。对于乙烷分子，不同构象异构体之间最大的能量差值是 11.5kJ/mol，也就是说 11.5kJ/mol 的能量足以使乙烷分子完成所有构象的转换。如果需要打断 C—C 单键，根据表 1-5，需要 347kJ/mol 的能量。

表 1-5　共价键的键长与键能

化学键	键长/nm	键能/(kJ/mol)	化学键	键长/nm	键能/(kJ/mol)
C—C	0.154	347	C—Cl	0.177	331
C—N	0.147	293	S—S	0.204	213
C—O	0.143	351	C=C	0.134	615
Si—O	0.184	368	C=N	0.127	615
C—S	0.181	259	C=O	0.123	715
C—H	0.109	414	C=S	0.171	477
C—Si	0.187	289	C≡C	0.12	812
N—H	0.101	389	C≡N	0.116	891

异构体转换的概率可以用式（1-1）中的阿伦尼乌斯方程（Arrhenius equation）来估算，即

$$k = A\mathrm{e}^{\frac{-E_a}{RT}} \tag{1-1}$$

式中，k 为异构体转换的概率；A 为常数；E_a 为异构体转换的活化能（activation energy）；R 为摩尔气体常量；T 为热力学温度。把 11.5kJ/mol 和 347kJ/mol 代入式（1-1）并假设 A 为 1，可以估算出常温（298K）下乙烷分子构象改变的概率为 9.6×10^{-3}，化学键断裂的概率为 1.5×10^{-61}。从上述估算结果可以看出，构象改变和化学键断裂发生的概率相差几十个数量级。换句话说，高分子构象的改变要容易得多。虽然常温下分子构象改变的概率只有 0.96%，但材料中分子的数量非常庞大，在阿伏伽德罗（Avogadro）常量（$N_A = 6.02 \times 10^{23} \mathrm{mol}^{-1}$）数量级附近，能够改变构象的分子数是非常多的。

庞大的构象数使得分子的形态也非常多变。图 1-21（a）展示了 C—C 单键的可旋转性。图 1-21（b）以四个碳原子为例展示了可旋转单键带来构象变化的原理。对于化学组成确定的分子来说，σ 单键之间的夹角是固定的（如 C—C 键的键角为 109.5°）。在维持键角不变的情况下，C_2—C_3 绕着 C_1—C_2 轴旋转，C_3 会出现在左侧虚线标识的轨迹上。同样道理，绕着 C_2—C_3 轴旋转时，C_4 会出现在右侧虚线轨迹上。以上只是四个碳原子的情形。图 1-22 和图 1-23 分别展示了十八个碳原子和更多碳原子的情形，可以看出复杂程度随碳原子数增多而增加，伸展状态下的构象与卷曲状态下的构象差别也越来越明显。在热运动的扰动下，时刻有大量

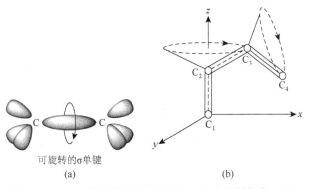

可旋转的σ单键
(a)　　　　　　　　　　(b)

图 1-21　C—C 单键轨道示意图（a）和内旋转构象（b）

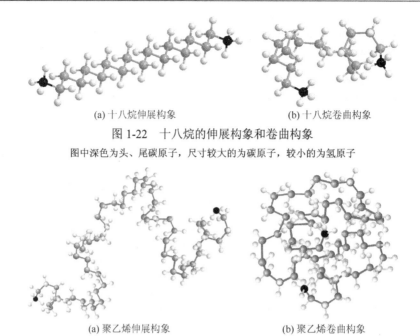

(a) 十八烷伸展构象　　　　　　　　　(b) 十八烷卷曲构象

图 1-22　十八烷的伸展构象和卷曲构象

图中深色为头、尾碳原子，尺寸较大的为碳原子，较小的为氢原子

(a) 聚乙烯伸展构象　　　　　　　　　(b) 聚乙烯卷曲构象

图 1-23　聚乙烯的伸展构象和卷曲构象

分子的构象在发生变化，高分子链的构象形态具有统计性质。大多数情况（除结晶、取向等特殊情形）下，分子链伸展构象出现的概率较小，卷曲构象出现的概率较大。高分子趋向于卷曲形态的构象称为无规线团（random coil）。

高分子的构象受到结构和外界因素的影响。如果高分子主链缺乏可旋转的化学键（如共轭高分子，conjugated polymers），分子形态会比较伸展，构象数量较少，这类分子常称为刚性分子（rigid molecule）。如果主链有足够的可旋转化学键，在非晶态下构象改变较为容易，主链将呈现卷曲状态。晶态中，高分子排列规整，也会出现能量较低、形态伸展的锯齿形构象或螺旋形构象。结晶过程中焓变为负（$\Delta H < 0$）有利于过程自发进行，熵变减小（$\Delta S < 0$）不利于自发进行，二者的平衡点为熔点。高分子构象还会受到外力的影响，在外力的作用下，高分子主链倾向于沿着外力方向排列，也会出现更加伸展的构象。例如，聚偏氯乙烯（PDCE）在室温为螺旋形构象，经过拉伸可转变为锯齿形构象。

构象的变化与高分子的许多现象、特性相关。例如，室温下构象容易变化的高分子比较柔软，可作为橡胶使用，构象与橡胶的高弹性有关。再如，塑料拉伸中的冷拉现象是外力强迫高分子构象发生改变的结果。此外，高分子的溶解、结晶、取向、熔体流动都伴随着构象改变，分别对高分子的溶胀（swelling）、熔点、力学性能及挤出胀大现象产生影响。

1.3.3　高分子链的柔性

众多可旋转单键形成了数量巨大的构象，单键的旋转越自由，构象的数量就越多，高分子就越柔顺（flexible）。柔性是能够在众多构象中自由转变的一种特性。首先考虑简单的乙烷分子，图 1-24 描述了构象势能 $u(\phi)$ 与旋转角 ϕ 的关系，图中的球棍模型和纽曼投影式能够直观地说明构象形态。从中可以看出乙烷分子中氢原子发生重叠时，构象势能最高，称为重叠构象（eclipsed conformation）。乙烷中两个甲基上的氢原子互相错开 60° 旋转角时，构象势能最低，称为对位交叉构象（staggered conformation）。乙烷在 C—C 单键的旋转中，势能每间隔60° 旋转角经历一次最大最小值的变化。对于二氯乙烷，情况要复杂一些。图 1-25 中构象势能由高到低依次是：两个氯原子重叠的构象（G），氯原子和氢原子重叠的构象（B、D），两个氯原子错开 60°旋转角时的邻位交叉构象（gauche conformation，A、F）和两个氯原子错开 180°旋转角的对位交叉构象（C）。其中，对位交叉构象和邻位交叉构象的势能较低，与高分子的柔性密切相关。

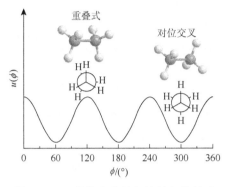

图 1-24　乙烷构象势能与旋转角的关系

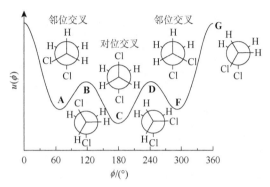

图 1-25　二氯乙烷构象势能与旋转角的关系

构象转变中有一个势垒（potential barrier）的概念，是低势能构象转变为高势能构象所需要的最低能量。图 1-26 标出了两个重要的势垒，对照图 1-25 容易看出 $\Delta\varepsilon$ 是对位交叉构象和左/右邻位交叉构象的势能差值，ΔE 则是对位交叉构象与重叠构象的势能差值。前者是两种势能较低构象的能量差别，后者则是对位交叉-邻位交叉构象转变中必须要克服的最大势垒。$\Delta\varepsilon$ 小到与 kT 相当时，邻位交叉构象与对位交叉构象出现的概率接近，高分子可以采取的构象非常多。此时，高分子表现出静态柔性（static flexibility）。也就是在热力学平衡的角度上，高分子因具有很多构象而

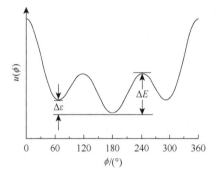

图 1-26　构象的势垒与柔性

柔顺。另外，尽管对位交叉、邻位交叉构象的势能差只有 $\Delta\varepsilon$，转变过程却需要克服更大的能量障碍 ΔE。如果 ΔE 小到与 kT 相当，称高分子具有动态柔性（dynamic flexibility）。动态柔性表现在时间上，具有动力学特征。动态柔性好的高分子，对位交叉、邻位交叉构象之间的转换时间短。

1.3.4　结构对高分子链柔性的影响

（1）主链结构。高分子的柔性来源于主链上可旋转的化学键，主链化学键越容易旋转，可旋转的化学键越多，高分子越柔顺。影响单键内旋转容易程度的因素是键长和取代基的数量。例如，—Si—O—键键长为 0.184nm，—C—O—键键长为 0.143nm，因而硅橡胶比聚甲醛更柔顺。—C—O—键比—C—C—键具有更少的取代基团，因而聚甲醛比聚乙烯更柔顺。需要指出的是，尽管聚乙烯、聚甲醛的主链具有柔性，但作为材料应用时一般不表现柔性（柔软、模量低）。这是因为材料的性能还依赖于凝聚态下的特征。聚乙烯、聚甲醛的结晶度很高，结晶限制了构象的改变，使材料不能表现出柔性。本章所说的柔性多数情况下是高分子链的柔性。使用中表现出柔性的高分子常称为橡胶。橡胶中常见的天然橡胶、顺丁橡胶，其主链具有孤立双键的结构特征。从图 1-27 中可以看出，双键碳原子上取代基减少，使邻近单键的旋转变得容易。聚异戊二烯和 cis-聚 1,4-丁二烯是柔性很好的橡胶。橡胶分子无一例外地具有柔性的主链。随着温度降低，构象改变逐渐变得困难。高分子失去柔性的温度是橡胶的最低使用温度。

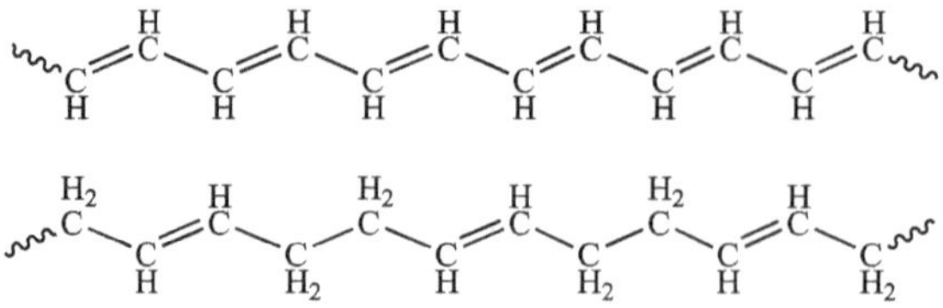

图 1-27 共轭双键和孤立双键的比较

与孤立双键相区别的是共轭双键，后者是显著降低柔性的因素。图 1-27 比较了孤立双键和共轭双键的不同。在聚乙炔这样的分子结构中，单键、双键交替出现，电子离域在整个高分子链上。共轭双键中的单键也具有部分双键特征，是不可旋转的。主链因为缺少可旋转的单键而失去柔性。具有共轭双键主链的高分子称为共轭高分子，由于共轭效应降低了电子跃迁的最低能力，这类高分子具有半导体的特征。共轭高分子广泛应用于光电器件领域，包括发光二极管、晶体管、聚合物太阳能电池。共轭高分子主链缺乏可旋转的化学键，理论上是高度刚性的，其溶解和熔融都非常困难。为了解决溶解性问题，常在共轭高分子主链引入长的脂肪族基团或烷氧基团，表 1-1 中的 MEH-PPV 和 P3HT 就是这样设计出来的。

由于芳香杂环不能发生内旋转，在主链中引入这样的结构能够有效减少可旋转的化学键，从而降低高分子的柔性。主链刚性的高分子一般作为塑料使用。随着主链刚性的增加，高分子材料变形能力下降，耐热性能也随之提高。图 1-28 比较了芳香尼龙和脂肪尼龙的结构差异，随着苯环的引入，材料的耐热性能有了大幅度的提升。考虑材料的加工性，高分子主链的刚性并不是越大越好。有些材料（如聚乙炔）因为过于刚性而无法用常规方法加工。

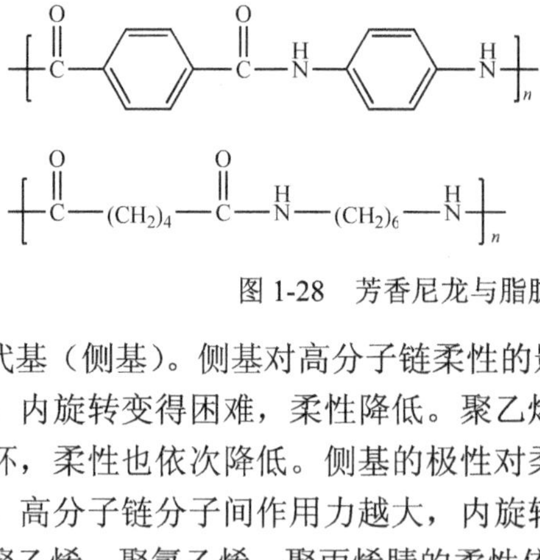

图 1-28 芳香尼龙与脂肪尼龙

（2）侧链取代基（侧基）。侧基对高分子链柔性的影响从空间位阻和极性两方面考虑。随着侧基位阻增大，内旋转变得困难，柔性降低。聚乙烯、聚丙烯、聚苯乙烯，侧基依次为氢原子、甲基、苯环，柔性也依次降低。侧基的极性对柔性的影响是从凝聚态的角度考虑的。侧基的极性越大，高分子链分子间作用力越大，内旋转越困难，因而链的柔性越差。例如，随着极性增加，聚乙烯、聚氯乙烯、聚丙烯腈的柔性依次降低。

（3）侧基的取代方式。不对称取代增加空间位阻，降低柔性；对称取代增加分子间距离，增加柔性。例如，聚甲基丙烯酸甲酯属于不对称取代，表现出刚性，作为塑料使用；聚异丁烯中两个甲基对称取代，表现出柔性，作为橡胶使用。

1.4　高分子链尺寸

前面已经讨论过高分子的柔性与构象、分子结构之间的关系。高分子的构象随高分子本身的结构性质与外界条件而发生变化。构象可以大致分为伸展、卷曲两种类型（参照图 1-23 中的两种构象）。构象的数量及不同构象之间转变的难易程度是影响高分子柔性的本质原因，而构象的数量和变化又能在高分子结构、分子间作用、外界条件中找到原因。本节从高分子链尺寸的角度来考虑高分子的柔性。直观的出发点在于伸展构象下，高分子尺寸较大，卷曲构象下，高分子尺寸较小。图 1-29考虑了最简单的线型分子，它一般采取无规线团构象，其分子尺寸可以由连接头尾重复单元的矢量 $\vec{h}$ 来表示，把该矢量的大小（矢量的模）称为高分子的末端距（end-to-end distance）。另一方面，材料中高分子的数量非常庞大，每一个高分子的末端距会随着构象的改变而不断变化。为此，需要一个统计意义的平均值来衡量整个体系的分子尺寸或柔性。因为只考虑矢量的大小，所以用矢量与自身点积求平均值来表征整个高分子体系的分子尺寸，称为均方末端距（mean square end-to-end distance）。

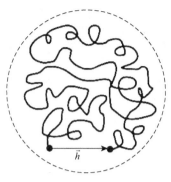

图 1-29　高分子链的末端距

均方末端距的平方根称为均方根末端距（root-mean-square end-to-end distance）。以上为表征线型高分子尺寸的常见指标。

研究高分子分子尺寸的目的在于了解它和柔性之间的关系。在此，首先考虑非常理想状态下的高分子链。这种状态下，主链上距离较远的重复单元之间不存在相互作用，尽管这些单元在空间上可能非常接近。尽管这种状态非常理想化，但确实存在一些高分子体系非常接近这种状态。例如，高分子溶液中高分子链与溶剂及自身都存在着相互作用，这两种作用的相对强弱决定了重复单元是倾向于彼此聚集或是相互排斥。低温下，重复单元之间的吸引力占据主导地位，高分子链呈现收缩的形态。高温下，重复单元的排斥力占主导地位，高分子链呈现扩张的形态。在一个特定温度（称为 θ 温度）下，高分子链重复单元的吸引力和排斥力彼此抵消。此时，高分子链非常接近开头描述的那种理想状态，称为 θ 状态。该状态下，重复单元-重复单元的相互作用被重复单元-溶剂的相互作用所抵消，重复单元的相互作用就好像消失了一样。线型高分子熔体或者浓溶液也可以在适当条件下进入 θ 状态，这就使得这种理想高分子链模型及它的尺寸成为重要的研究对象。这个模型也是高分子物理中很多模型的一个出发点。θ 状态下高分子链的均方末端距是表征实际高分子链柔性的一个重要参数。

1.4.1　均方末端距的几何计算法

在考虑实际高分子链的均方末端距之前，首先考虑两种非常理想的高分子链，通过比较可以更好地认识柔性和分子尺寸之间的关系。

1. 自由连接链模型

自由连接链模型的要点如下：高分子由 n 个键长为 l 的化学键组成，键角可以任意变化，每一个化学键的旋转都是自由的。在这种假设下，高分子链的最大末端距为 nl。图 1-30 示意了 n 个化学键组成自由连接链的一个构象及末端距，图中每个圆球代表一个重复单元，末端距可用式（1-2）计算

$$\vec{h} = \vec{h}_1 + \vec{h}_2 + \vec{h}_3 + \cdots + \vec{h}_n \tag{1-2}$$

方末端距为

$$\vec{h}^2 = h^2 = (\vec{h}_1 + \vec{h}_2 + \vec{h}_3 + \cdots + \vec{h}_n)^2 = \sum_{i=1}^{n} \sum_{j=1}^{n} \vec{h}_i \cdot \vec{h}_j \tag{1-3}$$

式中，h 为矢量 $\vec{h}$ 的模。由于所有键长均等于 l，式（1-4）成立。

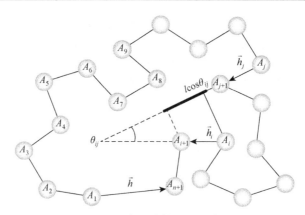

图 1-30　自由连接链的末端距

$$\vec{h}_i \cdot \vec{h}_j = l^2 \cos \theta_{ij} \qquad (1\text{-}4)$$

将式（1-4）代入式（1-3），整理得到

$$h^2 = nl^2 + l^2 \sum_{i=1}^{n} \sum_{j=1}^{n} \cos \theta_{ij} (i \neq j) \qquad (1\text{-}5)$$

上述结果只是某一个构象的方末端距，对于其他的构象，方末端距也有类似的表达式。均方末端距就是式（1-5）中第一项和第二项的平均值，容易看出第一项的平均值为 nl^2。第二项的平均值为 0，这是因为自由连接链中化学键在各方向出现的概率是相同的。将式（1-5）用相应的平均值进行整理，可得到自由连接链均方末端距的计算式，即

$$\overline{h^2} = nl^2 + l^2 \overline{\sum_{i=1}^{n} \sum_{j=1}^{n} \cos \theta_{ij} (i \neq j)} = nl^2 \qquad (1\text{-}6)$$

为了强调上述结果为自由连接链的均方末端距，上述结果也写成

$$\overline{h_{\mathrm{f,j}}^2} = nl^2 \qquad (1\text{-}7)$$

自由连接链的分子尺寸可以由均方根末端距计算，即

$$\sqrt{\overline{h_{\mathrm{f,j}}^2}} = \sqrt{n}l \qquad (1\text{-}8)$$

由如上结果可知，自由连接链的尺寸比完全伸直链的尺寸 nl 小得多，在所有链的模型中，自由连接链是最柔顺的。

2. 自由旋转链模型

自由旋转链模型要点如下：高分子由 n 个键长为 l 的化学键组成，每一个化学键的键长和键角相等，化学键可以自由旋转，旋转角在 0°～360°等概率出现。自由旋转链模型比自由连接链更接近真实的高分子，如聚乙烯主链化学键角的大小固定为 109.5°。在这里仍然使用几何法对聚乙烯自由旋转链的均方末端距进行计算。与自由连接链类似，均方末端距可以写成类似式（1-6）的表达形式。不同点在于，自由旋转链的第二项不为 0。第二项展开的结果为

$$l^2 \overline{\sum_{i=1}^{n} \sum_{j=1}^{n} \cos \theta_{ij} (i \neq j)} = 2 \overline{\begin{pmatrix} \vec{h}_1\vec{h}_2 + \vec{h}_1\vec{h}_3 + \cdots + \vec{h}_1\vec{h}_{n-1} + \vec{h}_1\vec{h}_n \\ \vec{h}_2\vec{h}_3 + \vec{h}_2\vec{h}_4 + \cdots + \vec{h}_2\vec{h}_n \\ \vdots \\ \vec{h}_{n-1}\vec{h}_n \end{pmatrix}} \qquad (1\text{-}9)$$

假设键角的补角为 θ，为了计算第 i 个向量 $\vec{h}_i$ 与第 j 个向量 $\vec{h}_j$ 点积的平均结果，首先考虑图 1-31 中第 i 和 $i+1$ 个键的情况，第 $i+1$ 个键只能在与第 i 个键成 θ 角的圆锥面上转动。二者的点积如下，或者说向量 $\vec{h}_i$ 对 $\vec{h}_{i+1}$ 的影响为 $l\cos\theta$，即

$$\vec{h}_i \cdot \vec{h}_{i+1} = l^2 \cos\theta = l \cdot l\cos\theta \tag{1-10}$$

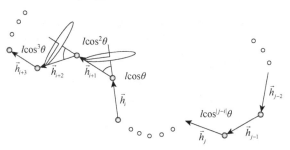

图 1-31　自由旋转链均方末端距的几何计算

自由旋转链中，所有旋转角出现的概率相同

在计算向量点积时，必须强调它是旋转角（不是化学键角 θ，参照图 1-24、图 1-25 中的旋转角定义）等概率出现条件下的平均结果。这种平均结果可以通过化学键的连续投影来实现。例如，计算 $\vec{h}_i$ 和 $\vec{h}_{i+2}$ 点积的平均值，需要将 $\vec{h}_i$ 投影到 $\vec{h}_{i+1}$，再投影到 $\vec{h}_{i+2}$。计算 $\vec{h}_i$、$\vec{h}_{i+3}$，$\vec{h}_i$、$\vec{h}_j$ 向量的点积需要多次投影，有以下结果

$$\overline{\vec{h}_i \cdot \vec{h}_{i+2}} = l^2 \cos^2\theta = l \cdot l\cos^2\theta$$
$$\overline{\vec{h}_i \cdot \vec{h}_{i+3}} = l^2 \cos^3\theta = l \cdot l\cos^3\theta \tag{1-11}$$
$$\overline{\vec{h}_i \cdot \vec{h}_j} = l^2 \cos^{|j-i|}\theta = l \cdot l\cos^{|j-i|}\theta$$

注意，式（1-11）的左边表达式带着上划线，代表平均值。将式（1.10）和式（1.11）代入式（1.9），展开整理后得到

$$l^2 \overline{\sum_{i=1}^{n}\sum_{j=1}^{n}\cos\theta_{ij}}(i \neq j) = 2l^2 \begin{pmatrix} \cos\theta + \cos^2\theta + \cdots + \cos^{n-2}\theta + \cos^{n-1}\theta \\ \cos\theta + \cos^2\theta + \cdots + \cos^{n-2}\theta \\ \vdots \\ \cos\theta \end{pmatrix} \tag{1-12}$$

式（1-12）右侧括号内的每一行均为等比数列，且等比系数 $\cos\theta$ 的绝对值 $|\cos\theta|$ 为 0～1 的数。利用等比数列的求和公式

$$\cos\theta + \cos^2\theta + \cdots + \cos^{n-1}\theta = \cos\theta\frac{1-\cos^{n-1}\theta}{1-\cos\theta} \tag{1-13}$$

式（1-12）最终转变为

$$l^2 \overline{\sum_{i=1}^{n}\sum_{j=1}^{n}\cos\theta_{ij}}(i \neq j) = 2l^2\left[\frac{(n-1)\cos\theta}{1-\cos\theta} - \frac{\cos^2\theta}{(1-\cos\theta)^2}(1-\cos^{n-1}\theta)\right] \tag{1-14}$$

将式（1-14）代入式（1-6），整理得

$$\overline{h^2} = nl^2 + 2l^2\left[\frac{(n-1)\cos\theta}{1-\cos\theta} - \frac{\cos^2\theta}{(1-\cos\theta)^2}(1-\cos^{n-1}\theta)\right]$$
$$= l^2\left[n\frac{1+\cos\theta}{1-\cos\theta} - \frac{2\cos\theta(1-\cos^n\theta)}{(1-\cos\theta)^2}\right] \tag{1-15}$$

因为 n 是一个很大的数值，式（1-15）的第二项可以忽略，为了强调上述结果是自由旋转链的均方末端距，式（1-15）最终写成

$$\overline{h_{f,r}^2} = nl^2 \frac{1+\cos\theta}{1-\cos\theta} \tag{1-16}$$

由此可见，自由旋转链的均方末端距不仅与化学键数 n、键长 l 有关，还与键角有关。对于聚乙烯，化学键角为 109.5°，$\theta = 180°-109.5°$，$\cos\theta \approx 1/3$，代入式（1-16）可得均方末端距为 $2nl^2$。也就是说能够自由旋转的聚乙烯，其均方末端距是自由连接链的两倍。自由旋转链相对于自由连接链，分子尺寸扩张到了 1.41 倍（考虑均方根末端距）。实际的高分子中，化学键的内旋转不是完全自由的，旋转角也不可能在 0°～360°等概率分布。结合图 1-25 可知，旋转角为 60°、180°、300°时势能较低，相应地，高分子也会优先采取与之对应的对位交叉或邻位交叉构象。从图 1-26 中也可以看出，构象之间的转变是需要跨越势能障碍的。可以想象，实际高分子的均方末端距将在自由旋转链的基础上进一步扩张。将位阻因素 $\cos\phi$ 作为修正项引入式（1-15），可以得到有内旋转位阻高分子链均方末端距的表达式

$$\overline{h_0^2} = nl^2 \frac{1+\cos\theta}{1-\cos\theta}\frac{1+\overline{\cos\phi}}{1-\overline{\cos\phi}} \tag{1-17}$$

3. θ 状态下的实际高分子链

自由连接链和自由旋转链都是非常理想的状态，实际高分子链的均方末端距必然进行一定程度的扩张。为了获得特征性的结果，实际高分子链的均方末端距需要在 θ 条件下测定。实验测定的结果表明，聚乙烯的均方末端距约为 $6.76nl^2$，扩张到了自由旋转链的 3.38 倍，高分子链的尺寸约为自由旋转链高分子的 1.84 倍。由三种模型的分子尺寸比较可以推论，θ 条件下高分子尺寸越大，代表分子越刚性，柔性越差，反之亦然。高分子 θ 条件下的均方末端距成为衡量高分子柔性的一个重要参数。

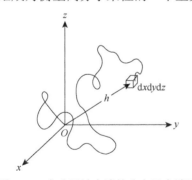

图 1-32　高分子链末端的分布及末端距

1.4.2　均方末端距的统计计算法

本小节讨论自由连接链均方末端距的统计计算法。为了计算均方末端距，首先要了解末端距的分布。为此，可以把高分子链的起点固定在坐标原点，起点指向终点的矢量就是末端距矢量。这是一个三维空间无规行走的问题，末端距的分布转化成了终点在空间坐标 (x, y, z) 的分布（图 1-32）。假设链的终点在 (x, y, z) 出现的概率为 $W(x, y, z)$，那么方末端距 $|h|^2$ 的求解有以下关系

$$|h|^2 = x^2 + y^2 + z^2$$

$$\overline{h^2} = \iiint |h|^2 W(x,y,z)\mathrm{d}x\mathrm{d}y\mathrm{d}z = \iiint (x^2+y^2+z^2)W(x,y,z)\mathrm{d}x\mathrm{d}y\mathrm{d}z \tag{1-18}$$

式中，$\overline{h^2}$ 为均方末端距。对于自由连接链，键角可以任意变化，终点坐标中的 x、y、z 相互独立，因此终点在 (x, y, z) 出现的概率等于它独立地出现在 x、y、z 坐标三者概率的乘积，即

$$W(x,y,z) = W(x) \cdot W(y) \cdot W(z) \tag{1-19}$$

式（1-18）改写成

$$\overline{h^2} = \iiint (x^2 + y^2 + z^2)W(x, y, z)\mathrm{d}x\mathrm{d}y\mathrm{d}z$$

$$= \iiint (x^2 + y^2 + z^2)W(x)W(y)W(z)\mathrm{d}x\mathrm{d}y\mathrm{d}z$$

$$= \int W(z)\mathrm{d}z \int W(y)\mathrm{d}y \int W(x)(x^2 + y^2 + z^2)\mathrm{d}x$$

$$= \int W(z)\mathrm{d}z \int W(y)\mathrm{d}y \int W(x)x^2\mathrm{d}x + \int W(x)\mathrm{d}x \int W(z)\mathrm{d}z \int W(y)y^2\mathrm{d}y + \int W(x)\mathrm{d}x \int W(y)\mathrm{d}y \int W(z)z^2\mathrm{d}z$$

$$\text{(1-20)}$$

根据归一性的要求，以下等式成立

$$\int_{-\infty}^{\infty} W(x)\mathrm{d}x = 1 \quad \int_{-\infty}^{\infty} W(y)\mathrm{d}y = 1 \quad \int_{-\infty}^{\infty} W(z)\mathrm{d}z = 1 \tag{1-21}$$

式（1-20）在 $(-\infty, \infty)$ 之间积分，可以进一步简化成

$$\overline{h^2} = \int_{-\infty}^{\infty} W(x)x^2\mathrm{d}x + \int_{-\infty}^{\infty} W(y)y^2\mathrm{d}y + \int_{-\infty}^{\infty} W(z)z^2\mathrm{d}z \tag{1-22}$$

由自由连接链分布的对称性可知

$$\overline{h_x^2} = \int_{-\infty}^{\infty} W(x)x^2\mathrm{d}x = \int_{-\infty}^{\infty} W(y)y^2\mathrm{d}y = \int_{-\infty}^{\infty} W(z)z^2\mathrm{d}z = \frac{1}{3}\overline{h^2} \tag{1-23}$$

式中，$\overline{h_x^2}$ 为均方末端距在 x 轴上的投影。由式（1-23）的结果可知，自由连接链在 x 轴、y 轴、z 轴上投影的均方末端距相等，且等于均方末端距的三分之一。因此，只要求出自由连接链在 x 轴上投影的均方末端距，就可以得出自由连接链的均方末端距。这样，三维空间的无规行走就简化成了一维空间无规行走的问题。现在考虑 n 个键长为 l 的化学键组成的自由连接链在 x 轴上投影分布的情形，链的起点还是固定在原点。可以把自由连接链想象成醉汉行走 n 步的轨迹，n 个键对应醉汉一共走 n 步，键长 l 对应醉汉平均每走一步的步长为 $l/\sqrt{3}$［参照式（1-23），考虑只有一个化学键的情形］。假设醉汉向 x 轴正方向走 A 步，x 轴反方向走 B 步，最后停留在 m 步，末端距矢量在 x 轴的投影为

$$x \frac{(A-B)l}{\sqrt{3}} = \frac{ml}{\sqrt{3}} \tag{1-24}$$

同时有

$$n = A + B \quad A = \frac{n+m}{2}$$
$$m = A - B \quad B = \frac{n-m}{2} \tag{1-25}$$

因为向前走和向后走的概率都是 0.5，$W(m, n)$ 为

$$W(A, B) = W(m, n) = \frac{n!}{A!B!}\frac{1}{2^n} = \frac{n!}{\dfrac{n+m}{2}!\dfrac{n-m}{2}!}\frac{1}{2^n} \tag{1-26}$$

将式（1-26）两边取对数，有

$$\ln[W(m, n)] = -n\ln 2 + \ln n! - \ln\left(\frac{n+m}{2}\right)! - \ln\left(\frac{n-m}{2}\right)! \tag{1-27}$$

其中

$$\ln\left(\frac{n+m}{2}\right)! = \ln\left[\left(\frac{n}{2}\right)!\left(\frac{n}{2}+1\right)\left(\frac{n}{2}+2\right)\cdots\left(\frac{n}{2}+\frac{m}{2}\right)\right]$$

$$= \ln\left(\frac{n}{2}\right)! + \sum_{s=1}^{m/2} \ln\left(\frac{n}{2}+s\right) \tag{1-28}$$

同样的方法可以得到

$$\ln\left(\frac{n-m}{2}\right)! = \ln\left(\frac{n}{2}\right)! - \sum_{s=1}^{m/2}\ln\left(\frac{n}{2}-s+1\right) \tag{1-29}$$

把式（1-28）和式（1-29）代入式（1-27），有

$$\ln[W(m,n)] = -n\ln 2 + \ln n! - 2\ln\left(\frac{n}{2}\right)! - \sum_{s=1}^{m/2}\ln\frac{1+2s/n}{1-2s/n+2/n} \tag{1-30}$$

其中

$$\ln\frac{1+2s/n}{1-2s/n+2/n} = \ln(1+2s/n) - \ln(1-2s/n+2/n) \tag{1-31}$$

由于 $n \gg s$，式（1-31）右边两项用泰勒公式展开，忽略高次项，分别写成

$$\ln(1+2s/n) \simeq 2s/n$$
$$\ln(1-2s/n+2/n) \simeq -2s/n+2/n \tag{1-32}$$

式（1-31）改写成

$$\ln\frac{1+2s/n}{1-2s/n+2/n} \simeq \frac{4s-2}{n} \tag{1-33}$$

把式（1-33）代入式（1-30）得到

$$
\begin{aligned}
\ln[W(m,n)] &\simeq -n\ln 2 + \ln n! - 2\ln\left(\frac{n}{2}\right)! - \sum_{s=1}^{m/2}\frac{4s-2}{n} \\
&\simeq -n\ln 2 + \ln n! - 2\ln\left(\frac{n}{2}\right)! - \frac{4}{n}\sum_{s=1}^{m/2}s + \frac{2}{n}\sum_{s=1}^{m/2}1 \\
&\simeq -n\ln 2 + \ln n! - 2\ln\left(\frac{n}{2}\right)! - \frac{4}{n}\frac{(1+m/2)}{2}\times\frac{m}{2} + \frac{2}{n}\times\frac{m}{2} \\
&\simeq -n\ln 2 + \ln n! - 2\ln\left(\frac{n}{2}\right)! - \frac{m^2}{2n}
\end{aligned}
\tag{1-34}
$$

由于 n 是很大的数，对于 $n!$ 和 $(n/2)!$ 使用 Stirling 公式

$$n! \simeq \sqrt{2\pi n}\left(\frac{n}{e}\right)^n \tag{1-35}$$

$$\frac{n}{2}! \simeq \sqrt{\pi n}\left(\frac{n}{2e}\right)^{n/2} \tag{1-36}$$

把式（1-35）和式（1-36）代入式（1-34），整理得到

$$
\begin{aligned}
\ln[W(m,n)] &\simeq -n\ln 2 + \ln n! - 2\ln\left(\frac{n}{2}\right)! - \frac{m^2}{2n} \\
&\simeq -n\ln 2 + \ln\left[\sqrt{2\pi n}\left(\frac{n}{e}\right)^n\right] - 2\ln\left[\sqrt{\pi n}\left(\frac{n}{2e}\right)^{n/2}\right] - \frac{m^2}{2n} \\
&\simeq -n\ln 2 + \ln\sqrt{2\pi n} + n\ln n - n - \ln\sqrt{\pi n} - n\ln n + n\ln 2e - \frac{m^2}{2n} \\
&\simeq \frac{\ln 2}{2} - \frac{\ln \pi n}{2} - \frac{m^2}{2n}
\end{aligned}
\tag{1-37}
$$

把式（1-37）两边取 e 为底的指数，得到分布函数 $W(m,n)$

$$W(m,n) \simeq \sqrt{\frac{2}{\pi n}} e^{-\frac{m^2}{2n}} \tag{1-38}$$

以上是高分子链前进 A 步, 后退 B ($B = n-A$) 步, 最终前进 m ($m = A-B = 2A-n$) 步时的概率, 假设前进 A 步均方末端距在 x 轴的投影为 $h_{x,A}^2$, 式 (1-37) 可以写成

$$\int_{-\infty}^{\infty} W(x)x^2 dx = \int_{-\infty}^{\infty} h_{x,A}^2 \sqrt{\frac{2}{\pi n}} e^{-\frac{(2A-n)^2}{2n}} dA \tag{1-39}$$

高分子前进 A 步 (同时也意味着后退了 $n-A$ 步) 时, 最终向前移动了 $2A-n$ 步, 平均每移动一步末端距在 x 轴上的投影改变 $l/\sqrt{3}$, 因此有

$$h_{x,A}^2 = \frac{(2A-n)^2 l^2}{3} \tag{1-40}$$

将式 (1-40) 代入式 (1-39), 有

$$\int_{-\infty}^{\infty} h_{x,A}^2 \sqrt{\frac{2}{\pi n}} e^{-\frac{(2A-n)^2}{2n}} dA = \int_{-\infty}^{\infty} \frac{(2A-n)^2 l^2}{3} \sqrt{\frac{2}{\pi n}} e^{-\frac{(2A-n)^2}{2n}} dA \tag{1-41}$$

用 $m = 2A-n$ 对式 (1-41) 进行变量代换, $dm = 2dA$, 得到

$$\int_{-\infty}^{\infty} \frac{(2A-n)^2 l^2}{3} \sqrt{\frac{2}{\pi n}} e^{-\frac{(2A-n)^2}{2n}} dA = \frac{1}{2} \int_{-\infty}^{\infty} \frac{m^2 l^2}{3} \sqrt{\frac{2}{\pi n}} e^{-\frac{m^2}{2n}} dm \tag{1-42}$$

由于被积函数是变量 m 的偶函数, 式 (1-42) 改写成

$$\frac{1}{2} \int_{-\infty}^{\infty} \frac{m^2 l^2}{3} \sqrt{\frac{2}{\pi n}} e^{-\frac{m^2}{2n}} dm = \int_{0}^{\infty} \frac{m^2 l^2}{3} \sqrt{\frac{2}{\pi n}} e^{-\frac{m^2}{2n}} dm \tag{1-43}$$

为了求解积分, 令 $u = m/\sqrt{2n}$, 有 $du = dm/\sqrt{2n}$, 代入式 (1-43) 得

$$\int_{0}^{\infty} \frac{m^2 l^2}{3} \sqrt{\frac{2}{\pi n}} e^{-\frac{m^2}{2n}} dm = \int_{0}^{\infty} \frac{2nu^2 l^2}{3} \sqrt{\frac{2}{\pi n}} \sqrt{2n} e^{-u^2} du$$
$$= \int_{0}^{\infty} \frac{4nu^2 l^2}{3\sqrt{\pi}} e^{-u^2} du = \frac{4nl^2}{3\sqrt{\pi}} \int_{0}^{\infty} u^2 e^{-u^2} du \tag{1-44}$$

式 (1-44) 的求解需要用到 Γ 积分

$$\Gamma(s) = \int_{0}^{\infty} e^{-x} x^{s-1} dx \tag{1-45}$$

作代换 $x = u^2$

$$\Gamma(s) = 2 \int_{0}^{\infty} e^{-u^2} u^{2s-1} du \tag{1-46}$$

再令 $t = 2s-1$ 或 $s = (t+1)/2$, 式 (1-46) 变成

$$\Gamma\left(\frac{t+1}{2}\right) = 2 \int_{0}^{\infty} e^{-u^2} u^t du$$
$$\int_{0}^{\infty} e^{-u^2} u^t du = \frac{1}{2} \Gamma\left(\frac{t+1}{2}\right) \tag{1-47}$$

比较式 (1-46) 和式 (1-47) 的形式, 容易知道

$$\int_{0}^{\infty} e^{-u^2} u^2 du = \frac{1}{2} \Gamma\left(\frac{2+1}{2}\right) \tag{1-48}$$

查 Γ 积分表并结合 Γ 积分的递推式有

$$\Gamma(s+1) = s\Gamma(s)$$

$$\Gamma\left(\frac{1}{2}+1\right) = \frac{1}{2}\Gamma\left(\frac{1}{2}\right) = \frac{\sqrt{\pi}}{2} \tag{1-49}$$

所以

$$\int_0^\infty e^{-u^2} u^2 du = \frac{1}{2}\Gamma\left(\frac{2+1}{2}\right) = \frac{\sqrt{\pi}}{4} \tag{1-50}$$

将式（1-50）代入式（1-44）并结合式（1-22）和式（1-23）可以得到

$$\overline{h_x^2} = \frac{4nl^2}{3\sqrt{\pi}}\int_0^\infty u^2 e^{-u^2} du = \frac{nl^2}{3} \tag{1-51}$$

$$\overline{h^2} = \overline{h_x^2} + \overline{h_y^2} + \overline{h_z^2} = nl^2$$

以上是自由连接链通过统计方法得到的均方末端距，与几何法求解的结果相同。

1.4.3 等效自由连接链

前面介绍的自由连接链和自由旋转链都是高分子链的理想模型，实际的高分子键角固定，内旋转也存在势垒。实际高分子链的尺寸总是比理想高分子链的尺寸更大。实际高分子的均方末端距可以通过实验方法测量出来。通过实际尺寸与理想尺寸的比较，可以了解实际高分子偏离理想高分子的程度。在这里用一个等效自由连接链来考虑实际高分子的刚性。仍然考虑键长为 l、化学键个数为 n 的高分子链。对于自由连接链来说，每一个化学键都是自由的，内旋转没有势垒，键角也可以任意取值。自由连接链中能够自由取向和旋转的最小单元就是一个化学键，这是最为柔顺的情形。现在考虑最刚性的情形，即每个化学键的键角都固定，且所有化学键不能旋转。这时能够自由旋转和取向的最小单元只能是 n 个化学键组成的整个高分子。实际的高分子总是介于上述最柔性和最刚性的条件之间，能够自由旋转和取向的最小单元由 x 个化学键组成，此时 x 的取值为 $1 \sim n$。x 的值越大，代表高分子链越刚性。把 x 个化学键组成的高分子的一部分称为链段，链段与链段之间的夹角、旋转具有自由连接链的特性，均方末端距也可以套用之前推导的公式。不同点在于需要用链段的长度 l_e 和数量 n_e 进行计算。

实际高分子不是真正的自由连接链，但是通过 x 个化学键的划分方式总能够使链段的结合满足自由连接链的条件（极端刚性时，$x = n$，整个高分子链作为一个链段）。所以把经过这种处理得到的自由连接链称为等效自由连接链。等效自由连接链中的 l_e 和 n_e 需要通过实际测定高分子的均方末端距来计算。等效自由连接链的均方末端距和最大尺寸 L_{max} 都要与实际高分子链的数值相同。对等效自由连接链进行计算有

$$L_{max} = n_e l_e \tag{1-52}$$

$$\overline{h_0^2} = n_e l_e^2 \tag{1-53}$$

式中，$\overline{h_0^2}$ 为 θ 条件下测定实际高分子的均方末端距。例如，聚乙烯 θ 条件下的均方末端距为 $6.76nl^2$，下面求解其等效自由连接链的 l_e 和 n_e。聚乙烯的键角为 $109.5°$，如图 1-33 所示，高分子链呈现锯齿形构象时尺寸最大。

容易得到聚乙烯的最大尺寸 L_{max} 和均方末端距为

$$L_{max} = nl\sin\frac{\theta}{2} \tag{1-54}$$

$$\overline{h_0^2} = 6.76nl^2 \tag{1-55}$$

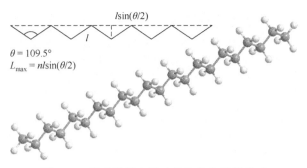

$$\theta = 109.5°$$
$$L_{max} = nl\sin(\theta/2)$$

图 1-33 聚乙烯最大尺寸的构象和计算公式

式（1-52）、式（1-53）与式（1-54）、式（1-55）联立，可以求得

$$n_e = L_{max}^2 / \overline{h_0^2} \qquad (1\text{-}56)$$

$$l_e = \overline{h_0^2} / L_{max} \qquad (1\text{-}57)$$

θ 为 109.5°时，$\sin(\theta/2) \approx 0.817$，得到

$$n_e \approx 0.099n \approx 0.1n \qquad (1\text{-}58)$$

$$l_e \approx 8.27l \qquad (1\text{-}59)$$

也就是说，实际的聚乙烯高分子平均以 10 个键组合成一个链段（链段数约为总键数的 1/10），链段的长度为键长的 8.27 倍。这个计算结果与之前的分析一致，随着分子刚性的增加，等效链段数 n_e 减少，等效链段长 l_e 增加。对于聚乙烯的自由旋转链，其均方末端距为 $2nl^2$，最大长度同样为 $nl\sin(\theta/2)$。通过类似的计算可以得到

$$n_e \approx \frac{n}{3} \qquad (1\text{-}60)$$

$$l_e \approx 2.45l \qquad (1\text{-}61)$$

可见聚乙烯自由旋转链的等效自由连接链中，平均 3 个化学键组合成一个链段（链段数为总键数的 1/3），链段的长度为 2.45l。它比自由连接链柔性差，比实际的聚乙烯高分子链柔性好。

1.4.4 表征链柔性

1.3.4 节中定性地讨论了结构对高分子链柔性的影响。1.4.3 节在等效链段数和链段长的计算中也能清楚地看出刚性按自由连接链、自由旋转链、实际高分子链的顺序依次增加。实际的研究中需要采用定量的指标来衡量高分子的柔性（或者刚性）。一般通过将实际高分子链与理想高分子链进行比较而获得描述柔性的参数。以聚乙烯为例，键长为 l（0.154nm），键数为 n（约为聚合度的两倍），不同情况中参数总结如下

自由连接链：$\qquad \overline{h_{f,j}^2} = nl^2 \qquad l_e = l \qquad n_e = n$

自由旋转链：$\qquad \overline{h_{f,r}^2} = 2nl^2 \qquad l_e = 2.45l \qquad n_e \approx n/3$

θ 条件下的高分子链：$\quad \overline{h_0^2} = 6.76nl^2 \qquad l_e = 8.27l \qquad n_e \approx 0.1n$

结晶状态锯齿形高分子链：$\overline{h^2} = \left(\dfrac{2}{3}\right)n^2l^2 \quad l_e = \left(\dfrac{2}{3}\right)^{1/2}nl \quad n_e = 1$

以上情况中自由连接链最为柔性，等效链段数最多为 n，等效链段长最短为 l。结晶时聚乙烯呈现的锯齿形高分子链最为刚性，等效链段数最少为 1，等效链段长为整个高分子链的长

度。常见柔性参数总结在表 1-6 中。空间位阻参数（steric hindered parameters，σ）比较的是 θ 条件下实际高分子链的均方末端距 $\overline{h_0^2}$ 和自由旋转链的均方末端距 $\overline{h_{f,r}^2}$，比值越小说明高分子旋转越容易，高分子链越柔顺。分子无扰尺寸（unperturbed dimension，A）比较的是 $\overline{h_0^2}$ 和高分子的平均相对分子质量 $\overline{M}$，二者均与 n 相关。若高分子相对分子质量不是太小，A 是一个与相对分子质量无关的参数，A 越小高分子链越柔顺。极限特征比（C_∞）是 θ 条件下实际高分子链相对于自由连接链的一个扩张系数，因此 C_∞ 越小代表高分子链越柔顺。扩张因子（α）是一个较为特殊的参数，它衡量的是实际高分子普通状态相对 θ 条件下分子尺寸的扩张。α 在 θ 条件下等于 1，此时溶剂与高分子链的作用相互抵消，高分子处于最"自由"的状态，因而最柔顺。遇到良溶剂时，高分子链和溶剂的相互作用较强，高分子尺寸扩张，$\alpha > 1$。如果是不良溶剂的情况，高分子链之间的相互作用更强，高分子尺寸收缩，$\alpha < 1$。

表 1-6 表征高分子链柔性的参数

柔性参数/符号	定义式	比较对象	柔性评价标准
空间位阻参数（刚性因子）/σ	$\sigma = \sqrt{\overline{h_0^2}/\overline{h_{f,r}^2}}$	θ 条件下高分子链尺寸与自由旋转链尺寸	σ 越小，高分子链越柔顺，衡量内旋转受阻的参数
分子无扰尺寸/A	$A = \sqrt{\overline{h_0^2}/\overline{M}}$	θ 条件下高分子链尺寸与相对分子质量	A 越小，高分子链越柔顺
极限特征比/C_∞	$C_\infty = \overline{h_0^2}/nl^2$	θ 条件下高分子链尺寸与自由连接链尺寸	C_∞ 越小，高分子链越柔顺
扩张因子/α	$\alpha = \sqrt{\overline{h^2}/\overline{h_0^2}}$	任意条件下高分子链尺寸与 θ 条件下高分子链尺寸	$\alpha = 1$ 时，高分子"无扰"，最柔顺；$\alpha > 1$ 时，高分子链与溶剂作用较强，尺寸扩张；$\alpha < 1$ 时，高分子链之间相互作用力更强，尺寸收缩

溶剂的优劣（从溶解度的角度）能够使高分子的构象乃至分子尺寸发生变化，为了得到反映高分子结构特征的均方末端距，需要将其测定设置在 θ 条件下。在选定了高分子和溶剂之后，通过调节温度可以实现 θ 条件。该条件下测得的高分子的尺寸也就是前面讨论中所提过实际高分子的均方末端距 $\overline{h_0^2}$。常见高分子 θ 条件下测得的分子尺寸如表 1-7 所示。

表 1-7 一些线型高分子 θ 条件下的无扰尺寸

高分子	溶剂	温度/℃	$A/(\times 10^4 \text{nm})$	σ
聚乙烯	十氢化萘	140	1070	1.84
聚丙烯（无规）	环己烷、甲苯	30	835	1.76
聚乙烯醇	水	30	950	2.04
聚苯乙烯	环己烷	34.5	655	2.17
聚丙烯腈	N,N-二甲基甲酰胺	25	930	2.20
三硝基纤维素	丙酮	25	2410	4.7

1.4.5 高分子链的均方回转半径

线型高分子的尺寸可以用其均方末端距来表征，但对于支化分子或环状分子来说，分子链末端多于两个或者不存在，均方末端距中的"末端"难以定义。为了描述支化高分子的尺寸，引入均方回转半径（mean square radius of gyration）的概念。它的定义如图 1-34 所示。由坐标原点指向重心的矢量为 $\vec{R}_c$，支化分子第 i 个链段的质量为 m_i，矢量为 $\vec{R}_i$，那么重心的矢量为

$$\vec{R}_c = \sum_{i=1}^{n} m_i \vec{R}_i \Big/ \sum_{i=1}^{n} m_i \qquad (1\text{-}62)$$

假设支化高分子分割成 n 段等质量的链段，式（1-62）可简化成

$$\vec{R}_c = \sum_{i=1}^{n} \vec{R}_i / n \qquad (1\text{-}63)$$

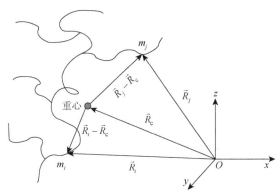

图 1-34　高分子链均方回转半径 $\overline{R_g^2}$ 计算示意图

根据均方回转半径的定义，有

$$\overline{R_g^2} = \sum_{i=1}^{n} (\vec{R}_i - \vec{R}_c)^2 / n \qquad (1\text{-}64)$$

这里不对均方回转半径的计算做详细推导，仅将自由连接链条件下不同形状高分子的均方回转半径归纳于表 1-8。对于线型高分子来说，有式（1-65）成立

$$\overline{R_g^2} = \overline{h_0^2} / 6 \qquad (1\text{-}65)$$

表 1-8　不同形状高分子的均方回转半径

自由连接链的分子形状	线型	环状	f-臂星形支化
$\overline{R_g^2}$	$nl^2/6$	$nl^2/12$	$[(n/f)l^2/6](3-2/f)$

注：f 代表星形高分子的臂数

1.4.6　蠕虫状链

之前的章节讨论了一些高分子链的理想模型。自由连接链和自由旋转链是理想化的模型，具有很好的柔性。实际测得的高分子无扰尺寸与理想高分子有一定偏离，但偏离并不是很多，如聚乙烯的 $\overline{h_0^2}$ 偏离自由旋转链 3.38 倍。1.3.3 节中曾讨论过构象的势能与柔性的关系。对位交叉与邻位交叉构象是内旋转势能较低的状态。很多高分子在 θ 状态下呈现连续对位交叉构象间隔连续邻位交叉构象的情形。其中，连续以对位交叉构象相连的部分呈现刚性的棒状（参照图 1-33），邻位交叉构象则带来柔性。一般情况下，连续对位交叉构象的长度不会超过 10 个化学键（思考实际高分子链 θ 状态下的等效链段数），因此很多合成高分子是柔顺的。另一些高分子具有很强的刚性，如聚乙炔和 DNA 分子。这类高分子的柔性并不是内旋转造成的，而是来自循链长度（contour length）的变化。之前描述柔性高分子的模型和参数对刚性分子并

不适用，为此引入蠕虫状链（worm-like chain）模型，也称为 Kratky-Porod 模型。蠕虫状链模型是自由旋转链中键角特别接近 180°时的一个特例，相当于式（1-11）中 θ 接近 0°的情形。计算自由旋转链均方末端距时，考虑第 j 个化学键在第 i 个化学键上投影长度的平均值，得到

$$\overline{\vec{h_i}\vec{h_j}} = l^2\overline{\cos\theta_{ij}} = l^2\cos^{|i-j|}\theta = l^2e^{|i-j|\ln\cos\theta} \tag{1-66}$$

式（1-66）可以用来衡量相差$|i-j|$个键长的两个化学键的相关性，或者说是第 j 个化学键保持在第 i 个化学键方向上的相关性。对于聚乙烯来说，θ 约为 70.5°，$\cos\theta \approx 1/3$。随着$|i-j|$的增加，化学键的相关性很快失去，如相隔 4 个化学键时，$\cos^4\theta \approx 1/81$。为了描述高分子链中基本保持同一方向片段的局部长度，引入相关长度（persistence length，P）的概念，P 中包含的化学键数为 S_P。按照相关性指数衰减的规律，式（1-66）可写成

$$\overline{\vec{h_i}\vec{h_j}} = l^2e^{|i-j|\ln\cos\theta} = l^2e^{-|i-j|/S_P} \tag{1-67}$$

比较式（1-67）右边两个等式，结合相关长度的定义有

$$S_P = -1/\ln\cos\theta \qquad P = S_P \cdot l \tag{1-68}$$

对于聚乙烯的自由旋转链，θ 约为 70.5°，S_P 约为 1。在蠕虫状链模型中，小于 P 的分子链片段表现出刚性，而大于 P 的片段比较像前面介绍的无规行走链。根据相关长度的定义，可以简单地推论出柔性高分子相关长度较短，刚性高分子相关长度较长。因为蠕虫状链是自由旋转链中 θ 趋近于 0°时的特殊情况，可以借用自由旋转链的推导结果。因为 θ 很小，对 $\cos\theta$ 在 $\theta = 0$°处进行泰勒展开

$$\cos\theta = 1 - \frac{\theta^2}{2!} + \frac{\theta^4}{4!} + \cdots + \frac{(-1)^n\theta^{2n}}{2n!} \tag{1-69}$$

略去高次项，有

$$\cos\theta \simeq 1 - \frac{\theta^2}{2} \tag{1-70}$$

因为 θ 很小，有

$$\ln(\cos\theta) \simeq \ln\left(1 - \frac{\theta^2}{2}\right) \approx -\frac{\theta^2}{2} \tag{1-71}$$

式（1-71）结合式（1-68），有

$$S_P \approx \frac{2}{\theta^2} \qquad P \approx \frac{2l}{\theta^2} \tag{1-72}$$

蠕虫状链作为自由旋转链，结合式（1-70），均方末端距为

$$\overline{h_{f,r}^2} = nl^2\frac{1+\cos\theta}{1-\cos\theta} \approx nl^2\frac{2-\theta^2/2}{\theta^2/2} \approx nl^2\frac{4}{\theta^2} \tag{1-73}$$

由式（1-73）可以看出，蠕虫状链的均方末端距是很大的，远大于 $2nl^2$。也可以根据表 1-6 的定义计算 C_∞，可以得到

$$C_\infty = \overline{h_0^2}/nl^2 = nl^2\frac{4}{\theta^2}/nl^2 = \frac{4}{\theta^2} \tag{1-74}$$

容易判断蠕虫状链的 C_∞ 远大于聚乙烯自由旋转链的 C_∞（为 2）。还可以从等效自由连接链的链段长和链段数来考虑蠕虫状链，经过简单的计算可以得出

$$n_e = \frac{n\theta^2}{4} \qquad l_e = \frac{4}{\theta^2}l = 2S_P \cdot l = 2P \tag{1-75}$$

由式（1-75）可看出，等效链段长 l_e 为相关长度 P 的两倍。蠕虫状链成立的精确条件为

$\theta\to0°$，$l\to0$，P 保持不变（l/θ^2 不变）。此时链的最大循链尺寸 $L_{\max}=nl\cos(\theta/2)\approx nl$。最后计算蠕虫状链的均方末端距。根据定义有

$$\overline{h^2}=\sum_{i=1}^{n}\sum_{j=1}^{n}\vec{h}_i\cdot\vec{h}_j=l^2\sum_{i=1}^{n}\sum_{j=1}^{n}\overline{\cos\theta_{ij}}=l^2\sum_{i=1}^{n}\sum_{j=1}^{n}\cos\theta^{|i-j|}$$

$$=l^2\sum_{i=1}^{n}\sum_{j=1}^{n}\exp\left(\frac{-|i-j|}{S_P}\right)=l^2\sum_{i=1}^{n}\sum_{j=1}^{n}\exp\left(-\frac{|i-j|}{P}l\right) \tag{1-76}$$

式（1-76）中的多项求和可以写成积分式

$$l\sum_{i=1}^{n}\longrightarrow\int_0^{L_{\max}}\mathrm{d}u \quad l\sum_{j=1}^{n}\longrightarrow\int_0^{L_{\max}}\mathrm{d}v \tag{1-77}$$

将式（1-77）代入式（1-76）有

$$\overline{h^2}=\int_0^{L_{\max}}\int_0^{L_{\max}}\exp\left(-\frac{|u-v|}{P}\right)\mathrm{d}u\mathrm{d}v$$

$$=\int_0^{L_{\max}}\mathrm{d}u\int_0^{u}\exp\left(-\frac{u-v}{P}\right)\mathrm{d}v+\int_0^{L_{\max}}\mathrm{d}u\int_u^{L_{\max}}\exp\left(\frac{u-v}{P}\right)\mathrm{d}v$$

$$=\int_0^{L_{\max}}\exp\left(\frac{-u}{P}\right)\mathrm{d}u\int_0^{u}\exp\left(\frac{v}{P}\right)\mathrm{d}v+\int_0^{L_{\max}}\exp\left(\frac{u}{P}\right)\mathrm{d}u\int_u^{L_{\max}}\exp\left(\frac{-v}{P}\right)\mathrm{d}u$$

$$=\int_0^{L_{\max}}\mathrm{e}^{-u/P}\mathrm{d}u\int_0^{u}\mathrm{e}^{v/P}\mathrm{d}v+\int_0^{L_{\max}}\mathrm{e}^{u/P}\mathrm{d}u\int_u^{L_{\max}}\mathrm{e}^{-v/P}\mathrm{d}v \tag{1-78}$$

$$=P\int_0^{L_{\max}}\mathrm{e}^{-u/P}(\mathrm{e}^{-u/P}-1)\mathrm{d}u-P\int_u^{L_{\max}}\mathrm{e}^{u/P}(\mathrm{e}^{-L_{\max}/P}-\mathrm{e}^{-u/P})\mathrm{d}u$$

$$=P\int_0^{L_{\max}}(1-\mathrm{e}^{-u/P})\mathrm{d}u+P\int_u^{L_{\max}}[1-\mathrm{e}^{-(L_{\max}-u)/P}]\mathrm{d}u$$

$$=2PL_{\max}-[P^2(1-\mathrm{e}^{-L_{\max}/P})-P^2(\mathrm{e}^{-L_{\max}/P}-1)]$$

$$=2PL_{\max}-2P^2(1-\mathrm{e}^{-L_{\max}/P})$$

对于柔性高分子，$L_{\max}\gg P$（相关长度远小于循链尺寸），式（1-78）简化成

$$\overline{h^2}\approx2PL_{\max} \tag{1-79}$$

对于刚性高分子，P 与 $L_{\max}$ 接近，把式（1-78）中的指数展开有

$$\mathrm{e}^{-L_{\max}/P}\simeq1-\frac{L_{\max}}{P}+\frac{L_{\max}^2}{2P^2}-\frac{L_{\max}^3}{3P^3} \tag{1-80}$$

$$\overline{h^2}=2PL_{\max}-2P^2(1-\mathrm{e}^{-L_{\max}/P})\simeq L_{\max}^2-\frac{L_{\max}^3}{3P}$$

习　题

1. 高分子链的近程结构包括哪些内容？指出任意两种近程结构的主要研究方法，并简要说明原理。
2. 什么叫作高分子的构型？试讨论线型聚异戊二烯可能有哪些不同的构型。
3. 试由分子结构分析高分子与小分子物质的不同之处及性能差异。
4. 什么叫作分子构象？假若聚丙烯的等规度不高，判断能否用改变构象的办法提高其等规度，并说明理由。
5. 以蠕虫状链模型作为参考，定性地讨论键角大于 90° 时自由旋转链的均方末端距与键角的关系。
6. 假定高分子的聚合度为 10 000，键角为 100°，求伸直链的长度 $L_{\max}$ 与自由旋转链的均方根末端距的比值。由此解释某些高分子材料在外力作用下可以产生很大形变的原因。
7. 假定聚苯乙烯主链上的键长为 0.154nm，键角为 109.5°，根据表 1-7 计算其等效自由连接链的链段长度 l_e。
8. 为什么把高分子链称为"高斯链"？高斯链的本质特征是什么？高斯链与自由连接链的差别是什么？在什么条件下高分子链可以用高斯链模型来描述？

 **超链接知识**

高分子科学中的标度理论

de Gennes 于 1979 年出版了《高分子物理学中的标度概念》，该书以简明的语言描述了普适的标度律（scaling law），深刻揭示了大分子的运动形式和规律。de Gennes 将这一简单方法推广到软物质的运动规律，于 1991 年获得诺贝尔物理学奖。de Gennes 指出，高分子链具有自相似结构，因而高分子具有很多材料所没有的分形性和标度性，许多特性函数可以写成一个系数因子乘以一个标度的形式，如式（1-81）

$$c = Ax^{\alpha} \tag{1-81}$$

式中，A 为指前因子，一般由单体的化学性质决定；α 为标度律的幂次，一般由长链结构的物理性质决定。例如，等效自由连接链的均方根末端距就是一个典型的标度律表达式，即

$$\overline{h_0^2} = n_e l_e^2$$
$$\sqrt{\overline{h_0^2}} = l_e n_e^{0.5} \tag{1-82}$$

等效自由连接链的引入具有重要理论价值。在应用于高分子的链构象时，它表明任何一种理想的柔性分子链均可简化为等效自由连接链，使得链内任一等效链段符合高斯分布。最终高分子链的局部和整体存在相似性，可以用标度律公式描述。式（1-82）中的指前因子 l_e 为等效自由连接链段的长度，由化学结构决定。等效链段数 n_e 上的幂指数仅由长链性质决定，不同化学结构的分子链遵循相同的幂律，具有普适性。

标度理论不仅为高分子链尺寸的描述提供了普适的表达式，也加快了高分子物理其他研究领域的发展速度。其后，高分子溶液研究领域从稀溶液推广到亚浓溶液、浓溶液和极浓溶液（熔体），从线性理论推广到非线性理论。标度理论更加清晰地描述了真实分子链的构象和在良、不良、θ 溶剂中的形态。更进一步，由于自相似、分形等概念的引入和标度方法的建立，人们开始在高分子物理研究领域找到了许多与化学结构无关的"普适"的物理规律。例如，所有等效自由连接链符合高斯分布，遵循相同的构象统计规律，和链化学结构无关；在缠结相对分子质量以上，所有高分子熔体的黏度均与相对分子质量的 3.4 次方成比例，其标度性也与化学结构无关等。因为存在普适规律，高分子物理学超出了经验总结和现象归纳的范畴，成功融入现代物理学的理性科学框架中。标度理论还是一种方法论的突破。它突破了 Flory 建立的在高分子物理学中占统治地位的统计理论和平均场方法。标度理论采用一种崭新的简洁数学描述，深刻地揭示了长链高分子中普适的统计规律和物理性质，是了不起的突破。

第 2 章　高分子的凝聚态结构

高分子的凝聚态结构也称三次结构，是高聚物（polymer）内大分子与大分子之间不同几何排列的材料结构。

高分子链的结构是决定高聚物基本性质的主要因素，而高分子的凝聚态结构是决定高聚物本体性质的主要因素。凝聚态结构是在加工成型过程中形成的，是决定高聚物使用性能的重要因素。即使同一种高分子具有相同的链结构，加工成型条件不同，其成型产品的使用性能可能有很大的差别。例如，结晶取向程度不同，直接影响纤维和薄膜的力学性能；结晶大小和形态不同，可影响塑料制品的耐冲击强度、开裂性能和透明性。因此，研究高分子凝聚态结构的意义在于，了解聚合物的分子结构与凝聚态结构的关系，了解高分子凝聚态结构的特点、形成条件及其与材料性能之间的关系，以便人为地控制加工成型条件，得到具有预定性能的材料和制品，同时为高分子材料的设计和物理改性建立科学基础。

2.1　高分子中分子间的相互作用

2.1.1　范德华力与氢键作用

分子间作用力包括范德华力（静电力、诱导力、色散力）和氢键。

1. 静电力

静电力是极性分子之间的引力，极性分子都具有永久偶极，永久偶极之间的静电相互作用的大小和定向程度有关。定向程度高则静电力大，而热运动往往使得偶极的定向程度降低，随温度升高，静电力减小。静电力的作用能量一般在 13～21kJ/mol。极性高分子（如聚氯乙烯、聚乙二醇、聚碳酸酯等）的分子间作用力主要是静电力。

2. 诱导力

诱导力是极性分子的永久偶极与它在其他分子上引起的诱导偶极之间的相互作用力。极性分子的周围存在分子电场，其他分子（无论是极性分子还是非极性分子）与极性分子接近时，都将受到其分子电场的作用而产生诱导偶极，因此诱导力不仅存在于极性分子和非极性分子之间，也存在于极性分子和极性分子之间。对于偶极矩（dipole moment）分别为 μ_1 和 μ_2，分子极化率分别为 α_1 和 α_2 的两种分子，它们之间的相互作用力为

$$E_{\mathrm{D}} = \frac{-(\alpha_1 \mu_2^2 + \alpha_2 \mu_1^2)}{R^6} \tag{2-1}$$

式中，E_{D} 为诱导力的作用能；R 为分子间距离。诱导力的大小范围一般在 6～13kJ/mol。

3. 色散力

色散力是分子瞬时偶极之间的相互作用力。在一切分子中，电子在原子周围不停地旋转，原子核也在不停地振动着，在某一瞬间，分子的正负电荷中心不重合，便产生瞬时偶极。色散力的作用能 E_{L} 与分子的电离能 I、分子极化率 α 和分子间距离 R 相关：

$$E_{\mathrm{L}} = -\frac{3}{2}\left(\frac{I_1 I_2}{I_1 + I_2}\right)\left(\frac{\alpha_1 \alpha_2}{R^6}\right) \tag{2-2}$$

色散力的大小范围一般在 0.8～8kJ/mol。

以上三种力统称为范德华力，是永久存在于一切分子之间的一种吸引力。这种吸引力没有方向性和饱和性，作用范围小于 1nm，作用能比化学键小 1～2 个数量级。

4. 氢键

氢键是极性很强的 X—H 键上的氢原子与另一个键上电负性很大的原子 Y 上的孤对电子相互吸引而形成的一种键（X—H···Y）。为了使 Y 原子与 X—H 之间的相互作用最强烈，要求 Y 的孤对电子的对称轴尽可能与 X—H 键的方向性一致。因此，氢键有饱和性和方向性。氢键与化学键相似，键能比化学键小得多，不超过 40kJ/mol。

2.1.2　内聚能密度

在高聚物中，由于相对分子质量很大，分子链很长，分子间作用力很大，高分子的凝聚态只有固态（晶态和非晶态）和液态，没有气态。高聚物分子间作用力的大小通常采用内聚能或内聚能密度（cohesive energy density）表示。内聚能定义为克服分子间的作用力，把 1mol 液体或固体分子移到其分子间的引力范围之外所需要的能量：

$$\Delta E = \Delta H_{\mathrm{v}} - RT \tag{2-3}$$

式中，ΔE 为内聚能；ΔH_{v} 为摩尔蒸发热（或摩尔升华热 ΔH_{g}）；RT 为转化为气体时所做的膨胀功。

内聚能密度是单位体积的内聚能：

$$\mathrm{CED} = \frac{\Delta E}{\tilde{V}} \tag{2-4}$$

式中，$\tilde{V}$ 为摩尔体积。

对于低分子化合物，其内聚能近似等于恒容蒸发热或升华热，可直接由热力学数据估计其内聚能密度，而高聚物不能气化，不能直接测定它的内聚能，只能用低分子溶剂相比较的办法进行估计。

2.2　非　晶　态

非晶态高聚物是具有重要应用价值的材料，其结构不具备三维长程有序特性，用一般的结构分析方法得不到多少信息，目前对其结构的表征和理论解释仍处于定性的水平，是高聚物结构研究的重要课题。最著名的是 Flory 提出的无规线团模型（random coil model），认为非晶态高聚物由完全无扰的高聚物分子的无规线团组成。每条高分子链被许多相同的高分子链包围，由于分子内及分子间的相互作用相同，分子链应该是无扰的，呈无规线团且服从高斯分布。非晶态高聚物的结构是非常复杂的，不能用简单的有序或无序来回答，需要对非晶态的结构本质提出实验证据和理论解释来给予定性定量的表征。

2.2.1　非晶态的特征

完全无定形的高分子如聚苯乙烯，其分子链呈现无规线团的结构，相互贯穿的分子链可以形成缠结结构，分子链的流动受到限制，其结构如图 2-1 所示。在熔融状态下，分子链的运动能力增强，整个分子链都能运动。当温度开始下降时，分子链的运动能力下降，当达到某个临界温度时，所有的长程链段都无法运动，这个温度称为玻璃化转变温度。在这个温度以下，只有链结及侧基等单元能运动，这些过程称为次级松弛。

图 2-1　无规线团模型

2.2.2　高分子的链缠结与解缠结

当高分子链足够长时，能够形成稳定且不会流动的缠结，就如同一碗面条中很多根面条缠结在一起而形成一个相对稳定的结构。链缠结对相应的黏弹性、熔体黏度及力学性能等都具有较大的影响。在熔融状态下，整个高分子链可以运动，然而，由于受到附近高分子链拓扑学方面的限制，高分子链的运动可认为是蛇形的运动。

与 Flory 无规线团模型相对应的是 Yeh 的两相球粒模型，其认为非晶态高聚物存在着一定程度的局部有序，其中包含粒子相和粒间相两个部分，而粒子又可分为有序区和粒界区两个部分。在有序区中，分子链是互相平行排列的，其有序程度与链结构、分子间力和热历史等因素有关，其尺寸为 2～4nm。有序区周围有 1～2nm 大小的粒界区，由折叠链的弯曲部分、链端、缠结点和联结链组成。粒间相则由无规线团、低分子物、分子链末端和联结链组成，尺寸为 1～5nm。两相球粒模型认为一根分子链可以通过几个粒子相和粒间相，解释了较多的实验事实。

（1）模型包含一个无序的粒间相，从而能为橡胶弹性变形的回缩力提供必要的构象熵，可以解释橡胶弹性的回缩力。

（2）实验测得许多高聚物的非晶和结晶密度之比在 0.85～0.96，而按照呈无规线团形态的分子链完全无序模型计算，非晶和结晶密度之比小于 0.65，说明非晶态高聚物的密度比完全无序模型计算的要高，非晶态高聚物有一定的有序性。

（3）模型的粒子中链段的有序堆砌为结晶的快速进行准备了条件，这就不难解释许多高聚物结晶速率很快的事实。

（4）某些非晶态高聚物缓慢冷却或热处理后密度增加，电子显微镜下还能观察到球粒增大，可以用粒子相有序程度增加和粒子相的扩大来解释。

目前，非晶态结构的争论主要是完全无序和局部有序，成为高分子物理研究中的一个重要研究课题，随着表征手段的不断进步，相信未来会对这个问题有更本质的认识。

2.3　结　晶　态

在适当的条件下，如从熔融状态冷却的过程中，或者是在溶液状态下，一些高分子能够组装形成规则的结晶结构。然而，结晶高分子结构排列的有序程度要比相应的低相对分子质量化合物的晶体差，包括结晶的有序区及非晶区。

2.3.1　单晶

在高分子中，单晶是结晶程度最完善的一种结晶类型，通常在极稀的溶液中析出，其分子链呈现折叠链的结构，即分子链的方向垂直于晶片的平面，且厚度通常在 10nm 左右，比一根高分子链的长度短。部分合成的高分子，如聚乙烯、聚丙烯、聚异戊二烯、聚甲醛、尼龙 6、尼龙 66 等，均能形成单晶。而天然的高分子（如蛋白质、脱氧核糖核酸）也能形成单晶的结构。

2.3.2　球晶

　　球晶是由无数微小晶片按结晶生长规律长在一起的多晶聚集体。球晶的直径可以达到 $0.5\sim100\mu m$，大的可以达到厘米数量级。球晶中分子链总是垂直于分子链球晶的半径方向，这说明球晶的基本结构单元仍然是具有折叠链结构的片晶。它以一定的方式扭曲，同时从一个中心向四面八方生长，发展成为一个球状的多晶聚集体。

　　图 2-2（a）和（b）分别为间规聚苯乙烯球晶的偏光显微镜（polarization microscope）和原子力显微镜的照片，可以看出，在偏光显微镜下，球晶呈现黑十字消光的现象，由中心向四周径向生长，当两个球晶的生长相遇时，出现清晰的界面。从原子力显微镜中可以看出，球晶由中心向各个方向的微纤（fibrils）所组成，球晶的内核呈现"眼睛"状。图 2-3 为聚丁二酸丁二醇酯（PBS）球晶在透射电子显微镜（transmission electron microscope，TEM）下的照片，可以看出，球晶之间存在清晰的界面，且球晶由发射状的微纤所组成。以上照片呈现了球晶在不同表征手段下的形貌，说明球晶是由径向发射的微纤组成的，这些微纤就是长条状的晶片，其厚度在 $10\sim20nm$。而且，球晶表现出光学的各向异性，具有双折射的性质。当一束自然光通过起偏器后，变成平面偏振光，其振动方向都在单一方向上。当偏振光通过高分子球晶时，发生双折射，分成两束振动方向垂直的偏振光，它们的振动方向分别平行和垂直球晶的半径方向。由于这两个方向上的折射率不同，这两束光通过球晶的速率是不同的，必然会产生一定的相位差而出现干涉现象，结果使得一部分偏振光能够通过与起偏器处在正交位置的检偏器，而另一部分区域则不能，最后分别形成球晶照片上的亮和暗的区域。

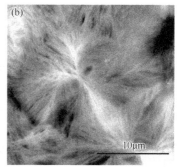

图 2-2　间规聚苯乙烯球晶的偏光显微镜（a）和原子力显微镜（b）照片

　　在球晶的偏光显微镜照片中，球晶不仅出现黑十字消光的现象，而且还出现明暗相间的同心消光圆环，如图 2-4 和图 2-5 所示，这种结构的球晶称为环状球晶。关于环状球晶的形成

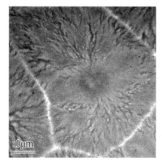

图 2-3　聚丁二酸丁二醇酯球晶在透射电子　　　　图 2-4　聚丁二酸丁二醇酯球晶在偏光
　　　　　显微镜下的照片　　　　　　　　　　　　　　　显微镜下的照片

 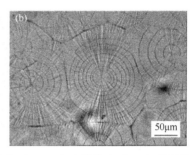

图 2-5　间规聚苯乙烯的环状球晶在偏光下（a）和去掉偏光后（b）的照片

有不同的理论模型，其中占主要地位的是晶片周期扭曲模型和螺位错模型。此外，分步晶体生长模型被结晶/非晶共混物和结晶/结晶共混物的实验所证实，分级生长模型在等规聚苯乙烯中被证实。然而，没有一种理论模型可以解释所有的实验现象。

晶片周期扭曲模型认为环状球晶是由晶片保持(010)晶轴方向平行于球晶半径的周期性扭曲而形成的。聚合物晶体生长过程中的不规则的折叠面可能产生应力（stress），导致球晶中晶片的扭曲。Ho 等认为聚对苯二甲酸丙二醇酯（PTT）的环状球晶是由晶片沿球晶半径方向上的周期性扭曲造成的。PTT 的主链倾斜于折叠面，内部应力的积累导致晶片沿半径方向扭曲。共混体系第二组分的加入往往使得环状球晶更容易形成，晶片周期扭曲模型认为共混体系中两种聚合物的相互作用可能引起两种晶片堆砌方式的变化，以螺位错方式生长的晶片，其分支概率增加，非晶的第二组分在折叠面之间起到桥接作用而使得晶片间的联系加强。这些变化都更有利于晶片的周期性扭曲。

螺位错模型与晶片周期扭曲模型均认为球晶中晶片的扭曲导致了偏光显微镜下消光环带的形成。但是，螺位错模型认为晶片的扭曲是不连续的，晶片扭曲的主要原因是晶体生长过程中出现的螺位错。而晶片周期扭曲模型认为晶片的扭曲是连续进行的，晶体生长过程中不规则的折叠面造成结晶过程中产生应力，从而使得晶片沿球晶方向周期性扭曲。

在去掉偏光的条件下，聚乙烯球晶的环带仍然可以被观察到。因此，Keith 认为晶片扭曲生长并不是聚合物形成环状球晶的唯一原因，而由晶体分步生长导致球晶内部结构不连续也会引起环状球晶的形成。近年来，众多的实验结果证实了分步晶体生长模型。

上述三种模型虽然得到了较多实验结果的支持，但没有一种模型可以解释所有的实验现象。因此，环状球晶的形成机理及高分子物理中的相关理论和模型仍然在发展中，随着表征手段的不断进步，人们对微观世界的认识也会越来越深入，越来越接近科学的本质。此外，还有串晶和纤维状晶等高分子结晶类型，这主要与结晶条件和加工过程等有关。

2.3.3　高分子晶体的构象

构象是指高聚物分子链中原子或基团绕 C—C 单键旋转而引起相对空间位置排列不同。晶态高聚物构象的决定因素是微晶分子内相互作用，即绕 C—C 单键内旋转的势能障碍大小，其次是非键原子或基团之间的排斥力、范德华力、静电作用及氢键。晶态下高聚物分子链具有最稳定的构象，即在晶态下高分子链只有一种堆砌方式。但某些高聚物由于结晶条件不同而出现不同的变体，具有两种或两种以上的堆砌方式。晶态高聚物分子链的基本堆砌包括平面锯齿形、螺旋构象、滑移面对称、对称中心结构、二重轴垂直分子链轴、镜面垂直分子链轴、双重螺旋等。以下为典型的高分子链的构象。

1）全对位交叉聚乙烯的构象

全对位交叉聚乙烯（图 2-6）呈平面锯齿状，这种构象能量低，以 C—C 键长为 0.154mm、键角为 109.5° 计算。一个单位单元在键轴方向上的投影为 0.252nm，其应为两个靠得近的 H 原子的距离，它大于 H 原子范德华半径（0.12nm）的两倍，因此，这种结构在能量上是合理的。

2）聚四氟乙烯的构象

H 原子被 F 原子取代，而 F 原子的范德华半径为 0.14nm，其两倍 0.28nm 已大于 0.252nm，如果聚四氟乙烯同样采取全对位交叉构象，F 原子就会出现拥挤现象，电子云互相排斥，这种排斥作用使得聚四氟乙烯被迫采取一种稍稍偏离全对位交叉平面构象，呈现一种扭转构象，如图 2-7 所示。当 $T<19℃$ 时，旋转角为 14°，使整个分子呈 $H13_6$ 的螺旋构象；当 $T\geqslant19℃$ 时，旋转角为 12°，使整个分子变成 $H15_7$ 的螺旋构象。

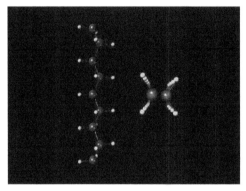 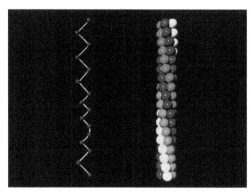

图 2-6　全对位交叉聚乙烯的构象　　　　　图 2-7　聚四氟乙烯的构象

3）聚甲醛和聚氧化乙烯的构象

由于聚甲醛分子主链上有 O 原子存在，其对应位置的空间位阻小，与全碳链不同，邻位交叉构象的能量反而比对位交叉构象的能量低，其中 COC 键角为 112°，OCO 键角为 111°，形式等同周期为 1.73nm 的 $H9_5$ 螺旋构象，如图 2-8 所示。聚氧化乙烯（PEO）形式等同周期为 1.93nm 的 $H7_2$ 螺旋构象。

等规 α-烯烃分子链，由于取代基的空间位阻，全对位交叉构象的能量一般比对位交叉、邻位交叉交替出现构象的能量高，所以，这类聚合物的分子链在晶体中通常采取对位交叉、邻位交叉交替构象序列的螺旋形构象。

4）聚丁二烯在结晶中的构象

聚丁二烯有四种异构体，其中反式 1,4-聚丁二烯、顺式 1,4-聚丁二烯和间规 1,2-聚丁二烯都取主链接近平面锯齿形的全对位交叉构象，而等规 1,2-聚丁二烯取 $H3_1$ 螺旋形构象，如图 2-9 所示。

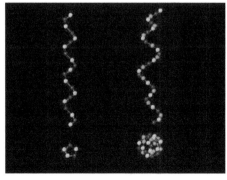 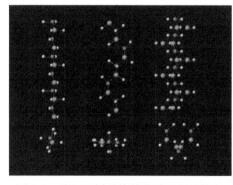

图 2-8　聚甲醛和聚氧化乙烯的构象　　　　图 2-9　聚丁二烯异构体在结晶中的构象

2.4　结晶高分子的结构模型

随着对高分子结晶认识的不断深入，在已有实验事实的基础上，提出了各种各样的模型，解释所观察到的实验现象，进而探讨结晶结构与高聚物性能之间的关系。由于条件所限，各种模型都有其相对局限性。

2.4.1　缨状微束模型

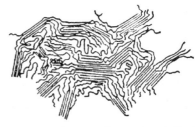

根据 X 射线衍射（XRD）的结果，晶态高聚物是由许多大小在 100Å 左右的微小晶粒所组成，考虑高分子本身的特点，如线型分子伸展时可长达几千埃以上，其中有些分子较长，有些分子较短，长链分子具有柔性，易于相互缠结，并倾向于卷曲起来，因此提出了"缨状微束模型"，如图 2-10 所示。

图 2-10　结晶聚合物的缨状微束模型

模型要点：

（1）高聚物只能部分结晶，具有晶区和非晶区两相并存的特殊结构。

（2）每一个高分子链可以贯穿几个晶区和非晶区。

（3）在非晶区，分子链是卷曲且互相缠结的；在晶区，分子链互相平行排列形成规整结构。

（4）晶区的取向是无规的。

该模型的提出解释了 X 射线衍射和其他实验观察到的结果。例如，高聚物的宏观密度比晶胞的密度小，是由于晶区和非晶区共存；高聚物拉伸后，X 射线衍射图上出现了圆弧形，是由于微晶的取向；拉伸聚合物的光学双折射现象是由于非晶区中分子链的取向；对于化学反应和物理作用的不均匀性，是由于非晶区比晶区有比较大的可渗入性等。然而，该模型对于一些新的实验结果则无法解释，因此，人们发展了其他的理论模型。

2.4.2　松散折叠链模型

采用 X 射线衍射研究晶体结构只能观察到几个纳米范围内的分子有序排列的情况，即只能确定高分子链局部的相互排列的情况，不能观察到整个晶体的结构。随着电子显微镜（electron microscope，EM）的应用，可以直接观察到几十微米范围内的晶体结构。例如，聚乙烯单晶厚度约为 10nm，与相对分子质量的大小无关。相应的 X 射线衍射结果表明，其分子链是垂直于单晶薄片方向的，然而，由相对分子质量推算，伸展的分子链长度在 100~1000nm，也就是说晶片的厚度比整个分子链的长度要小很多。为了合理解释以上现象，Keller 提出了折叠链模型，如图 2-11 所示。

模型要点：

（1）在晶态高聚物的片晶中，仍以折叠的分子链为基本结构单元，折叠处松散而不规则，但在晶片中分子链仍是相邻排列的。

（2）在多层晶中，分子链可以跨层折叠，在一层晶片中折叠几个来回之后，再到另一层去折叠，使层片之间存在连接链。

然而，还有较多实验是上述模型所不能解释的。即使在高聚物单晶中，仍然存在晶体缺陷，特别是有些单晶的表面结构非常松散，使单晶的密度远小于理想晶体的密度。因此，Fischer

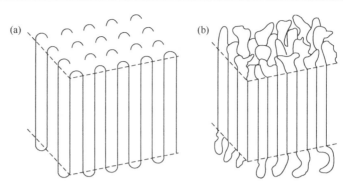

图 2-11　近邻规整折叠链模型（a）和近邻松散折叠链模型（b）

提出了近邻松散折叠链模型，认为在晶态高聚物的晶片中，仍以折叠的分子链为基本结构单元，只是折叠处可能是一个环圈，松散而不规则，而在晶片中，分子链的相连链段仍然是相邻排列的。

2.4.3　插线板模型

　　Flory 从高分子无规线团的概念出发，提出分子链作近邻规整折叠的可能性很小。以聚乙烯的熔体结晶为例，证明由于聚乙烯分子线团在熔体中的松弛时间（relaxation time）太长，而实验观察到的聚乙烯的结晶速率又很快，结晶时分子链根本来不及作规整的折叠，而只能是局部的链段作必要的调整，即分子链是完全无规进入晶片的。因此在晶片中，相邻排列的两段分子链并不像折叠链模型那样，是同一个分子相连的链段，而是非邻接的链段和属于不同分子的链段。在形成多层片晶时，一根分子链可以从一个晶片通过非晶区进入另一个晶片中；如果它再回到前面的晶片中，也不是相邻接的再进入（图 2-12）。为此，仅就一层晶片而言，其中分子链的排列方式与老式电话的插线板类似，晶片上的分子链像插头电线那样，毫无规则，构成非晶区。通常把 Flory 的模型称为插线板模型，如图 2-13 所示。

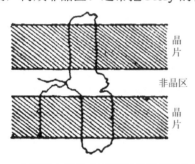

图 2-12　分子链在晶片中不规则非近邻进入示意图

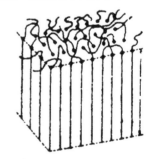

图 2-13　插线板模型

　　模型要点：

（1）折叠链部分是由多条链组成的，而且它们的排列是任意的，相邻链属于不同的分子链。

（2）形成多层片晶时，一条分子链可以从一个晶片通过非晶区进入另一个晶片中。

2.5　高分子结晶

2.5.1　化学结构与结晶

　　高分子链的化学结构与结晶行为有密切的联系，对称的分子链结构更易于形成完善的结晶。例如，聚乙烯和聚四氟乙烯（PTFE），由于其分子链高度对称，为高度结晶的聚合物。聚氯乙烯由于含有不对称的氯原子，其为完全无定形结构。当两个对称的氯原子连接在同一个碳原子上时，如聚偏氯乙烯，其结晶性较好。尽管聚氯乙烯的结晶性很差，但是聚乙烯醇（PVA）由于分子间有氢键的相互作用，其结晶性更好。对于尼龙材料来说，分子间的特殊相互作用如氢键是其具有较好结晶性的关键因素。分子链的规整度及反式结构等都利于提高结晶能力。

2.5.2　高分子结构与结晶能力

高分子的分子链结构对结晶能力的影响如下。

1）链的对称性

高分子链结构的对称性越高，越容易结晶。

主链全部是碳原子：聚乙烯和聚四氟乙烯，聚偏二氯乙烯和聚异丁烯。

主链含杂原子：聚甲醛、聚醚、聚酯等。

2）链的规整性

高分子链的规整性越高，越容易结晶。

主链含不对称中心的聚合物：等规度高，结晶能力大。

存在顺反异构的二烯类聚合物：反式构象聚合物大于顺式构象聚合物。

3）共聚物的结晶能力

共聚会破坏链的规整性，使结晶能力下降。

4）其他结构因素

链的柔性：柔性不好，会降低聚合物的结晶能力。

链的支化：支化使链的对称性和规整性受到破坏，导致结晶能力下降。

交联度：随着交联度的增加，高聚物会迅速失去结晶能力。

分子间力：分子间力使链的柔性降低，会影响结晶能力。但分子间如形成氢键将有利于结晶结构的稳定。

2.5.3　结晶动力学

聚合物的结晶动力学分为等温与非等温两大类，聚合物的等温结晶动力学过程已有大量文献报道。常用的实验技术包括差示扫描量热法（differential scanning calorimetry，DSC）、热台偏光显微镜法、膨胀计法（dilatometry）等。然而，聚合物材料在实际生产过程中，如挤出、模压、吹塑等，常常都是在动态、非等温的条件下完成的。为了选择合适的加工条件，制备性能良好的材料，对非等温结晶动力学进行定量分析日益受到重视。等温结晶是将聚合物熔体（在它的熔融温度以上）快速冷却至某结晶温度，保持此温度直至结晶完成。对于玻璃化转变温度较高、结晶速率又不是很快的聚合物（如聚对苯二甲酸乙二醇酯），也可将其熔体淬火，形成玻璃态，然后快速升温至某温度进行等温结晶。聚合物结晶的特点如下：

（1）对于给定的聚合物，熔融加工过程中的结晶程度主要取决于结晶速率。

（2）一些高分子具有较低的结晶速率，如聚对苯二甲酸乙二醇酯、聚碳酸酯（PC）及尼龙 66，从熔融温度以上快速冷却，可以得到无定形的状态。

（3）部分高分子的结晶速率非常快，如聚乙烯，无法通过淬冷的方式阻止其结晶。

（4）对于给定的聚合物，其结晶速率主要取决于结晶温度。

（5）在熔融温度下，结晶的晶片快速熔融，而结晶速率为零。

（6）当温度降至玻璃化转变温度以下时，链折叠所需要的大尺度链段运动将停止，此时结晶速率又为零。

（7）在中间的某个温度，分子链的运动与片晶生长将会达到一个平衡。

（8）结晶速率达到最大时的温度与聚合物的相对分子质量无关，然而，结晶速率会随着相对分子质量的增加而降低。

结晶速率与温度的关系如图 2-14 所示，在较低的温度下，高分子的结晶速率趋向于零，而在较高的温度下，高分子的结晶速率也很小，因为此时高分子链处于熔融状态，整个高分子处于运动中，无法结晶。只有当温度处于中间值时，高分子的运动能力尚可，而成核速率也相对较高，总的结晶速率较高。

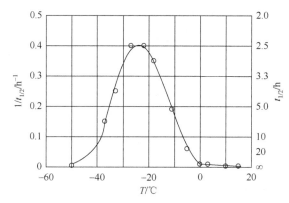

图 2-14　天然橡胶结晶速率与温度的关系

高分子的结晶范围在 T_g 和 T_m 之间，在适当温度下，结晶速率会出现极大值。其中，T_{max} 可以用 T_g 和 T_m 来估算：

$$T_{max} = 0.63T_m + 0.37T_g - 18.5 \tag{2-5}$$

也可以仅用 T_m 来估算：

$$T_{max} \approx 0.85T_m \tag{2-6}$$

高分子结晶速率取决于温度，两者间的关系如图 2-15 所示。

Ⅰ区：熔融温度以下 10～30℃范围内，是熔体由高温冷却时的过冷区。

Ⅱ区：从Ⅰ区下限开始，向下 30～60℃范围内，该区内成核速率控制结晶速率。

Ⅲ区：熔体结晶生成的主要区域，T_{max} 在该区。

Ⅳ区：结晶速率随温度降低迅速下降。

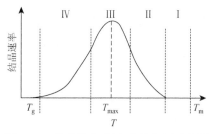

图 2-15　结晶速率-温度曲线分区示意图

1. 结晶速率及其测定方法

高分子的结晶过程与小分子相似，包括晶核的形成和晶粒的生长两个步骤，结晶速率包括成核速率、生长速率和由它们共同决定的结晶总速率。其中，成核速率可用偏光显微镜、扫描电子显微镜直接观察单位时间内形成晶核的数目。结晶生长速率可以用偏光显微镜、小角激光散射测定球晶半径随时间的增大速率，即球晶的径向生长速率。可采用膨胀计法、光学解偏振法（optical depolarization）等测定结晶过程进行到一半所需时间 $t_{1/2}$ 的倒数作为结晶总速率。

2. Avrami 方程用于高分子的结晶过程

阿夫拉米（Avrami）方程原先从金属结晶导出，用在聚合物结晶动力学上也较成功，因而被广泛用于聚合物结晶动力学的描述。方程具体形式如下：

$$1 - X(t) = \exp(-kt^n) \qquad (2\text{-}7)$$

式中，$X(t)$ 为 t 时刻的结晶度；k 为动力学速率常数；n 为 Avrami 指数，与成核生长方式有关。将式（2-7）两边取对数可以得到

$$\lg\{-\ln[1 - X(t)]\} = \lg Z + n\lg t \qquad (2\text{-}8)$$

将 $\lg\{-\ln[1 - X(t)]\}$ 对 $\lg t$ 作图，可以得到一系列直线，直线的斜率即为成核指数 n，而直线的截距为速率常数。从所得的 n 和 k 的值，可以得到结晶过程的成核机理和生长速率的信息。

膨胀计可以测定高分子的等温结晶过程，常用 Avrami 方程来描述

$$\frac{v_t - v_\infty}{v_0 - v_\infty} = \exp(-kt^n) \qquad (2\text{-}9)$$

当收缩率 $\dfrac{v_t - v_\infty}{v_0 - v_\infty} = \dfrac{1}{2}$ 时，可以得到半结晶期

$$t_{1/2} = \left(\frac{\ln 2}{k}\right)^{\frac{1}{2}} \qquad (2\text{-}10)$$

$$K = \frac{\ln 2}{t_{1/2}^n} \qquad (2\text{-}11)$$

高分子的结晶过程包括成核和晶体生长两个阶段，在成核阶段，成核方式包括均相成核与异相成核两种。其中，均相成核是由熔体中的高分子链段靠热运动形成有序的链束作为晶核。而异相成核是以外来的杂质、未完全熔融的残余结晶聚合物、分散的小颗粒固体或容器的壁为中心，吸附熔体中的高分子链作有序排列而形成晶核。在均相成核中，成核指数 $n = 3 + 1 = 4$；在异相成核中，成核指数 $n = 3 + 0 = 3$。

Avrami 方程曾应用于许多高分子，并取得了不同程度的成功，如图 2-16 所示。然而，有些情况下，虽然 Avrami 作图的线性很好，但得到的 n 值并不是整数，而非整数的 n 值在 Avrami 模型中是没有物理意义的。而且，直线的最后部分并不是完全线性的，有一定的偏离，认为存在二次结晶。为此，提出了较多的新模型来描述高分子的结晶过程，著名的包括 L-H 方程、T-F 方程，以及 Strobl 提出的通过中间相、小晶块形成片晶的高分子结晶新模型等。

Turnbull 和 Fisher 认为，聚合物的结晶速率可以描述成

$$G = G_0 \exp(-\Delta F / KT_c) \exp(-\Delta \Phi / KT_c) \qquad (2\text{-}12)$$

式中，G 为结晶速率；G_0 为指前因子；ΔF 为迁移活化能；$\Delta \Phi$ 为成核活化能。很显然，聚合物在等温结晶过程中主要取决于两个能量因素，即分子链穿过熔融与结晶界面的迁移活化能和形成一定大小的晶核所需的活化能。其中，成核活化能还包括焓变和熵变两项因素。ΔF 的变化主要取决于共混物中 T_g 的改变，在相同的结晶温度下，具有低 T_g 样品的分子链的运动能力更强并且 ΔF 的数值也相对较小。

以上情况说明，关于高分子结晶的机理一直存在争论，且迄今为止，没有一个模型可以

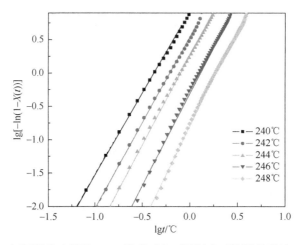

图 2-16　间规聚苯乙烯经 320℃熔融后在不同温度下等温结晶的 Avrami 图

描述所有高分子结晶的实验现象。需要指出的是，Strobl 借助于一些新的仪器和手段，得到了有关高分子结晶的一些新结果，并提出了高分子结晶的新模型，对高分子结晶理论和现代高分子物理的发展产生了很大的影响。传统的结晶理论已经不能用于解释新的实验现象，对高分子结晶的研究要有突破就必须有新思想、新概念。

3. 结晶速率的表征技术

结晶速率可以采用一系列的方法进行测量，如利用膨胀计测定体积的变化，利用偏光显微镜测定球晶尺寸随时间的变化等。

可利用高分子结晶时的分子链作规整紧密堆砌时发生的体积变化，跟踪测量结果中的体积收缩，来研究结晶过程。规定体积收缩进行到一半所需时间的倒数 $1/t_{1/2}$ 作为实验温度下的结晶速率，如图 2-17 所示。

$$\frac{h_t - h_\infty}{h_0 - h_\infty} = \exp(-kt^n) \tag{2-13}$$

光学解偏振法是利用光学双折射性质来测定结晶速率的方法，解偏振光强度与结晶度成正比。

而偏光显微镜可在等温条件下观察高分子球晶的生长过程，测量球晶的半径随时间的变化。等温结晶时，球晶的半径与时间呈线性关系，如图 2-18 所示。

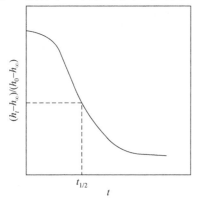

图 2-17　高分子的等温结晶曲线

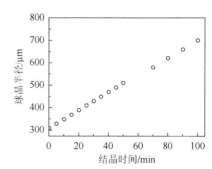

图 2-18　从 20%等规聚丙烯和 80%无规聚丙烯共混物中生长的球晶半径与时间的线性关系

4. 结晶速率的影响因素

聚合物结晶速率的影响因素包括分子结构、相对分子质量、杂质、溶剂、应力等，其各自的影响分别如下。

1）分子结构

（1）结构简单的分子如聚乙烯、聚四氟乙烯链的对称性、立体规整度越高，取代基的空间位阻越小，链越柔顺，结晶速率越大。

（2）含极性基团，特别是能形成氢键的高聚物，其结晶速率更快。例如，聚酰胺（polyamide）的结晶速率稍慢于聚乙烯，其分子链结构中存在大量的酰胺键结构，分子间易于形成氢键，氢键作用能诱导分子链形成有序结构，从而在结晶过程中能快速结晶。

（3）分子链带有庞大侧基或主链含有苯环、共轭双键的高聚物，其空间位阻或链段刚性越大，结晶速率越慢。例如，聚对苯二甲酸乙二醇酯主链中含有苯环的结构，其分子柔性较差，因此在结晶过程中，分子链排列要克服较大的能垒，结晶速率较低。如果降温速度较快，分子链处于无定形的状态，最后得到透明的样品。而将其在一定的温度下进行处理，分子链重排结晶。

2）相对分子质量

相对分子质量越大，其结晶速率越慢。

3）杂质

杂质对结晶过程的影响具有双重性。有些杂质能起到成核剂的作用，诱导高分子结晶，而有些杂质与高分子链间有特殊的相互作用，如氢键，从而阻碍高分子的结晶。

4）溶剂

有些溶剂能促进结晶过程。例如，聚（3-己基噻吩）可用于有机聚合物太阳能电池中，其刚性的主链结构使其结晶较为困难，但是一旦有溶剂存在，这些溶剂小分子能诱导其分子链重排，从而形成结晶。

5）应力

应力有加倍结晶的作用。

2.6　结晶度测定

2.6.1　密度测定

密度通常可以用校正的密度梯度柱在标准温度下测定，而一旦半结晶样品的密度测定后，相对的结晶度 ϕ 即可采用式（2-14）进行计算：

$$\phi = \frac{\rho - \rho_a}{\rho_c - \rho_a} \tag{2-14}$$

式中，ρ_a 为完全无定形样品的密度；ρ_c 为完全结晶样品的密度。完全无定形的样品可通过熔融态的淬冷得到，而完全结晶的样品则可通过培养单晶得到。

2.6.2　X 射线衍射

X 射线衍射是高分子表征中广泛采用的测试技术，可以获得晶态与非晶态的相关结构信息。X 射线是高能的光波，其波长尺度仅为 0.05～0.25nm，主要与原子中的电子发生相互作用。当一束 X 射线照射到一种材料上时，部分电子会被吸收，部分电子会全部透过，而其余的电子则会被散射掉。这种相互作用得到了一种散射图案，而这种图案与散射角 2θ 有关。散射图案提供了关于电子密度分布的信息，以及高分子中相关原子的位置分布信息。X 射线的强度 I_0、散射强度 I 及散射角之间满足汤姆孙（Thomson）方程：

$$I = I_0 \frac{k}{r^2} \frac{1-\cos^2 2\theta}{2} \tag{2-15}$$

式中，r 为电子与检测器之间的距离；k 为常数，计算方法如下：

$$k = \frac{e^4}{m^2 c^4} \tag{2-16}$$

式中，$e \approx 1.6022 \times 10^{-19}$ C，$m \approx 9.1095 \times 10^{-35}$ kg，分别为元电荷及电子的质量；c 为光波的速度，$c \approx 3.00 \times 10^8$ m/s。

X 射线衍射中常用的模式包括广角 X 射线衍射（wide angle X-ray diffraction，WAXD）和小角 X 射线散射（small angle X-ray scattering，SAXS）两种，而对于厚度低于 100nm 的高分子薄膜，通常采用掠入射的方法进行测定。其中，WAXD 主要是用于测定相对结晶度和晶粒尺寸大小。在 WAXD 衍射图中，背景衍射主要是来自于非晶区的衍射，而衍射峰则对应规则排列的结晶区。在大部分情况下，相对结晶度可以通过比较非晶区的衍射峰强度（I_{am}）与完全无定形样品的衍射峰强度（I_{am}^0）得到，计算公式如下：

$$f_c^w = 1 - \frac{I_{am}}{I_{am}^0} \tag{2-17}$$

式中，f_c^w 为结晶相的相对含量。

另外，结晶相的相对含量也可以通过式（2-18）进行计算：

$$f_c^w = \frac{A_c}{A_c + kA_a} \tag{2-18}$$

式中，A_c 为衍射曲线下晶区衍射峰面积；A_a 为衍射曲线下非晶区衍射峰面积；k 为校正因子，为了比较可以设定为 1，对于绝对测量需要测定。

此外，X 射线衍射方法还可用于晶粒尺度的表征。根据谢乐（Scherrer）公式可以计算出样品中晶粒的平均直径，计算公式如下：

$$D_{(hkl)} = k\lambda / (\beta \cos\theta) \tag{2-19}$$

式中，$D_{(hkl)}$ 为沿垂直于晶面 (hkl) 方向的晶粒直径；k 为 Scherrer 形状因子，取 0.89；β 为晶面衍射峰的半高峰宽（弧度）。

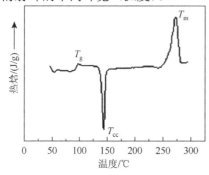

图 2-19　间规聚苯乙烯无定形样品的 DSC 曲线

2.6.3　差示扫描量热法

经典的 DSC 曲线如图 2-19 所示。ΔH 和 ΔH_0 分别为聚合物试样的熔融热和 100%结晶试样的熔融热。100%结晶试样一般不能得到，可以通过测定一系列不同结晶度试样的 ΔH_0，然后外推确定。结晶度的计算公式如下：

$$f_c = \frac{\Delta H}{\Delta H_0} \times 100\% \tag{2-20}$$

2.7　结晶度与物理性能

聚合物结晶度的大小决定其相关的力学、光学、热学等物理性能。因此，认识结晶度与物理性能之间的关系，对于调控高分子材料的性能有重大意义。

2.7.1　力学性能

结晶度对力学性能的影响主要包括以下几个方面。由于聚合物的非晶区有玻璃态和橡胶态之分，因此考虑力学性能时还应考虑聚合物所处的状态。对于弹性模量（elastic modulus）和硬度（hardness），在 T_g 以下时，结晶度的影响不大；而在 T_g 以上时，聚合物的弹性模量和硬度随结晶度的增加而升高。对于脆性，在 T_g 以下时，结晶度的提高会使得材料变得更脆。对于抗张性，在 T_g 以下时，抗张强度随结晶度的增加而下降；而在 T_g 以上时，抗张强度随结晶度增加而提高，但是断裂伸长率（elongation at break）减小。

2.7.2　密度与光学性能

一般来说，高聚物的密度随结晶度增加而增加。高聚物中结晶部分的密度较非晶部分的密度大，其比值 $\dfrac{\rho_c}{\rho_a} \approx 1.13$。只要未知样品的密度已知，就可估算其结晶度。

$$\frac{\rho_c}{\rho_a} = 1 + 0.13 f_c^w \tag{2-21}$$

高聚物的光学性能也与密度密切相关。当结晶与非晶组分两相并存时，高聚物通常呈乳白色。而随着结晶度的减小，其透明度增加。

2.7.3　热性能

对于不结晶或结晶度低的塑料来说，其最高使用温度是玻璃化转变温度。而当结晶度达到 40%以上时，样品在玻璃化转变温度以上不软化，最高使用温度是其熔融温度。这也就是说，尽管聚乙烯和聚丙烯的玻璃化转变温度很低（0℃以下），但是其使用温度却较高，尤其是聚丙烯，可以耐受 120℃以上的高温。原因在于其熔融温度高达 160℃，大大高于玻璃化转变温度。

2.7.4　加工过程-结构-结晶性能

结晶聚合物的物理和化学性质与结晶度、结晶形态及结晶在材料中的织态结构有关，而这些结构的变化又与加工成型的条件密不可分。例如，聚三氟氯乙烯的熔融温度为 210℃，如果缓慢冷却，结晶度可达 85%～90%，如果淬火，结晶度只有 35%～40%。又如，聚对苯二甲酸乙二醇酯的熔融温度为 260℃，快速冷却可以得到完全透明的无定形样品，而将其缓慢冷却则能得到白色的结晶样品，导致其力学性能和光学性能完全不同，其本质在于结晶度的不同。

2.7.5　相对分子质量与结晶度

结晶度也与高分子的相对分子质量有关，当样品的相对分子质量大于某一数值时，结晶度随相对分子质量的增加而单调下降，而相对分子质量很高，结晶度将趋于某一极限值，如

图 2-20 所示。相对分子质量较大时，相应的分子链长度较长，在结晶过程中分子链的运动不自由，从而不容易结晶，导致结晶度下降。

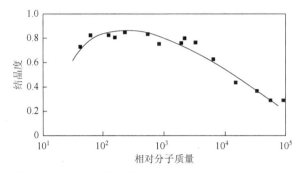

图 2-20　线型聚乙烯 130℃等温结晶冷却时结晶度与相对分子质量的关系

2.8　结晶热力学

没有高分子是完全结晶的，即使是结晶度很高的高密度聚乙烯，其片晶中仍然存在缺陷，包含部分非晶及不规则的区域。因此，结晶的高分子具有两个相转变，其中一个对应于非晶区的玻璃化转变温度，另一个则为结晶区的熔融温度。大部分用来测定玻璃化转变温度及熔融温度的常规表征手段通常都是基于相转变的热力学理论。

2.8.1　熔融与熔融温度

晶态高聚物的熔融过程有一个较宽的熔融温度范围，这个温度范围称为熔限。那么，高聚物的熔融过程是不是热力学的一级相转变过程？晶态高聚物的熔融温度如何确定？如何解释晶态高聚物特有的熔融过程？

为了明确晶态高聚物熔融过程的热力学本质，对许多晶态高聚物试样做了精细的测量，如温度每升高 1℃，便维持恒温至体积不再改变才测定比体积值。所得的结果表明，晶态高聚物的熔融过程十分接近跃变过程，熔融过程主要发生在 3～4℃ 的较窄温度范围内，而且在熔融过程的终点，曲线上也出现明确的转折（图 2-21）。对于不同结晶条件下获得的同一种高聚物的不同试样进行类似的测量，结果得到了相同的转折温度。这些实验事实有力地证明，晶态高聚物的熔融过程是热力学的一级相转变过程，与低分子晶体的熔化现象只有程度的差别，没有本质的不同。比体积-温度曲线上熔融终点处对应的温度为高聚物的熔融温度（图 2-22，图 2-23）。

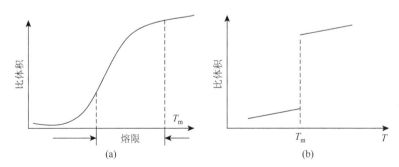

图 2-21　晶态高聚物（a）与低分子晶体（b）熔融过程比体积-温度曲线的比较

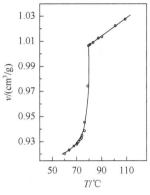

图 2-22　聚己二酸癸二酯的比体积-温度曲线

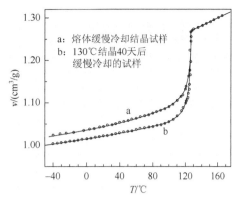

图 2-23　线型聚乙烯的比体积-温度曲线

2.8.2　测定熔融温度的技术

原则上来说，结晶熔融时发生不连续变化的各种物理性质，如密度、折光指数、热容、透明性等，都可以用来测定熔融温度。测定熔融温度的方法如下：

膨胀计法：基于熔融过程中比体积随温度的变化。

差热分析法（DTA）：基于熔融过程中热效应的变化。

差示扫描量热法：定量测定熔融过程中的热效应。

偏光显微镜法：利用结晶熔融时双折射消失。

其他方法：X 射线衍射、红外光谱、核磁共振等。

2.8.3　结晶温度与熔融温度

晶态高聚物的熔融温度和熔限与结晶形成的温度有关（图 2-24）。一般结晶温度越低，熔融温度越低且熔限越宽；相反，结晶温度越高，则熔融温度越高且熔限越窄。结晶温度对熔融温度和熔限的这种影响，是由于在较低的温度下结晶时，分子链的活动能力较差，形成的晶体较不完善，完善程度的差别也较大，因此，这样的晶体将在较低的温度下被破坏，即熔融温度较低，同时熔融温度范围也较宽。在较高的温度下结晶时，分子链活动能力较强，形成的结晶比较完善，完善程度的差别较小，因而晶体的熔融温度较高而熔限较窄。

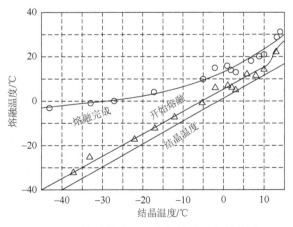

图 2-24　橡胶的结晶温度与熔融温度的关系

2.8.4 晶片厚度与熔融温度

晶态高聚物成型过程中，往往要做淬火或退火处理，以控制制品的结晶度。随着结晶条件的不同，将形成晶片厚度和完善程度不同的结晶，它们将具有不同的熔融温度。聚合物的熔融温度随晶片厚度的增加而增加，以聚乙烯为例，见表 2-1。

表 2-1 聚乙烯晶片厚度与熔融温度数据

厚度/nm	28.2	29.2	30.9	32.3	33.9	34.5	35.1	36.5	39.8	44.3	48.3
熔融温度/℃	131.5	131.9	132.2	132.7	134.1	133.7	134.4	134.3	135.5	136.5	136.7

通常，晶片厚度对熔融温度的影响与结晶的表面能有关。晶片厚度越小，单位体积内的结晶物质与完善单晶相比，将具有较高的表面能。因此，晶片厚度较小的和较不完善的晶体，比晶片厚度较大的和较完善的晶体的熔融温度要低些。

2.8.5 拉伸取向与熔融温度

对于晶态高聚物，拉伸能帮助高聚物结晶，结果是提高结晶度，也提高熔融温度。结晶过程的自由能为

$$\Delta G = \Delta H - T\Delta S \qquad (2\text{-}22)$$

过程的 $T>0$，$\Delta S<0$，要使 $\Delta G<0$，必须使 $\Delta H<0$，而且要使 $|\Delta H|>T|\Delta S|$。所以要使过程自发进行，只有两种可能性：①降低 T；②降低 $|\Delta S|$。在熔融温度时，晶相与非晶相达到热力学平衡，$\Delta G = 0$，则

$$T_{\mathrm{m}} = \Delta H / \Delta S \qquad (2\text{-}23)$$

拉伸使熵减小，熔融温度升高。

2.8.6 结构与熔融温度

由热力学的定义式出发，提高熔融温度可以从两方面考虑，一是提高熔融热，二是降低熔融熵。然而，需要指出的是，熔融温度同时受到这两个因素的影响。因此，考虑高分子的分子链结构与熔融温度的关系时，绝不能只考虑其中某一方面的影响而忽略了另一方面的影响。一般来说，提高熔融热对提高熔融温度有利，但是大量晶态高聚物的熔融温度和熔融热数据表明，熔融热数值与高聚物熔融温度之间并不存在简单的对应关系。许多低熔融温度的聚合物有高的熔融热数值；相反地，为数不少的高熔融温度的聚合物，其熔融热并不高。而且，熔融热与分子间的相互作用也不存在对应关系，因为熔融热与内聚能密度并不同。内聚能是液-气相转变时分子间相互作用变化的量度，而熔融过程是固-液相之间的转变，熔融热应该是熔融前后分子间相互作用变化的量度。

熔融熵的大小取决于熔融时体积变化和分子链可能存在的构象数目的变化。构象数目在晶体中只有一个，在熔体中可以有许多个，因此，熔融熵与熔融态下的链构象之间可建立明确的对应关系，于是通常根据高分子链的柔性来推测其熔融熵，进而考虑它对高聚物熔融温度的影响。其中，高聚物熔融温度与结构的关系如下。

1）聚 α-烯烃

随取代基的空间位阻增大，主链内旋转位阻增加，分子链的柔性降低，熔融温度升高。

当正烷基侧链的长度增加时，体积增大，影响了链间的紧密堆砌，反而使熔融温度下降；当侧链长度继续增加时，会使熔融温度回升，如图 2-25 所示。

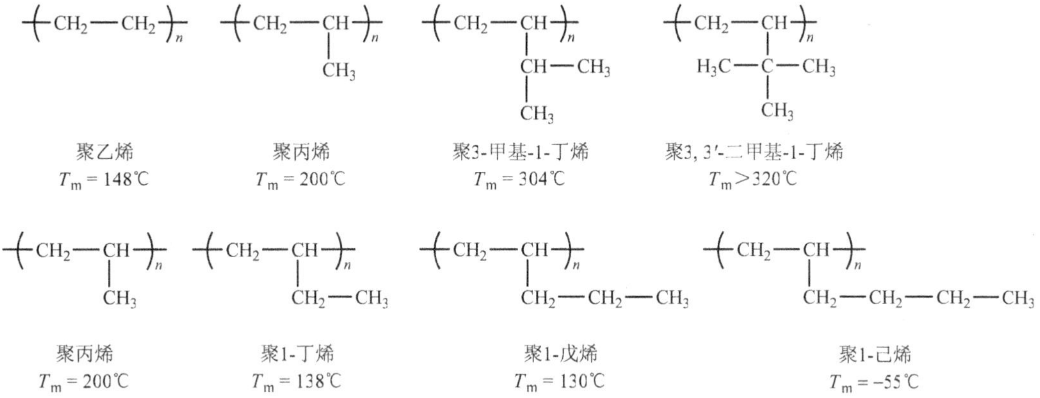

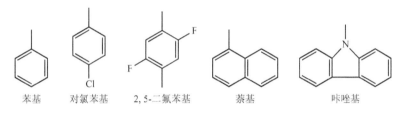

聚乙烯
$T_m = 148$℃
聚丙烯
$T_m = 200$℃
聚3-甲基-1-丁烯
$T_m = 304$℃
聚3, 3′-二甲基-1-丁烯
$T_m > 320$℃
聚丙烯
$T_m = 200$℃
聚1-丁烯
$T_m = 138$℃
聚1-戊烯
$T_m = 130$℃
聚1-己烯
$T_m = -55$℃

图 2-25　不同聚 α-烯烃的熔融温度

当取代基（图 2-26）为体积庞大基团时，内旋转的空间位阻使分子链刚性增加，熔融温度升高。这类取代基的空间位阻越大，熔融温度升高越多。

苯基
对氯苯基
2, 5-二氟苯基
萘基
咔唑基

图 2-26　不同取代基的结构式

2）脂肪族聚酯、聚酰胺、聚氨酯和聚脲

这类聚合物随重复单元的增加，逐渐趋于聚乙烯的熔融温度，如图 2-27 所示。其中，熔融热不能笼统地与分子相互作用相联系。聚酰胺熔融前后氢键依然存在，熔融温度升高是分子间相互作用使构象减少所致。这类熔融温度变化随重复单元中碳原子个数而呈现奇偶变化。

熔融温度/℃
重复单元中主链碳原子个数
聚脲
聚酰胺
聚氨酯
线型聚乙烯
脂肪族聚酯

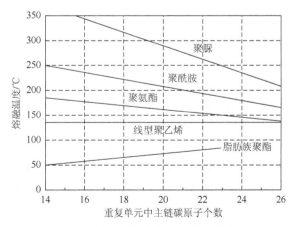

图 2-27　脂肪族同系聚合物熔融温度的变化趋势

3）主链含苯环或其他刚性结构的高聚物

主链中含有的环状结构或共轭结构都使链的刚性增加，这类聚合物具有比对应的饱和脂肪链聚合物高得多的熔融温度，如图 2-28 所示。对位芳香族高聚物的熔融温度比相应的间位芳香族高聚物的熔融温度要高。

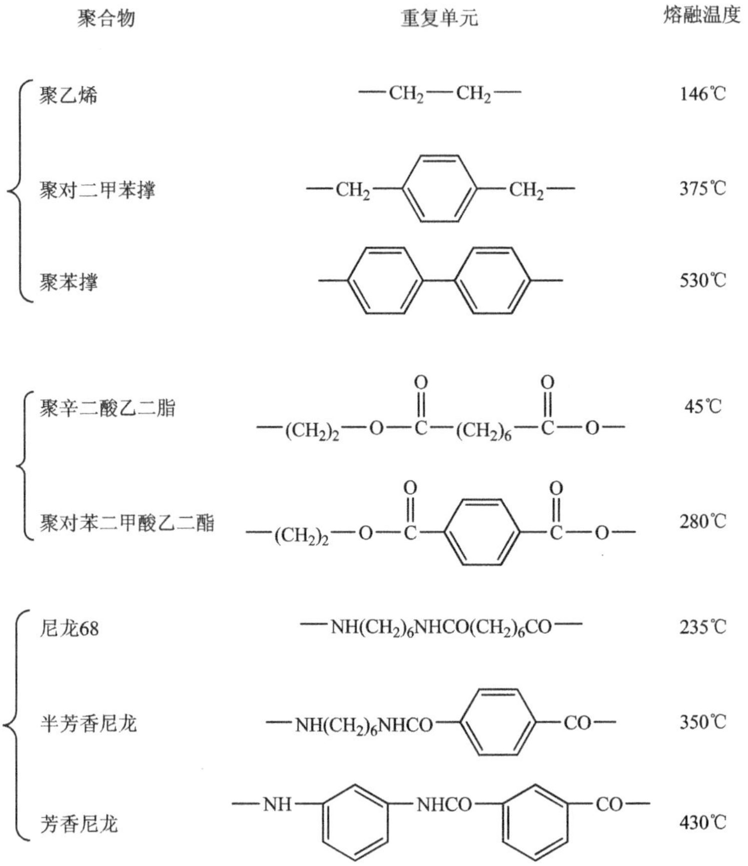

图 2-28　主链含苯环或其他刚性结构的高聚物及其熔融温度

4）其他聚合物

聚四氟乙烯具有很高的熔融温度，为 327℃，在 380℃下其黏度仍然高达 10^{10}Pa·s，因此在结晶熔融后，接近其分解温度时还没有可观察到的流动，致使它不能采用一般热塑性塑料的方法进行加工。而二烯类的 1,4-聚合物都具有较低的熔融温度，这可能与其分子链上的孤立双键使其分子链柔性较好及分子间的非极性作用有关。顺式结构聚合物比反式结构聚合物的熔融温度更低，与分子链的构象有关。

2.8.7　共聚物的熔融温度

当两种单体形成共聚物时，有两种可能情况：①形成的共聚物本身不结晶；②形成的共聚物能结晶，但不能进入原聚合物的晶格形成共晶。此时，共聚物的结晶熔融温度 T_m 与原结晶聚合物的平衡熔融温度 T_m^0 的关系可用经典的热力学相平衡理论得到

$$\frac{1}{T_m} - \frac{1}{T_m^0} = -\frac{R}{\Delta H_u}\ln P \tag{2-24}$$

式中，P 为共聚物中结晶单元相继增长的概率；R 为摩尔气体常量；ΔH_u 为每摩尔重复单元的熔融热。这一关系表明，共聚物的熔融温度和组成没有直接的关系，而是取决于共聚物的序列分布性质。

对于无规共聚物，$P \equiv X_A$，因而

$$\frac{1}{T_m} - \frac{1}{T_m^0} = -\frac{R}{\Delta H_u} \ln X_A \qquad (2-25)$$

式中，X_A 为结晶单元的摩尔分数。图 2-29 是一组无规共聚酯和无规聚酰胺的熔融温度与摩尔组成关系的典型例子。可以看出，如理论所预测，随着非结晶共聚单体的浓度增加，熔融温度单调下降，直到某个组分含量，熔融温度降到最低值。对于嵌段共聚物，$P \gg X_A$，当 X_A 趋于 1 时，熔融温度降低很小。而对于交替共聚物，$P \ll X_A$，熔融温度将发生急剧降低。因此，可以预计具有相同组成的共聚物，由于序列分布不同，其熔融温度将会有很大的差别。在适当的组成范围内，嵌段共聚物的熔融温度发生大幅度的变化，这给性能控制以大的可变性。例如，结晶共聚物通过嵌段共聚等可以有效地降低其熔融温度、模量和拉伸强度（tensile strength）等。通过选择适当的共聚单体，还可以在保持所希望的力学性质的同时，提高其他一些性质。

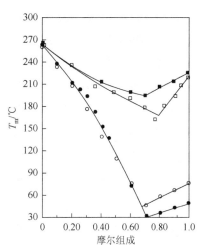

图 2-29　典型无规共聚酯、无规聚酰胺的熔融温度与摩尔组成关系

● 对苯二甲酸和己二酸与乙二醇的共聚物；
○ 对苯二甲酸和癸二酸与乙二醇的共聚物；
■ 己二酸和癸二酸与己二酸的共聚物；
□ 己二酸和己二胺与己内酰胺的共聚物

2.8.8　杂质对熔融温度的影响

根据经典的相平衡热力学，杂质使低分子晶体熔融温度降低服从如下关系：

$$\frac{1}{T_m} - \frac{1}{T_m^0} = -\frac{R}{\Delta H_u} \ln \alpha_A \qquad (2-26)$$

式中，α_A 为含可溶性杂质的晶体熔化后，结晶组分的活度。如果杂质的浓度很低，则 $\alpha_A = X_A$。

对于晶态高聚物，各种低分子的稀释剂（包括增塑剂、未聚合单体、填充剂）造成熔融温度降低：

$$\frac{1}{T_m} - \frac{1}{T_m^0} = \frac{R}{\Delta H_u} \frac{V_u}{V_1} (\phi_1 - \chi_1 \phi_1^2) \qquad (2-27)$$

式中，V_u 和 V_1 分别为高分子重复单元和低分子稀释剂的摩尔体积；χ_1 为高分子和稀释剂的相互作用参数，对于溶解能力很好的稀释剂，可为负值，随着溶解能力下降，χ_1 值增大，极限情况是 0.55，可见良溶剂比不良溶剂使聚合物熔融温度降低的效应更大。

如果把链端当作杂质处理，高分子的相对分子质量对熔融温度的影响可以表示为

$$\frac{1}{T_m} - \frac{1}{T_m^0} = \frac{R}{\Delta H_u} \frac{2}{P_n} \qquad (2-28)$$

式中，P_n 为高聚物的数均聚合度。当相对分子质量较大时，链端的数目很小，对熔融温度的影响很有限，而当相对分子质量较小时，这种影响便不可忽略了。

2.9　高分子取向

2.9.1　取向的概念

当线型高分子充分伸展时，其长度为其宽度的几百、几千甚至上万倍。这种结构上悬殊的不对称性，使它们在某些情况下容易沿某个特定方向作占优势的平行排列，这就是取向。高聚物的取向包括分子链、链段及晶态高聚物的晶片、晶带沿特定方向的择优排列。取向态与晶态虽然都与高分子的有序性有关，但是它们的有序程度不同。取向是一维或二维上的有序，而晶态则是三维上的有序。

当高分子链发生取向后，材料的力学性能、光学性能及热性能等方面都发生了明显的变化。取向方向上，抗张强度和挠曲疲劳强度显著增加，而在与取向方向垂直的方向上，抗张强度和挠曲疲劳强度则下降。此外，平行于和垂直于取向方向上的折射率也发生了变化，通常利用这两个折射率的差值来表征材料的光学各向异性。取向能使材料的玻璃化转变温度升高，而对于晶态高聚物，密度和结晶度也会升高，提高了材料的使用温度。此外，对于具有光电功能的聚噻吩类聚合物，取向会导致不同方向上的载流子迁移率出现改变。

对于未取向的高分子材料来说，链段是随机取向的，整个材料呈现各向同性。而取向后，链段在某些方向上是择优取向的，材料呈现各向异性。取向有两种方式，即单轴取向（uniaxial orientation）和双轴取向（biaxial orientation），如图 2-30 所示。其中，单轴取向最典型的例子是纤维，而双轴取向最典型的例子是薄膜。

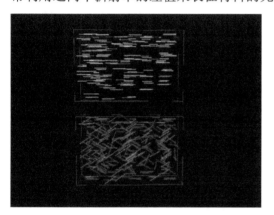

图 2-30　单轴与双轴取向的结构示意图

2.9.2　取向的机理

高分子有两种大小不同的运动单元，即整个分子链与链段，因此高分子的取向也有两类，如图 2-31 所示。链段的取向可以通过单键的内旋转完成，在高弹态下就可以进行，而整个分子链的取向则需要在黏流的状态下才能完成。这两种取向方式导致高聚物的凝聚态结构不同，而相应的力学等物理性能也有很大的差别。例如，整个分子链取向容易导致高聚物出现各向异性的性质，而链段取向导致的各向异性则不明显。

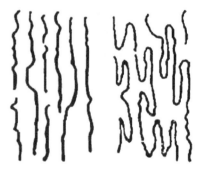

分子链取向　　　　　链段取向

图 2-31　高分子取向示意图

取向过程是一种分子的有序化过程，而热运动却使分子趋向紊乱无序，即解取向过程。在热力学上，解取向是自发进行的，而取向过程则必须依靠外力场的帮助才能进行。而在此时，解取向的过程总是存在的。因此，取向状态在热力学上是一种非平衡态。在高弹态下，尽管外力作用能够使得链段取向，但是一旦解除外力作用，取向的链段马上开始解取向。而在黏流态下，外力使分子链取向，外力消失后，分子链也要发生解取向。为了保持取向的状态，通常将温度快速降到玻璃化转变温度以下，将分子链和链段的运动冻结起来。

2.9.3　取向指数与测定方法

为了比较材料的取向程度，通常用取向度来描述。取向度一般用取向函数 F 表示

$$F = \frac{1}{2}(3\cos^2\theta - 1) \tag{2-29}$$

式中，θ 为取向方向与分子链主轴的夹角。

实际取向试样的平均取向角为

$$\bar{\theta} = \arccos\sqrt{\frac{1}{3}(2F+1)} \tag{2-30}$$

测定取向度的方法较多，主要包括声波传播法、光学折射法、广角 X 射线衍射法、红外二色法及偏振荧光法等。声波沿分子主链方向传播要比垂直于主链方向传播快得多，因为在主链方向上，振动在原子间的传递是靠化学键来实现的，而在垂直于主链的方向上，原子间只有弱得多的分子间力。例如，无规取向高聚物中的声速为 C_u，待测试样中的声速为 C，则取向度可以用式（2-31）和式（2-32）来计算：

$$F = 1 - \left(\frac{C_u}{C}\right)^2 \tag{2-31}$$

$$\overline{\cos^2\theta} = \frac{1}{3} - \frac{2}{3}\left(\frac{C_u}{C}\right)^2 \tag{2-32}$$

光学折射法通常直接用两个互相垂直方向上的折光率之差 Δn 作为衡量取向度的指标。无规取向试样是光学各向同性的，Δn 为零，而完全取向试样，Δn 可以达到最大值。广角 X 射线衍射法是根据拉伸取向过程中，随取向度的增加，环形衍射变成圆弧并逐渐缩短，最后变成衍射点的事实，以圆弧长度的倒数作为微晶取向度的量度。红外二色法是根据取向试样存在红外吸收的各向异性来测量的，根据结晶谱线和非晶谱线的二色性，可以分别确定晶区和非晶区的取向度。

在日常生活中，利用取向调控高分子材料的物理性能已有大量的例子。例如，各类人造纤维，在制造过程中，将其从喷头喷出，给了一个外加取向的力，使得纤维沿纺丝的方向取向，大大提高在该方向上的力学性能。纤维的取向属于一维取向，二维取向通常应用在薄膜中。又如，香烟外包装的透明薄膜，就是利用双轴取向的原理来制备的，使薄膜在二维方向上具有较好的抗张强度。

2.10　液晶高分子

液晶高分子（LCP）是 20 世纪 70 年代开发出的一类具有优异性能的高性能聚合物，主要用来制作特种合成纤维和特种工程塑料，其分子具有自发取向的特征。按照形成条件的不同，液晶可分为溶致型液晶高分子和热致型液晶高分子两种。按照化学结构又可分为主链型液晶高分子和侧链型液晶高分子。根据分子排列的形式和有序性的不同，则分为近晶型（smectic）、向列型（nematic）和胆甾型（cholesteric）三种，其结构如图 2-32 所示。LCP 制品具有强度高、模量

高，尺寸稳定性、阻燃性、绝缘性好，耐高温、耐辐射、耐化学药品腐蚀，线膨胀率低，加工流动性良好等优异性能。液晶共轭聚合物（LCCP）是近几年发展起来的一类新型的功能高分子，兼有液晶聚合物和共轭聚合物的双重特性，集液晶性和发光性于一身。在该类聚合物结构中，液晶基元被引入共轭聚合物上，将共轭高分子的优势和液晶材料有机地结合在一起，形成液晶共轭聚合物。

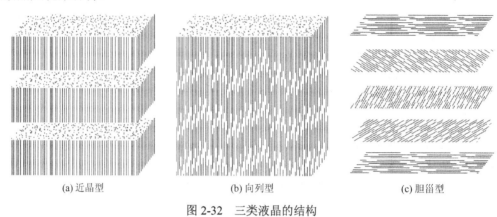

(a) 近晶型　　　　　　　　　(b) 向列型　　　　　　　　　(c) 胆甾型

图 2-32　三类液晶的结构

2.10.1　液晶态概念

某些物质的结晶受热熔融或经溶剂溶解后，虽然失去固态物质的刚性，获得了液态物质的流动性，却仍然部分保存着晶态物质分子的有序排列，从而在物理性质上呈现各向异性的特点，形成一种兼有晶体和液体性质的过渡态，这种中间状态称为液晶态，处于这种状态下的物质称为液晶。

形成液晶的物质通常具有刚性的分子结构，分子的长度和宽度的比例 $R \gg 1$，呈棒状或接近棒状的构象，这样的结构部分称为液晶原，是液晶各向异性所必需的结构因素。同时，还应有在液态下维持分子的某种有序排列所必需的凝聚力，这样的结构特征常常与分子中含有对位苯撑、强极性基团和高度可极化基团或氢键相联系。因为苯环的 π 电子云的极化率极大，极化结果又总是相吸引的，导致苯环平面间的叠层效应，从而稳定液晶原的有序排列。此外，液晶的流动性还要求分子结构上必须含有一定的柔性部分，如烷烃链等。典型的液晶小分子如 4,4′-二甲氧基氧化偶氮苯，其结构式如下：

$$CH_3 - O - \!\!\!\!\bigcirc\!\!\!\! - N = N - \!\!\!\!\bigcirc\!\!\!\! - O - CH_3$$
$$\overset{\displaystyle |}{\underset{\displaystyle O}{}}$$

2.10.2　液晶相结构

1. 近晶相

近晶相又称 S 相，如图 2-33 所示。该类液晶是所有液晶中最接近晶体结构的一类，具有二维有序性，不仅沿垂直方向具有取向有序，还具有平移有序，从而形成层状结构。在近晶相的层内，分子的长轴垂直于层面排列，层厚 d 大致等于分子长度，由于近晶相分子只能在层内滑动而不能在层间流动，因此近晶相液晶都是比较黏滞的。

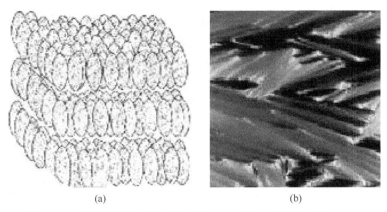

图 2-33　近晶相的分子排列示意图（a）和偏光显微镜照片（b）

2. 向列相

向列相又称 N 相，棒状分子之间相互平行，而重心的排列是无序的，因此向列相是唯一没有平移有序的液晶，也没有层状结构。每个分子长轴的方向都在发生变化，在外力的作用下，这些分子容易沿着外力的方向取向，因此，向列相液晶都具有很好的流动性。它的分子排列示意图和偏光显微镜照片如图 2-34 所示。

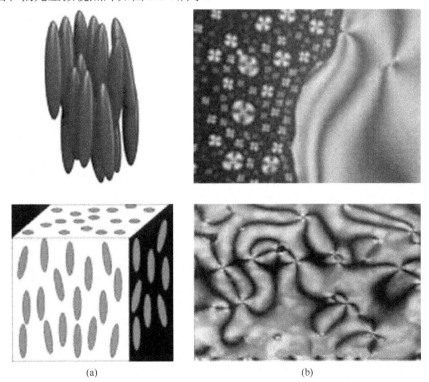

图 2-34　向列相的分子排列示意图（a）和偏光显微镜照片（b）

3. 胆甾相

胆甾相液晶多数属于胆甾醇的衍生物。在胆甾醇液晶中，长形分子以扁平的形式排列，由于端基的相互作用，彼此平行排列成层状结构，层与层之间均扭曲一定的角度，层层叠加起来而形成一个螺旋面结构，如图 2-35 所示。分子的长轴方向在旋转 360°之后又复原，然后不断重复前面的排列。两个相邻的取向方向相同的分子层之间的距离称为胆甾相液晶的螺距。

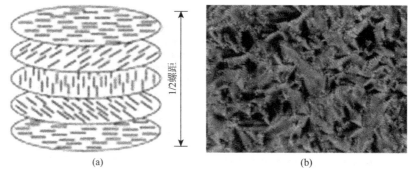

(a)   (b)

图 2-35 胆甾相的分子排列示意图（a）和偏光显微镜照片（b）

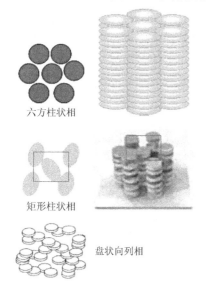

图 2-36 典型盘状分子的化学结构和相序

4. 盘状液晶相

1977 年 Chandrasekhar 首次发现了盘状液晶相，随后又合成了大量的盘状液晶。盘状分子能像一大堆饼干一样一个叠在一个上，它们可自组装成盘状向列相、高度有序的六方柱状相和矩形柱状相，如图 2-36 所示。苯并菲盘状液晶分子可通过分子间π-π电子云的相互作用，自组装堆积成有序的柱状相。

2.10.3 液晶性质

液晶能在外场如电场和磁场作用下发生取向，液晶对电场的响应是它能得到广泛工业应用的一个重要性能。由于液晶内在的电学特性，在外加电场下液晶分子能够自发地沿着外界电场方向进行自发取向，从而能产生一端带有负电荷而另外一端带有正电荷的永久偶极子，在外界电场下，永久偶极子将沿着电场方向排列，如图 2-37 所示。尽管有些分子没有永久偶极子，但在电场的作用下，也能产生诱导偶极子，虽然诱导偶极子不及永久偶极子的强度大，但诱导偶极子仍然可以在一定程度上发生诱导取向。磁场是由电荷的移动而产生的，因此液晶的磁场效应与液晶的电场效应原理类似，只不过在磁场中液晶分子的取向是由永久磁极子或诱导磁极子产生的。同样在外界磁场感应下，液晶分子会沿着磁场方向而取向。因此，在聚乙炔侧链引入液晶基元，可以得到具有独特光电性质的聚合物。

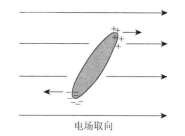

电场取向

图 2-37 液晶分子在电场与磁场下取向的示意图

双折射性质是液晶分子重要的光学性质。如图 2-38 所示，当一束自然光照射到液晶分子上时，由于液晶分子的各向异性，会变成两束折射光，其中一束遵守折射定律的称为 o 光，另一束不遵守折射定律的称为 e 光。o 光、e 光都是线偏振光，o 光的振动方向垂直于 o 光的主平面，e 光的振动方向在 e 光的主平面内。o 光和 e 光只在晶体的光轴方向传播速率相等，在其他方向两者的传播速率均不相等。如果把液晶分子置于两块相互垂直的偏振片之间，就可以观察到双折射现象，以至于液晶出现各种彩色的图像。

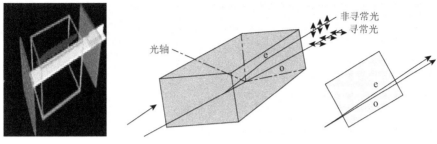

图 2-38　液晶分子的双折射性质的示意图

2.10.4　高分子液晶

典型的高分子液晶的结构如图 2-39 所示，包括主链型液晶高分子（main chain liquid crystal polymers）、侧链型液晶高分子（side chain liquid crystal polymers）、腰挂型侧链液晶高分子（laterally attached liquid crystal polymers）和组合型液晶高分子（combined liquid crystal polymers）等。其中，腰挂型侧链液晶高分子包括末端链接和横向链接两种。主链型液晶具有良好的一维取向关系，因此相应的高分子具有较高的热稳定性及力学性能。

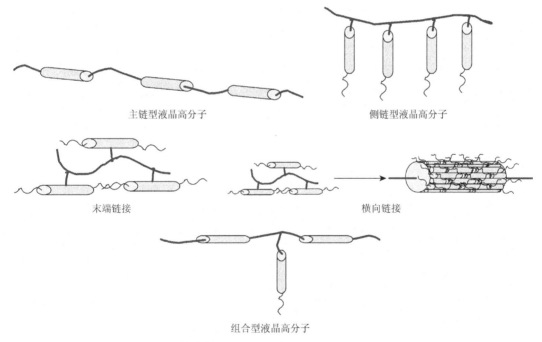

图 2-39　不同结构类型的液晶高分子

液晶共轭聚合物集液晶性和发光性于一身，兼有固体、液体、晶体的部分性质，具有良好的光学各向异性和独特的长程有序性。液晶共轭聚合物的各向异性赋予了其很多优良的性质，如高模量、高强度、很好的耐热性能、耐腐蚀性、良好的加工性能等。液晶共轭聚合物将液晶的优势和共轭聚合物的优点结合在一起，得到的液晶共轭聚合物不仅解决了共轭聚合物的难加工性和难溶解性，还赋予了其很多新的性能。利用液晶基元在外力场（热、电、磁）下自发取向的特性，能很好地控制和提高液晶共轭聚合物沿主链的有效共轭程度，共轭高分子的光电性质也可以进一步得到控制。此外，将液晶共轭聚合物在液晶态淬冷，可以得到高玻璃化转变温度的材料，同时材料的形态及液晶态的有序性也可以保持。液晶共轭聚合物这些优良独特的性能使其在近几年来得到了飞速的发展。按液晶基元连接在聚合物链上的位置不同，大致可分为主链型液晶共轭聚合物、刚柔相嵌型液晶共轭聚合物和侧链型液晶共轭聚合物。

1. 主链型液晶共轭聚合物

主链型液晶共轭聚合物一般含有刚性的共轭主链，呈现出高强度和高模量。一般可以通过引入烷基、烷氧基等柔性链来改善其溶解性及其他性能。通过偶联反应制得的聚(2,5-二烷氧基苯撑乙烯)呈现向列相。同样，随着烷氧基链中碳原子数增加，熔融温度和清亮点也降低。相对于其他路线而言，利用偶联反应制得的聚苯撑乙烯（PPV）衍生物相对较容易，可以通过设计不同的化学结构来调节 PPV 的电学性能。

2. 刚柔相嵌型液晶共轭聚合物

另外一类比较典型的液晶共轭聚合物是刚柔相嵌型液晶共轭聚合物。在共轭聚合物的分子链中，柔性的间隔基与刚性的液晶基元形成相间排列，柔性间隔基的存在更有利于液晶基元的排列。Memeger 首次报道了含有刚柔相嵌型结构的液晶共轭聚合物。通过在侧链引入取代基，降低了聚合物的熔融温度而没有很大程度地改变主链的刚性，合成了热致型液晶聚乙烯、聚[(氯-1,4-亚苯基)-1,2-亚乙烯-1,4-亚苯基-1,2-亚乙烯-1,4-亚苯基-1,2-亚乙烯]。相比之下，含有更大取代基苯基的聚[(苯基-1,4-亚苯基)-1,2-亚乙烯-1,4-亚苯基-1,2-亚乙烯]不能形成热致型液晶，但表现出较强的剪切各向异性。Wendorff 课题组系统地研究了刚柔相嵌型液晶共轭聚合物，制备了含酯基柔性烷基链组成的苯撑乙烯嵌段聚合物。通过调节侧链中取代基的大小、柔性间隔基的长度和取代基的数量，探讨它们对聚合物液晶性和取向性等的影响。

3. 侧链型液晶共轭聚合物

侧链型液晶共轭聚合物是液晶基元以侧链的形式连接在聚合物的主链上。1993 年，Shirakawa 课题组通过苯基环己基以侧链的形式连接在聚乙炔上合成了第一类侧链型液晶共轭聚合物。侧链型液晶共轭聚合物融合了液晶的光活性和共轭聚合物的电活性，具有很多独特的光电性能，如可发射线偏振光与圆偏振光、液晶性和圆二色性等。由于侧链型液晶共轭聚合物的优良性质，近年来引起了人们的研究热潮，尤其是侧链型液晶聚乙炔因其独特的性质备受科学家的关注。

将侧链型液晶聚乙炔按照其液晶核的不同可分为苯并菲类液晶聚乙炔、芘类液晶聚乙炔、偶氮苯类液晶聚乙炔、胆甾醇类液晶聚乙炔、联苯类液晶聚乙炔、亚胺类液晶聚乙炔、苯甲酸苯酯类液晶聚乙炔、环己基苯氧基类液晶聚乙炔、苯基环己酸酯类液晶聚乙炔等。

值得一提的是，在目前的有机共轭聚合物太阳能电池中，发展主链型液晶共轭聚合物及在共轭高分子的侧链上引入液晶基元，可以优化活性层的形貌，提高载流子迁移率和相应的器件性能。

习 题

1. 描述高分子结晶的特点。

2. 高聚物结晶行为与小分子物质相比有什么共同之处？

3. 将熔融的 PE、PET、PS 淬冷到室温，PE 是半透明的而 PET、PS 却是透明的，解释该现象。

4. 在图 2-40 中标出下列聚合物的位置：NR、PE、PA66、PET、PP，并解释。

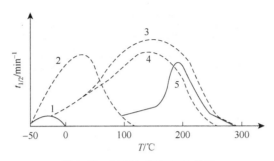

图 2-40　温度与半衰期的关系

5. 高分子凝聚态结构包括哪些内容？试述高分子凝聚态结构有哪些特点及其与成型加工条件、性能的关系。

6. 如何从结构上分析某种聚合物属于结晶聚合物？

7. 以聚乙烯为例，说明在什么条件下可以形成单晶、球晶、串晶、伸直链片晶，这些形态的晶体特征是什么？为什么聚合物不易形成 100% 结晶的宏观单晶体？

8. 在正交偏光显微镜上观察球晶时，可以看到消光黑十字、明暗相间的同心圆环（消光环，对某些球晶），解释这些现象。

9. 将下列三组聚合物的结晶难易程度排序，并说明原因。

　（1）PE、PP、PVC、PS、聚丙烯腈（PAN）；

　（2）聚对苯二甲酸乙二酯、聚间苯二甲酸乙二酯、聚己二酸乙二酯；

　（3）PA66、PA1010。

10. 试述 Avrami 方程在本体聚合物结晶动力学研究中的意义。

11. 已知聚乙烯、聚偏氯乙烯、全同聚甲基丙烯酸甲酯的玻璃化转变温度分别为-80℃、-18℃和45℃，其熔融温度分别为 141℃、198℃和160℃，试用经验方法估算：

　（1）它们最大结晶速率时的温度 $T_{c,max}$；

　（2）找出 $T_{c,max}/T_m$ 的经验规律。

12. 温度对本体聚合物结晶速率影响的规律是什么？解释其原因。

13. 均聚物 A 是一种结晶聚合物，若加入 10%（体积分数）的增塑剂（$x_1 = -0.1$）或者用 10%（摩尔分数）的单体 B 与单体 A 进行无规共聚（单体 B 的均聚物为非结晶聚合物），增塑均聚物 A 的熔融温度与无规共聚物 AB 的熔融温度哪个高？能从中得到什么规律？

14. 两种聚丙烯丝在纺丝过程中的牵伸比相同，分别采用冰水冷却和 90℃热水冷却，并将这两种丝加热到 90℃，哪个收缩率大？为什么？

15. 有两种乙烯和丙烯的共聚物，其组成相同，其中一种在室温时是橡胶状的，一直到温度降低到-70℃时才变硬；另一种在室温时就是硬而韧又不透明的材料。试解释它们内在结构上的差别。

16. 在聚合物纺丝工艺中都有牵伸和热定型两道工序，为什么？热定型温度如何选择？

17. 高分子液晶的结构有几种类型？特征如何？

18. Flory 的结晶聚合物、非结晶聚合物结构模型的要点是什么？有什么实验事实支持他的模型？

19. 什么是高聚物的取向？为什么有的材料（如纤维）进行单轴取向，有的材料（如薄膜）则需要双轴取向？试说明理由。

20. 列出下列聚合物的熔融温度顺序，并用热力学观点及关系式说明理由。

　聚对苯二甲酸乙二酯、聚丙烯、聚乙烯、顺 1,4-聚丁二烯、聚四氟乙烯

 **超链接知识**

高分子水凝胶

生活中，将淀粉加热煮熟，冷却后可得到果冻状的凉粉。煮鱼汤冷却后也可得到果冻状的鱼冻。是什么作用使得液体转变为固体？这其中就是高分子链之间的相互作用，如氢键和范德华力。淀粉经高温溶解后，多糖分子链之间的相互作用增强，而水与多糖分子链间的氢键作用则形成了较多的物理交联点。等温度降低后，高分子链之间及高分子链与水分子之间的氢键作用大大增强，最后形成了物理水凝胶，这主要与高分子间的作用力密切相关。

矿泉水瓶的秘密

生活中，矿泉水瓶和可乐瓶是经常使用的塑料器具，你知道瓶盖和瓶身是同一种材料制成的吗？由于瓶身通常透明且较软，而瓶盖不透明且较硬，绝大多数人会认为这是不同的材料。实际上它们都是由一种称为PET的塑料制成的。瓶盖是晶态的PET，而瓶身是非晶态的PET，尽管材料相同，但是由于凝聚态结构不同，从而在外观上和力学性能方面表现出完全不同的物理性质。

将开水注入瓶身后，瓶身会出现变形，那么瓶身是熔化了吗？答案是否定的。PET的玻璃化转变温度约为70℃，加入开水后，由于温度升高，PET分子链的链段开始运动并结晶，这种结晶称为冷结晶，由于凝聚态结构从非晶态转变为晶态，其物理性能产生剧变，出现了变形的现象。

塑料制品的加工

生活中经常遇到这样的问题，将一些废旧塑料加热到一定温度后，塑料会变软直至成为流动的液态，这时将液态的塑料倒入一定形状的模具中，冷却后就得到了模具形状的塑料制品。那么塑料从液体转变为固体的过程中，到底是发生了什么变化呢？如果这些塑料是聚乙烯或聚丙烯的制品，那么在冷却过程中出现了结晶的行为，塑料从熔融态经过结晶过程而变成了固态。这是大部分结晶聚合物加工成型的基本原理，通常可通过熔融冷却的加工方式，得到各种各样人们生活中所需要的塑料制品。

透明的塑料

生活中，为什么有些塑料盒是光学透明的，有些塑料盒很坚韧且不容易摔破？如果告诉你这些塑料是同一种高分子材料，你是否觉得很神奇？例如，如果在聚丙烯中引入成核剂，那么加工成型后，这类塑料制品很可能是光学透明的，因为其结晶尺寸小于光波波长。而如果引入的成核剂是β-型成核剂，那么塑料制品会呈现韧性好的特点，不容易摔破。因此，通过结晶调控可以获得不同物理性质的材料，这就是高分子凝聚态结构调控的魅力所在。

第3章　高分子的溶液性质

高分子溶液是高聚物以分子状态分散在溶剂中形成的均匀混合物。高分子溶液是人们在生产实践和科学研究中经常遇到的对象。例如，天然橡胶溶于汽油、苯、甲苯；尼龙溶于苯酚、甲酸；聚乙烯醇溶于水、乙醇等。

高分子溶液与小分子溶液不同，其性质会随溶液浓度的改变而有很大的变化。同时，溶液体系中的高分子具有大相对分子质量和线链型结构的特征，所以对高分子溶液性质的研究有助于了解高分子结构与性能的关系。例如，浓溶液的流变性能与成型工艺的关系等。在高分子合成中，许多聚合过程是在溶液中进行的，因此，对高分子溶液性质的了解有助于高分子合成反应机理和过程控制的研究。为了研究方便，通常把高分子溶液按浓度及分子链形态的不同分为高分子极稀溶液（very dilute solution）、稀溶液（dilute solution）、亚浓溶液、浓溶液、极浓溶液和熔体。

极稀溶液是指体系中质量分数 $w<1\%$，这时，高分子是以分子水平分散在溶剂中的，单个大分子链线团孤立存在，溶液的黏度很小且很稳定，性质不随时间变化，是一个热力学稳定体系。极稀溶液与稀溶液的分界浓度是动态接触浓度 c_s，它是高分子线团感受到邻近线团的排斥力而开始收缩的浓度。当溶液浓度增大到某一程度，高分子线团之间相互穿插，整个溶液中的链段分布趋于均一，形成亚浓溶液。稀溶液到亚浓溶液的分界浓度是接触浓度（contact concentration）c^*。随着溶液浓度增大，分子间缠结点增多，形成大致均匀缠结网时的溶液称为浓溶液（$w>5\%$）。例如，电纺丝溶液（10%～15%）、油漆、涂料（60%）、胶黏剂、增塑的塑料等均属于浓溶液范畴，其大分子链之间发生聚集和缠结。稀溶液与浓溶液的本质区别在于稀溶液中各个高分子链线团是彼此孤立的，相互之间没有交叠；而在浓溶液体系中，高分子链线团开始接触、挤压、叠加、穿透和缠结。

高分子溶液的研究在高分子科学的建立和发展中起着重要的作用。研究溶液从稀到浓性质的差别，有助于了解高分子从孤立单链状态发展到多链凝聚态的过程中高分子构象、运动形式、热力学和运动学性质的变化，从而对聚合机理、结构与性能关系等理论有更深刻的认识。

3.1　高分子溶解性

3.1.1　高分子的溶解过程及特点

溶解过程是溶质分子通过分子扩散与溶剂分子均匀混合成为分子分散的均相体系。由于高聚物结构的复杂性，相对分子质量大且具有多分散性，即高分子化合物中的相对分子质量大小不等的现象，有高分子的凝聚态、晶态和非晶态之分；晶态高聚物又可以分为极性高聚物和非极性高聚物。因此，高聚物的溶解现象比小分子物质的溶解要复杂得多，具有两个独特的特点。

（1）聚合物溶解过程缓慢，且先溶胀再溶解。由于大分子链与溶剂小分子尺寸相差悬殊，扩散能力不同，加之原本大分子链相互缠结，分子间作用力大，因此溶解过程相当缓慢，常常需要几小时、几天甚至几周。溶解过程一般为溶剂小分子先渗透、扩散到大分子链之间，削弱大分子链间相互作用力，使高聚物宏观体积发生膨胀，即溶胀。溶胀过程是聚合物溶解的必经过程，常常作为区别高聚物和低分子材料的定性鉴别依据。当高聚物溶胀后，有两种可能：无限溶胀直至溶解和有限溶胀。无限溶胀通过分子链段的协调运动而达到整条高分子链的运动，然后链段和分子整链的运动加速，分子链松动、解缠结，再达到双向扩散均匀，完全溶解；如果待溶解的高聚物不是纯粹的物理缠结，而是由化学键所连接的化学交联，分子链形成网状结构，这样的高分子链无法解缠结。所以，当高聚物溶胀到一定体积后，无论再放置多久，体积不再变化，这种情况称为有限溶胀。

（2）不同类型聚合物的溶解过程不同。晶态高聚物与非晶态高聚物的溶解过程不一样。非晶态高聚物的分子链堆砌比较疏松，分子间相互作用较弱，溶剂分子容易渗入高聚物内部使其溶胀和溶解。晶态高聚物的分子链排列规整，堆砌紧密，分子间作用力强，溶剂分子渗入高聚物内部非常困难，使其溶胀和溶解困难。对于一般非极性的晶态高聚物，室温时很难溶解，升温至熔点附近，使晶态高聚物转变为非晶态高聚物后才容易溶解。例如，高密度聚乙烯的熔点是137℃，需要加热到120℃以上才能溶于四氢萘中。而对于极性晶态高聚物，有时室温下就可溶于强极性溶剂。例如，聚酰胺室温下可溶于苯酚-冰醋酸混合液；聚甲醛能溶于六氟丙酮水合物。这是由于极性溶剂先与聚合物中非晶区发生溶剂化作用，放出热量使结晶区部分熔融，然后完成溶解。

3.1.2 溶解过程的热力学分析

高分子溶液是热力学稳定体系，可以用热力学函数来描述体系的溶解行为。根据热力学定律，一个过程是否能够自发进行，可以从吉布斯自由能的变化是否小于零来判断。在恒温恒压下，溶解过程的混合自由能（mixing free energy）变化为

$$\Delta G_m = \Delta H_m - T\Delta S_m \tag{3-1}$$

式中，ΔG_m 为吉布斯自由能的变化；ΔH_m 为混合焓的变化；T 为热力学温度；ΔS_m 为混合熵（mixing entropy）的变化。

当 $\Delta G_m < 0$ 时，溶解过程能够自发地进行。一般混合过程是混乱度趋于增加的，体系的微观状态数增加，熵值总是增加的，即 $T\Delta S_m$ 总是正值。因此，ΔG_m 的正负取决于 ΔH_m 的正负和大小。

一般来讲，某些具有较强极性键的极性高分子在极性溶剂中溶解，由于高分子与溶剂分子的强烈相互作用，溶解时都会放热，ΔH_m 小于零。然而，非极性高分子在溶解过程中要吸热。非极性高分子与溶剂混合时 ΔH_m 的计算可以根据希尔布莱德（Hildebrand）经验公式，假定混合前后体积变化可以忽略，则

$$\Delta H_m = V\phi_1\phi_2[(\Delta E_1/V_1)^{1/2} - (\Delta E_2/V_2)^{1/2}]^2 \tag{3-2}$$

式中，V 为溶液总体积；ΔE 为能量；V_i 为混合物中 i 物质的摩尔体积；ϕ_i 为混合物中 i 物质的体积分数。$\Delta E/V$ 的值表示单位体积的气化能，也可称为内聚能密度。内聚能密度的开方为溶度参数 δ，即

$$\delta = (\Delta E/V)^{1/2} \tag{3-3}$$

结果，混合热取决于 $(\delta_1 - \delta_2)^2$，即

$$\Delta H_m / V\phi_1\phi_2 = (\delta_1 - \delta_2)^2 \tag{3-4}$$

由式（3-4）可以看出，δ_1 和 δ_2 越接近，ΔH_m 就越小，这两种液体就越趋于相溶。由于大多数聚合物溶液的混合热为正值，所以这一理论得到了广泛的应用。

溶剂的内聚能密度和溶度参数可通过气化热的测定而直接计算。聚合物不能气化，通常由黏度法（viscosity method）或交联高分子的溶胀法（swelling method）来估算。依照溶度参数相近的原则，聚合物同溶剂的溶度参数越接近，溶解性就越好，这时溶液的黏度也越大，如果聚合物是交联的，则溶胀度也随着聚合物同溶剂的溶度参数的接近而增加。根据这一原理，选择一系列溶度参数不同的溶剂同聚合物配成溶液，分别测定其特性黏度（intrinsic viscosity），从黏度同溶度参数的关系中找到对应于黏度极大值时的溶度参数，类似地可找到交联聚合物溶胀度最大时对应的溶度参数，把这个溶度参数作为该聚合物的溶度参数。

聚合物的溶度参数也可由重复单元中各基团的摩尔引力常数 F 直接计算得到

$$\delta = \frac{\sum F}{\overline{V}} = \frac{\rho \sum F}{M_0} \tag{3-5}$$

式中，$\overline{V}$ 为偏摩尔体积；ρ 为密度；M_0 为相对分子质量。对于聚合物而言，M_0 为每个重复单元的相对分子质量。

表 3-1 是各种基团的摩尔引力常数。若已知结构单元中所有基团的摩尔引力常数，就能计算出聚合物的溶度参数。例如，聚甲基丙烯酸甲酯的重复单元摩尔体积为 100.12mL/mol（100.12/1.188 = 84.28cm³/mol），其中包括一个亚甲基、两个甲基、一个酯基和一个季碳，根据表 3-1 给出的数据可计算得到 δ 等于 19.1。

表 3-1　摩尔引力常数 F 　　　　　单位：$(J \cdot cm^3)^{0.5}/mol$

基团	F	基团	F	基团	F	基团	F
—CH₃	303.4	—O— 醚、缩醛	235.3	—NH₂	463.6	—Cl 芳香族	329.4
—CH₂—	269.0	—O— 环氧	360.5	—NH	368.3	—F	84.5
＼CH／	176.0	—COO—	668.2	—N—	125.0	共轭	47.7
＞C＜	65.5	＞C＝O	538.1	—C≡N	725.5	顺	−14.5
CH₂＝	258.8	—CH	597.4	—NCO	733.9	反	−27.6
—CH＝	248.6	—CO—O—CO—	1160.7	—S—	428.4	六元环	−47.9
＼C＝	172.9	—OH	462.0	Cl₂	701.1	邻位取代	19.8
CH＝芳香族	239.6	—H 芳香族	350.0	—Cl 第一	419.6	间位取代	13.5
—CR＝芳香族	200.7	—H 聚酸	−103.3	—Cl 第二	426.2	对位取代	82.5

还有一种方法就是利用聚合物的状态方程 $V(p, T)$ 来计算溶度参数，即

$$\delta \simeq \sqrt{\frac{T\alpha}{\beta}} \tag{3-6}$$

式中，α 为等压热膨胀系数，$\alpha = \left(\dfrac{1}{V}\right)\left(\dfrac{\partial V}{\partial T}\right)_p$；$\beta$ 为等温压缩系数，$\beta = -\left(\dfrac{1}{V}\right)\left(\dfrac{\partial V}{\partial p}\right)_T$。该状态方程可适用于大部分商业化的聚合物。

3.1.3 溶剂选择原则

高聚物的溶解性除与本身的结构有关外，还与溶剂的种类有关。一种聚合物一般只能在有限的几种溶剂中很好地溶解，在其他溶剂中则溶解性很差甚至完全不能溶解。高聚物的品种不同，所需溶剂也有差别。小分子溶解中的某些经验性规则对高分子溶剂的选择具有一定的借鉴作用。

1. 极性相近原则

对于小分子的溶解体系，极性大的溶质溶于极性大的溶剂，极性小的溶质溶于极性小的溶剂，溶质和溶剂极性越接近，二者越易互溶，俗称"相似相溶"原则。这一原则对于高分子在一定程度上也适用。例如，天然橡胶（非极性）溶于汽油、苯、己烷、石油醚（非极性溶剂）等；聚苯乙烯（PS）（弱极性）溶于甲苯、氯仿、苯胺（弱极性）和苯（非极性）等；聚甲基丙烯酸甲酯（PMMA）（极性）溶于丙酮（极性），聚乙酸乙烯酯（PVAc）（极性）溶于水（极性），聚丙烯腈（强极性）溶于二甲基甲酰胺（DMF）、乙腈（强极性）等。但是这一规律比较笼统，精确性较差。

2. 溶剂化原则

溶剂化原则就是极性定向和氢键形成原则。溶剂化作用与广义酸碱的相互作用相关。广义的酸就是电子接受体（亲电体），广义的碱就是电子给予体（亲核体），二者相互作用产生溶剂化，使聚合物溶解。根据溶剂化原则，极性高分子亲核基团（nucleophilic group）能与溶剂分子上的亲电基团（electrophilic groups）相互作用，而极性高分子的亲电基团则与溶剂分子的亲核基团相互作用，这种溶剂化作用促进聚合物的溶解。常见的亲电、亲核基团的强弱次序是

亲核基团：

$$—CH_2NH_2 > —C_6H_4NH_2 > —\underset{\underset{O}{\|}}{C}N(CH_3)_2 > —\underset{\underset{O}{\|}}{C}—NH— > —\underset{\underset{O}{\|}}{C}—CH_2— > —CH_2OCCH_2— > —CH_2OCH_2—$$

亲电基团：

$$—SO_2OH > —COOH > —C_6H_4OH > \diagdown CHCN > \diagup\diagdown CHNO_2 > —CHCl_2 > \diagdown CHCl$$

具有相异电性的两个基团，极性强弱越接近，彼此间的结合力越大，溶解性也就越好。例如，硝酸纤维素含亲电基团硝基，故可溶于含亲核基团的丙酮、丁酮等溶剂中；如果溶质所带基团的亲核或亲电能力较弱，即在上述强弱次序中比较靠后，溶解不需要很强的溶剂化，可溶解它的溶剂较多。例如，聚氯乙烯，$\diagup$CHCl基团只有弱的亲电性，可溶于环己烷、四氢呋喃中，也可溶于硝基苯中。如果聚合物含有很强的亲电或亲核基团时，则需要选择含相反基团系列中靠前的溶剂。例如，聚酰胺66含有强亲核基团酰胺基，要以甲酸、甲酚、浓硫酸等作溶剂；含腈基的聚丙烯腈，则要选择二甲基甲酰胺作溶剂。

3. 内聚能密度和溶度参数相近的原则

选择溶解非极性或弱极性高分子的溶剂，更多地考虑聚合物与溶剂的内聚能密度或溶度

参数相近原则。内聚能密度是分子间聚集能力的反映。若溶质的内聚能密度同溶剂的内聚能密度相近，体系中两类分子的相互作用力彼此差不多，那么，在破坏高分子和溶剂分子各自的分子间相互作用，建立起高分子和溶剂分子之间相互作用的过程中所需的能量就低，聚合物就易于溶解；反之，两者差别很大时，破坏内聚能密度较高组分的分子间相互作用所需的能量较大，溶解就不易进行。因此，适宜选择与高聚物内聚能密度相近的小分子作溶剂。内聚能密度相近与浓度参数相近是等价的。高聚物的溶剂选择不但要求总的溶度参数相近，而且要求极性部分和非极性部分也分别相近，这样才能很好地溶解。

有时在单一溶剂中不能溶解的聚合物可在混合溶剂中发生溶解，可选择两种或多种溶剂混合使用。表 3-2 中列出了几种使用混合溶剂的溶液体系，混合溶剂的溶度参数可按式（3-7）估算

$$\delta_{混合} = \phi_1\delta_1 + \phi_2\delta_2 \tag{3-7}$$

式中，δ_1 和 δ_2 为两种纯溶剂的溶度参数；ϕ_1 和 ϕ_2 为两种溶剂的体积分数。

表 3-2　几种可溶解聚合物的非溶剂混合物

单位：$J^{1/2}/cm^{3/2}$

聚合物	δ	非溶剂 1	δ_1	非溶剂 2	δ_2
无规聚苯乙烯	18.6	丙酮	20.5	环己烷	16.5
无规聚丙烯腈	26.2	硝基甲烷	25.8	水	47.7
聚氯乙烯	19.4	丙酮	20.5	二硫化碳	20.5
聚氯丁二烯	16.8	乙醚	15.1	乙酸甲酯	17.9
丁苯橡胶	17.0	戊烷	14.4	乙酸乙酯	18.6
丁腈橡胶	19.2	甲苯	18.2	丙二酸二甲酯	21.1
硝化纤维	21.7	乙醇	26.0	乙醚	15.1

例如，无规聚苯乙烯的 $\delta = 18.6J^{1/2}/cm^{3/2}$，单独采用丙酮（$\delta = 20.5J^{1/2}/cm^{3/2}$）或者环己烷（$\delta = 16.5J^{1/2}/cm^{3/2}$）都不能溶解聚苯乙烯，为非溶剂，而用两者按照一定比例配置的混合溶剂则可以溶解聚苯乙烯。反过来，也有两种溶剂混合后成为非溶剂的情形。二甲基甲酰胺（$\delta = 24.7J^{1/2}/cm^{3/2}$）和丙二腈（$\delta = 30.9J^{1/2}/cm^{3/2}$）都能溶解无规聚丙烯腈（$\delta = 26.2J^{1/2}/cm^{3/2}$），但两者的混合液则为非溶剂。

3.2　高分子溶液的热力学性质

高分子溶液是分子分散体系，溶液性质不随时间的延续而变化，是热力学稳定体系，其性质可由热力学函数来描述。但是，高分子溶液与小分子溶液又有很大差别。从热力学角度出发，溶解过程能自发进行的必要条件是 $\Delta G_m = \Delta H_m - T\Delta S_m < 0$，根据混合焓 ΔH_m 和混合熵 ΔS_m 的不同，溶液可以分为以下四种类型：

（1）理想溶液：$\Delta H_m = 0$，ΔS_m 有理想值，蒸气压服从拉乌尔定律（Raoult's law）。

（2）正则溶液：$\Delta H_m \neq 0$，ΔS_m 有理想值。

（3）无热溶液：$\Delta H_m = 0$，ΔS_m 有非理想值。所谓无热指溶解时体系与外界无热量交换。

（4）非正则溶液：ΔH_m 和 ΔS_m 都有非理想值。

小分子的稀溶液在很多情况下可近似看作理想溶液，即溶液中溶质分子和溶剂分子间的相互作用相等，溶解过程是各组分的简单混合，没有热量变化和体积变化。

理想溶液的混合熵

$$\Delta S_{m}^{i} = -k(N_1 \ln x_1 + N_2 \ln x_2) = -R(n_1 \ln x_1 + n_2 \ln x_2) \quad （3-8）$$

理想溶液的混合自由能

$$\Delta G_{m}^{i} = \Delta H_{m}^{i} - T\Delta S_{m}^{i} = RT(n_1 \ln x_1 + n_2 \ln x_2) \quad （3-9）$$

理想溶液的蒸气压服从拉乌尔定律

$$\alpha_1 = \frac{p_1}{p_1^0} \quad （3-10）$$

式中，n 为分子数；x 为摩尔分数；下标 1 和 2 分别表示溶剂和溶质；α_1 为溶剂活度；p_1 为溶液中溶剂的蒸气压；p_1^0 为纯溶剂在相同温度下的蒸气压。

高分子溶液一般属于无热溶液或非正则溶液，主要原因是高分子溶液的混合熵为非理想值。一方面，高分子溶液中高分子链段间、溶剂分子之间、溶剂和高分子链段之间的相互作用并不相等，所以混合焓 $\Delta H_m \neq 0$；另一方面，高分子的尺寸很大，其中有许多重复单元，不能把一个高分子当作一个溶剂小分子等同对待。如果把一个小分子作为一个单位，那么一个由 x 个小分子组成的高分子就有 x 个单位，同溶剂的相互作用显然要比一个单位的作用大得多，不过这 x 个单位是相连的，所以要比 x 个独立的小分子的作用小。高分子在溶液中的排列方式比同样分子数目的小分子多很多，因此，实际混合熵比理想混合熵大很多。

3.2.1 Flory-Huggins 稀溶液理论

弗洛里-哈金斯（Flory-Huggins）稀溶液理论是 Flory 和 Huggins 于 1942 年分别提出来的，又称为晶格理论（lattice theory）。利用似晶格模型来推导高分子溶液的热力学函数，其推导过程的基本假定是：①溶液中各组分的排布同晶体中的质点的排布类似，可用晶格来描述，每个溶剂分子占一个格子，每个高分子划分为同溶剂分子体积相等的 x 个链段，占有 x 个相连的格子（图 3-1）；②在不破坏高分子链结构的前提下，链段和溶剂分子在晶格上可相互取代，它们占有任何一个晶格的概率相等；③高分子链所有可能的构象具有相同的能量；④链段-溶剂分子、链段-链段、溶剂分子-溶剂分子间的相互作用仅考虑最临近晶格间的相互作用。

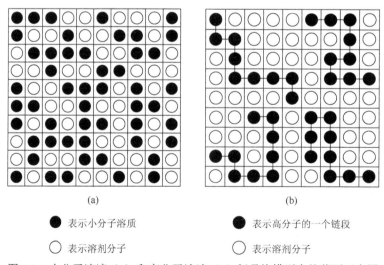

(a) 　　　　　　　　　　　　 (b)

● 表示小分子溶质　　　　　　 ● 表示高分子的一个链段

○ 表示溶剂分子　　　　　　　 ○ 表示溶剂分子

图 3-1　小分子溶液（a）和高分子溶液（b）似晶格模型中的截面示意图

1. 混合熵

计算混合熵就是计算聚合物溶解前后的熵变，它等于溶液的熵减去溶解前聚合物的熵和溶剂的熵。

先求溶液的熵。根据玻耳兹曼关系，体系的熵与体系的微观状态数 Ω 有如下关系：

$$S = k \ln \Omega \qquad (3\text{-}11)$$

式中，k 为玻尔兹曼常量，等于摩尔气体常量 R 与阿伏伽德罗常量 N_A 的比值。

高分子溶解前后熵的增量，只须考虑与混合前后熵变有关的微观状态数。

设溶液体系中有 N_1 个溶剂分子，有 N_2 个含 x 个链段的高分子，则体系的格子数 $N = N_1 + N_2 x$，微观状态数等于把 N_1 个溶剂分子和 N_2 个高分子放入 $(N_1 + N_2 x)$ 个格子中的方式数。

假设在格子中放入 i 个高分子，剩下的格子数则为 $(N - ix)$，这时若放第 $(i+1)$ 个高分子的第一个链段，其放法数为 $(N - ix)$，放入后溶液中有了 $(ix + 1)$ 个链段，空格数为 $(N - ix - 1)$，按等概率假定，每个格子的未被占概率为 $\left(\dfrac{N - ix - 1}{N} \right)$。继续放入第二个链段，它只能放在第一个链段邻近的未被占格子中，如果一个格子的配位数为 Z，那么第二个链段的放法数为 $Z \cdot \left(\dfrac{N - ix - 1}{N} \right)$，第二个链段的邻近格子中已有一个被第一个链段占据，所以，第三个链段的放法数为 $(Z - 1) \cdot \left(\dfrac{N - ix - 2}{N} \right)$，依此进行下去，至第 x 个链段时，放法数为 $(Z - 1) \cdot \left(\dfrac{N - ix - x + 1}{N} \right)$。把第 $(i+1)$ 个高分子放入 $(N - ix)$ 个格子中的放法数的连乘积，即

$$\omega_{i+1} = \frac{Z \cdot (Z-1)^{x-2}}{N^{x-1}} (N - ix)(N - ix - 1) \cdots (N - ix - x + 1)$$

把 Z 近似看成 $(Z-1)$，则

$$\omega_{i+1} = \left(\frac{Z-1}{N} \right)^{x-1} \frac{(N - ix)!}{(N - ix - x)!} \qquad (3\text{-}12)$$

N_2 个高分子放入 N 个格子中的总放法数为

$$\Omega = \frac{1}{N_2!} \prod_{i=0}^{N_2 - 1} \omega_{i+1} \qquad (3\text{-}13)$$

式中，除以 $N_2!$ 是因为 N_2 个高分子是不可区分的，互换它们的次序不会产生新的微观状态。将式（3-12）代入式（3-13）中并整理得

$$\Omega = \frac{N!}{N_1! N_2} \left(\frac{Z-1}{N} \right)^{N_2(x-1)} \qquad (3\text{-}14)$$

放入 N_2 个高分子后，剩下 N_1 个格子放入不可区分的 N_1 个溶剂分子只有一种方法。因此，式（3-14）即为溶液的微观状态数，代入式（3-11）中得溶液的熵值为

$$S_{溶液} = k \left[N_2(x-1) \ln \left(\frac{Z-1}{N} \right) + \ln N! - \ln N_2! - \ln N_1! \right]$$

上式的阶乘用 Stirling 公式 $\ln N! = N \ln N - N$ 做近似计算，得到

$$S_{溶液} = -k \left[N_1 \ln \frac{N_1}{N_1 + x N_2} + N_2 \ln \frac{N_2}{N_1 + x N_2} - N_2(x-1) \ln \frac{Z-1}{e} \right] \qquad (3\text{-}15)$$

溶解前体系的熵是纯溶剂的熵和纯高分子的熵之和，纯溶剂只有一个微观状态，熵为零。

高分子的熵则与其凝聚态结构有关，处于晶态、取向态及解取向态的熵值是不同的。选择高分子的解取向态或熔融态作为始态，这时高分子本体的微观状态数等于把 N_2 个高分子放入 xN_2 个格子中的放法数，其熵值相当于式（3-15）中的 N_1 等于零的情况，即

$$S_{高分子} = k\left[N_2 \ln x + N_2(x-1)\ln \frac{Z-1}{e} \right] \tag{3-16}$$

混合熵为

$$
\begin{aligned}
\Delta S_m &= S_{溶液} - S_{高分子} \\
&= -k\left(N_1 \ln \frac{N_1}{N_1 + xN_2} + N_2 \ln \frac{xN_2}{N_1 + xN_2} \right)
\end{aligned} \tag{3-17}
$$

用 ϕ_1 和 ϕ_2 分别表示溶剂和高分子在溶液中的体积分数，即

$$\phi_1 = \frac{N_1}{N_1 + xN_2}; \quad \phi_2 = \frac{xN_2}{N_1 + xN_2}$$

则

$$\Delta S_m = -k(N_1 \ln \phi_1 + N_2 \ln \phi_2) \tag{3-18a}$$

如果以物质的量 n 代替分子数 N，可得

$$\Delta S_m = -R(n_1 \ln \phi_1 + n_2 \ln \phi_2) \tag{3-18b}$$

值得注意的是，以上推导没有考虑溶剂和聚合物的相互作用，仅是考虑高分子链段在溶液中的排布方式引起微观状态的变化，因此它实际上是混合后构象状态的增加引起的熵变。未考虑溶解过程中因链段和溶剂相互作用变化引起的熵变，称为构象熵变。

比较式（3-18b）和式（3-8）可知，高分子溶液的混合熵相当于把理想溶液混合熵表达式中的摩尔分数 x 换成体积分数 ϕ。如果溶质分子同溶剂分子的体积相等 $(x=1)$，则两式是等同的。但是式（3-18b）计算的混合熵比式（3-8）的计算值大很多，这是由于高分子体积庞大，一个高分子与溶剂小分子的结合状态数比两个小分子结合状态数多得多。如果把高分子切成 x 个结构单元，与溶剂混合时的混合熵 ΔS_m^x 的值大于理想溶液和高分子溶液的混合熵（$\Delta S_m^x > \Delta S_m > \Delta S_m^i$）。

式（3-18a）可推广到多分散性高分子体系。分别以 N_i 和 ϕ_i 表示链段数为 x_i 的高分子链物种的分子数及其在溶液中的体积分数，则

$$\Delta S_m = -k\left(N_1 \ln \phi_1 + \sum_{(i)} N_i \ln \phi_i \right) \tag{3-19}$$

其中

$$\phi_i = \frac{x_i N_i}{N_1 + \sum_{(i)} x_i N_i}$$

式中，$\sum_{(i)}$ 为对高分子溶质的所有组分（物种）的加和，并不包括溶剂。

在似晶格模型的推导中有不合理的地方。第一，该理论没有考虑高分子链段之间、溶剂分子之间及链段与溶剂之间的相互作用不同，会破坏混合过程的随机性，从而引起溶液熵值的减小，使 ΔS 偏高。第二，高分子的解取向态中，分子之间相互牵连，有许多构象不能实现，而在溶液中原来不能实现的构象有可能表现出来，因此，过高地估计了 $S_{高分子}$，使 ΔS 偏低。

第三，高分子链段均匀分布的假设只在浓溶液中才比较合理，而在稀溶液中链段分布是不均匀的，因此 ΔS 的结果只适用于浓溶液。

2. 混合焓

高分子溶液的混合焓 ΔH_m 是体系中各种混合单元的相互作用不相等所导致的，其计算式类似于混合熵的推导。为了简化起见，Flory 从似晶格模型出发推导高分子溶液的混合焓 ΔH_m 时，只考虑最邻近一对分子之间的相互作用。用符号 1 表示溶剂分子，符号 2 表示高分子的一个链段。用[1-1]表示相邻近的溶剂分子对，[2-2]表示非键合的相邻高分子链段对，[1-2]表示相邻的溶剂分子同链段的作用对。在聚合物与溶剂混合过程中，每拆开一个[1-1]作用对和一个[2-2]作用对将导致两个[1-2]作用对，可表示为

$$\frac{1}{2}[1\text{-}1] + \frac{1}{2}[2\text{-}2] \longrightarrow [1\text{-}2] \tag{3-20}$$

用 ε_{11}、ε_{22}、ε_{12} 分别表示相应的作用能，那么每生成一对[1-2]，能量的变化为

$$\Delta\varepsilon_{12} = \varepsilon_{12} - \frac{1}{2}(\varepsilon_{11} + \varepsilon_{22}) \tag{3-21}$$

如果混合过程放热，ε_{12} 较低，$\Delta\varepsilon_{12}$ 为负值；若为吸热过程，ε_{12} 较高，$\Delta\varepsilon_{12}$ 为正值。

假定在溶液中形成 p_{12} 个[1-2]作用对，混合焓可表示为

$$\Delta H_m = p_{12} \cdot \Delta\varepsilon_{12}$$

设晶格配位数为 Z，应用似晶格模型计算 ΔH_m，一个高分子链的中间链段的相邻格子数为 $(Z-2)$，两端的相邻格子数为 $(Z-1)$，因端基相对很少把它也近似看成为 $(Z-2)$，那么一个高分子链周围的相邻格子数为 $(Z-2)x$。根据等概率假定，每一个格子被溶剂分子占据的概率为 ϕ_1，N_2 个高分子在溶液中形成的[1-2]作用对总数为

$$p_{12} = (Z-2)xN_2\phi_1 = (Z-2)N_1\phi_2$$

所以，高分子溶液的混合焓为

$$\Delta H_m = (Z-2)\Delta\varepsilon_{12}N_1\phi_2$$

令

$$\chi_1 = \frac{(Z-2)\Delta\varepsilon_{12}}{kT} \tag{3-22}$$

则

$$\Delta H_m = kT\chi_1 N_1\phi_2 \tag{3-23}$$

式中，χ_1 为 Huggins 参数，它反映了高分子与溶剂混合时相互作用能的变化。根据式（3-23），$kT\chi_1$ 的物理意义表示当一个溶剂分子放到高聚物中时所引起的能量变化。

若以物质的量代替分子数 N_1，那么

$$\Delta H_m = RT\chi_1 n_1\phi_2 \tag{3-24}$$

3. 混合自由能和化学势

恒温下混合自由能可表示为 $\Delta G_m = \Delta H_m - T\Delta S_m$，将 Flory 理论所得的混合熵和混合焓[式（3-18a）和式（3-23）]代入上式即得

$$\Delta G_m = kT(N_1\ln\phi_1 + N_2\ln\phi_2 + \chi_1 N_1\phi_2) \tag{3-25}$$

与小分子理想溶液的混合自由能相比，式中增加了含 χ_1 的项，这反映了溶解时高分子与溶剂分子相互作用的影响。

推广到多分散的聚合物体系有

$$\Delta G_{\mathrm{m}} = kT\left(N_1 \ln \phi_1 + \sum_{(i)} N_i \ln \phi_i + \chi_1 N_1 \phi_2\right) \qquad (3\text{-}26)$$

其中

$$\phi_2 = \sum_{(i)} \phi_i = 1 - \phi_1$$

将分子数换成物质的量，式（3-25）和式（3-26）分别为

$$\Delta G_{\mathrm{m}} = RT\left[n_1 \ln \phi_1 + n_2 \ln \phi_2 + \chi_1 n_1 \phi_2\right] \qquad (3\text{-}27)$$

$$\Delta G_{\mathrm{m}} = RT\left[n_1 \ln \phi_1 + \sum_{(i)} n_i \ln \phi_i + \chi_1 n_1 \phi_2\right] \qquad (3\text{-}28)$$

根据化学势的定义对 ΔG_{m} 作偏微分，可得溶液中溶剂的化学势变化 $\Delta \mu_1$ 和溶质的化学势变化 $\Delta \mu_2$，即

$$\Delta \mu_1 = \left[\frac{\partial(\Delta G_{\mathrm{m}})}{\partial n_1}\right]_{T,P,n_2} = RT\left[\ln \phi_1 + \left(1 - \frac{1}{x}\right)\phi_2 + \chi_1 \phi_2^2\right] \qquad (3\text{-}29\mathrm{a})$$

$$\Delta \mu_2 = \left[\frac{\partial(\Delta G_{\mathrm{m}})}{\partial n_2}\right]_{T,P,n_1} = RT[\ln \phi_2 + (x-1)\phi_1 + x\chi_1 \phi_1^2] \qquad (3\text{-}29\mathrm{b})$$

Flory-Huggins 高分子溶液理论模型简单，物理意义清晰，数学公式简明，能基本定性地描述高分子溶液的热力学性质，被人们普遍接受。

3.2.2 高分子溶液的理想状态

Flory 将似晶格模型的结果应用于稀溶液，假定 $\phi_2 \ll 1$，则

$$\ln \phi_1 = \ln(1 - \phi_2) = -\phi_2 - \frac{1}{2}\phi_2^2 - \cdots$$

式（3-29a）可改写成

$$\Delta \mu_1 = RT\left[-\frac{1}{x}\phi_2 + \left(\chi_1 - \frac{1}{2}\right)\phi_2^2\right] \qquad (3\text{-}30)$$

对于很稀的理想溶液，则

$$\Delta \mu_1^{\mathrm{i}} = \frac{\partial \Delta G_{\mathrm{m}}^{\mathrm{i}}}{\partial n_1}$$

式（3-30）的右边第一项相当于理想溶液中溶剂的化学势变化，第二项相当于非理想部分。非理想部分用符号 $\Delta \mu_1^{\mathrm{E}}$ 表示，称为过量化学势，即

$$\Delta \mu_1^{\mathrm{E}} = RT\left(\chi_1 - \frac{1}{2}\right)\phi_2^2 \qquad (3\text{-}31)$$

其中，上标"E"指过量的意思。即

$$\Delta \mu_1 = \Delta \mu_1^{\mathrm{i}} + \Delta \mu_1^{\mathrm{E}}$$

过量化学势 $\Delta \mu_1^{\mathrm{E}}$ 的存在使高分子稀溶液成为非理想溶液。只有在某种条件（合适的溶剂、合适的温度）下使 $\chi_1 = 1/2$ 的溶液才能使 $\Delta \mu_1^{\mathrm{E}} = 0$，从而使高分子溶液符合理想溶液的条件，这种状态称为高分子溶液的 θ 状态。这是高分子溶液一个十分重要的参考状态，此时的溶剂

称为 θ 溶剂,温度称为 θ 温度。当 $\chi_1 < 1/2$ 时, $\Delta\mu_1^E < 0$,使溶解过程的自发趋势更强,此时所用溶剂称为该高聚物的良溶剂;反之,若 $\chi_1 > 1/2$ 时, $\Delta\mu_1^E > 0$,此时高分子链段间的吸引力大于链段-溶剂分子作用力,分子链卷曲,溶解性能变差,所用溶剂称为不良溶剂。

θ 状态之所以称为高分子溶液的理想状态,是因为在 θ 状态下,高分子溶液的热力学性质与理想溶液热力学性质相似,可按理想溶液定律计算。从链段与溶剂分子相互作用来看,尽管相互作用仍然存在,但此时溶剂分子-溶剂分子、链段-链段、链段-溶剂分子间的相互作用达到一个特定的程度,使得分子链的排除体积等于零,高分子与溶剂分子可以自由渗透,分子链呈现自然卷曲状态,即处于无扰状态。这种状态为分子链尺寸的测量提供了便利条件,测得的高分子尺寸称为无扰尺寸,它是高分子尺度的一种本征表示。

对于任意一种高分子材料,确定其溶解的 θ 条件是十分有意义的。确定 θ 条件有两种途径:溶剂的选择和溶解温度的改变。在一定的溶解温度下,可以挑选适当的溶剂使高分子-溶剂相互作用参数 $\chi_1 = 1/2$ 以达到 θ 状态;当溶剂选定后,可以通过改变溶解温度来满足 θ 条件。

3.2.3 Flory-Krigbaum 稀溶液理论

事实上理想高分子溶液很难实现,为此,弗洛里-克里格勃姆(Flory-Krigbaum)稀溶液理论提出了更接近真实高分子稀溶液的热力学理论。该理论考虑稀溶液中链段分布不均一性和链段-溶剂分子相互作用产生的影响,建立了排斥体积等概念,把高分子溶液理论向前推进了一步。

Flory-Krigbaum 稀溶液理论的基本假定是:

(1)整个高分子稀溶液可看作被溶剂化了的高分子"链段云"分散在溶剂中,高分子链段分布是不均匀的,如图 3-2 所示,在两朵链段云之间的一些区域没有链段,只有纯溶剂。

(2)"链段云"内部的链段分布不均匀。其链段密度在质心处最大,越向外越小,服从高斯分布。

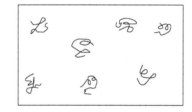

图 3-2　高分子稀溶液中的高分子链段云

(3)每个高分子都有一个排斥体积 μ 。一般来说,一个高分子占据的区域要排斥其他分子的进入,由排斥体积衡量。排斥体积 μ 的大小与高分子相互接近时的自由能变化有关。链段-溶剂分子相互作用强,则高分子被溶剂化而扩张,使高分子不能彼此接近,高分子的排斥体积 μ 就很大;链段-链段相互作用强,高分子与高分子可以与溶剂分子一样彼此接近,互相贯穿,这样排斥体积 μ 很小,相当于高分子处于无干扰的状态。

根据以上的假定,Flory 和 Krigbaum 推导出排斥体积 μ 与高分子的相对分子质量和溶液的温度(θ 温度)之间的关系为

$$\mu = 2\psi_1\left(1 - \frac{\theta}{T}\right)\frac{\overline{\upsilon}^2}{V_1}m^2 F(X) \tag{3-32}$$

$$X = k \times \frac{\overline{\upsilon}^2}{\overline{V_1}\overline{N}_A}\left(\frac{M}{\overline{h^2}}\right)^{3/2}M^{1/2}\psi_1\left(1 - \frac{\theta}{T}\right) \tag{3-33}$$

式中, ψ_1 为偏摩尔混合熵的一个系数; k 为常数; $\overline{\upsilon}$ 为高分子的偏微比体积; $\overline{V_1}$ 为溶剂的偏摩尔体积; V_1 为溶剂分子的体积; m 为单个高分子的质量; N_A 为阿伏伽德罗常量; $\overline{h^2}$ 为高分子在溶液中的均方末端距; M 为相对分子质量; $F(X)$ 为一个很复杂的函数,随着 X 值的增大而减小。

Flory 和 Krigbaum 把稀溶液中的一个高分子看作体积为 u 的刚性球,推导出溶液的混合自由能。首先,假定有 N_2 个这样的刚性球分布在体积为 V 的溶液中,它的排列放法数应为

$$Q = k \times \prod_{i=0}^{N_2-1} (V - iu) \tag{3-34}$$

对于非极性的高分子溶液,溶解过程的热效应很小,可看作零,即 $\Delta H_m \approx 0$,所以

$$\Delta G_m = -T\Delta S_m = -kT\ln Q$$

$$\Delta G_m = -kT\left[N_2\ln V + \sum_{i=0}^{N_2-1}\ln\left(1 - \frac{iu}{V}\right)\right] + k'$$

稀溶液的 $\frac{iu}{V} \ll 1$,上式中的 $\ln\left(1 - \frac{iu}{V}\right)$ 可用级数展开,并略去高次项,得

$$\begin{aligned}\Delta G_m &= -kT\left[N_2\ln V - \sum_{i=0}^{N_2-1}\frac{iu}{V}\right] + k'\\ &= -kT\left[N_2\ln V - \frac{N_2^2}{2}\frac{u}{V}\right] + k'\end{aligned} \tag{3-35}$$

由热力学第二定律可导出稀溶液的渗透压为

$$\begin{aligned}\Pi &= -\frac{\Delta u_1}{\overline{V}_1} = -\frac{1}{\overline{V}_1}\frac{\partial\Delta G_m}{\partial n_1}\\ &= -\frac{1}{\overline{V}_1}\frac{\partial\Delta G_m}{\partial V_1}\frac{\partial V}{\partial n_1} = -\frac{\partial\Delta G_m}{\partial V}\end{aligned}$$

式中,n_1 为溶剂的物质的量;$\overline{V}_1$ 为溶剂的偏摩尔体积。

以 c 表示溶液浓度(单位体积溶液中所含溶质的质量),并将式(3-35)代入上式得

$$\Pi = kT\left[\frac{N_2}{V} + \frac{u}{2}\left(\frac{N_2}{V}\right)^2\right] = RT\left(\frac{c}{M} + \frac{N_A u}{2M^2}c^2\right) \tag{3-36}$$

式中,R 为摩尔气体常量;N_A 为阿伏伽德罗常量;M 为溶质的相对分子质量。

通过实验可以测定高分子溶液的渗透压,其与溶液浓度的关系可用位力展开式表示

$$\frac{\Pi}{c} = RT[A_1 + A_2 c + \cdots] \tag{3-37}$$

式中,A_1 为第一位力系数;A_2 为第二位力系数。比较式(3-36)和式(3-37),可知

$$A_2 = \frac{N_A u}{2M^2} \tag{3-38}$$

将式(3-32)代入式(3-38),则得

$$A_2 = \frac{\overline{v}^2}{\overline{V}_1}\psi_1\left(1 - \frac{\theta}{T}\right)F(X) \tag{3-39}$$

由式(3-39)可知,当温度 $T = \theta$,$A_2 = 0$ 时,是理想溶液;当 $T < \theta$,$A_2 < 0$ 时,高分子处于不良溶剂中,高分子线团收缩并沉降下来。当 $T > \theta$,$A_2 > 0$ 时,高分子处于良溶剂中,这时,由于溶剂化作用,卷曲的高分子链能充分伸展,且温度越高,溶剂化作用越强,链也越伸展。

3.3 高分子的亚浓溶液

3.3.1 临界胶束浓度

高分子稀溶液和浓溶液的本质区别是，在稀溶液中，高分子链线团彼此分离，相互之间没有交叠，分子链线团如同分散在溶剂中被溶剂化的"链段云"，链段在溶液中的分布很不均匀，如图 3-3（a）所示；当浓度增大到某种程度后，高分子线团互相穿插交叠，整个溶液中的链段分布趋于均一，如图 3-3（c）所示，这种溶液称为亚浓溶液。亚浓溶液的概念首先是由 P. G. de Gennes 提出的。亚浓溶液本质上已属于高分子浓厚体系，但浓度较低，具有既不同于稀溶液又不同于浓溶液的独特性质。在稀溶液和浓溶液之间，若溶液浓度从稀向浓逐渐增大，孤立的高分子线团则逐渐靠近，靠近到开始成为线团密堆积时的浓度称为临界交叠浓度，又称接触浓度，用 c^* 表示，如图 3-3（b）所示。显然，这个临界值不是很明显，应该说是由状态图 3-3（a）到状态图 3-3（c）的一个过渡区。把 c^* 看成单独线团内部的局部浓度。

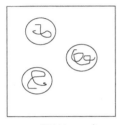  

(a) 稀溶液, $c < c^*$　　　(b) 发生交叠, $c = c^*$　　　(c) 亚浓溶液, $c > c^*$

图 3-3　稀溶液向亚浓溶液过渡的示意图

当 $c \ll c^*$ 时，高分子溶液的热力学性质只与高分子相对分子质量、溶质和溶剂性质及温度有关，与浓度无关。当 $c \gg c^*$ 时，高分子互相接近，溶液热力学性质和分子尺寸都会发生变化，必须使用新的标度理论处理溶液。

在浓度达到临界值时，高分子在溶液中已处于密堆积程度，所以溶液的浓度可按每个高分子在溶液的体积中该分子的质量计算。

如果用 v_2 表示每个高分子在溶液中的体积，则接触浓度 c^* 可以表示为

$$c^* = M / N_A v_2$$

式中，N_A 为阿伏伽德罗常量；M 为高分子的相对分子质量。由于 v_2 与旋转半径 S 的三次方成正比，于是

$$c^* \propto M / S^3$$

利用式 $S \propto M^{0.6}$，得到

$$c^* \propto M^{-0.8} = M^{-4/5} \tag{3-40}$$

由此可知，高分子溶液的接触浓度 c^* 是很小的。例如，M 为 10^4 数量级时，c^* 为 10^{-3} 数量级；M 为 10^5 数量级时，c^* 为 10^{-4} 数量级。

根据试样的相对分子质量与旋转半径，可由式（3-41）估算 c^* 的数值

$$c^* = \frac{M}{N_A C_m S^3} \tag{3-41}$$

式中，C_m 为常数。

表 3-3 是聚苯乙烯在苯中的旋转半径 S 和接触浓度 c^* 的数值。

表 3-3　聚苯乙烯在苯中的 S 和 c^* 的数值

$\bar{M}_{\mathrm{w}}$	S /Å	$c^* \times 10^2$ /(g/g)	$\bar{M}_{\mathrm{w}}$	S /Å	$c^* \times 10^2$ /(g/g)
2.4×10^4	58.6	22.6	1.3×10^6	621	1.00
1.2×10^5	188	4.85	3.8×10^6	1190	0.425
3.2×10^5	273	2.96	8.4×10^6	1910	0.228
6.1×10^5	401	1.79	2.4×10^7	3570	0.099

表 3-3 给出不同相对分子质量的聚苯乙烯试样在苯溶液中的分子链旋转半径及接触浓度参考值。由表可见，分子链相对分子质量越高，分子链旋转半径越大，接触浓度越小。例如，相对分子质量为 3.8×10^6 的试样，接触浓度为 0.425×10^{-2}g/g，大于该浓度已经属于亚浓溶液了。

3.3.2　亚浓溶液的渗透压

按照 Flory-Huggins 理论，在 $c \ll c^*$ 时稀溶液的情况下，把高分子看作体积为 u 的刚性球分散在溶液中，从而导出渗透压的表达式

$$\Pi = RT \left(\frac{c}{T} + \frac{N_A u}{2M^2} c^2 \right)$$

式中，u 为排除体积。因为 u 与 S^3 成正比，可把上式改写成

$$\frac{\Pi}{RT} = \frac{c}{M} + kS^3 \left(\frac{c}{M} \right)^2 + 0 \left(\frac{c}{M} \right)^3 + \cdots \qquad (3\text{-}42)$$

也可以把式（3-42）写成 $\left(S^3 \dfrac{c}{M} \right)$ 的函数

$$\frac{\Pi}{RT} = \frac{c}{M} f \left(S^3 \frac{c}{M} \right)$$

或者

$$\frac{\Pi}{RT} = \frac{c}{M} f \left(\frac{c}{c^*} \right) \qquad (3\text{-}43)$$

此时，函数 $f \left(\dfrac{c}{c^*} \right)$ 是量纲为一的量，其形式应为

$$f \left(\frac{c}{c^*} \right) = 1 + k \left(\frac{c}{c^*} \right)$$

在稀溶液范围为 $c \ll c^*$ 且 $c \to 0$ 时，$\dfrac{c}{c^*}$ 的值很小，$f \left(\dfrac{c}{c^*} \right) = 1$，于是得到

$$\frac{\Pi}{RT} \propto c$$

在 $\lg \Pi$-$\lg c$ 图上，应出现斜率为 1 的直线。

然而当浓度增大（$c \gg c^*$）时，所有的热力学性质都必须达到某种极限值，该值与浓度有关而与相对分子质量无关。因为此时溶液中的高分子链段分布已经均一，由许多相对分子

质量为 M 的链组成的溶液和由一个相对分子质量为无穷大的单链充满整个容器所组成的溶液相比，只要两者的浓度相等，其热力学性质就应该没有差别。

根据如上分析，当 $c \gg c^*$ 时，必须消除式（3-43）中的前置因子 M。也就是，$f\left(\dfrac{c}{c^*}\right)$ 不应该是 $\dfrac{c}{c^*}$ 的级数展开，而应该是 $\dfrac{c}{c^*}$ 的简单幂次，即

$$f\left(\frac{c}{c^*}\right) = B\left(\frac{c}{c^*}\right)^m = B'c^m M^{4m/5} \tag{3-44}$$

式中，B 和 B' 为与 c 和 M 无关的前置因子；m 为指数。将式（3-44）代入式（3-43），得

$$\frac{\varPi}{RT} = \frac{c}{M} B'c^m M^{4m/5} = B'c^{m+1} M^{4m/5-1}$$

要使 $\varPi$ 与 M 无关，必须使 $m = 5/4$，于是有

$$\frac{\varPi}{RT} = B'c^{9/4} \tag{3-45}$$

此时，在 $\lg \varPi$-$\lg c$ 图上，曲线的斜率应该为 $9/4$。式（3-45）称为德雷西奥（des Cloiseaux）定律，已被光散色和渗透压等实验所证实。

而 Flory 所导出来的渗透压表达式结果为

$$\frac{\varPi}{RT} = \frac{c}{M} + \frac{1}{\overline{V}_1 \rho_2^2}\left(\frac{1}{2} - \chi_1\right)c^2 + \cdots$$

当 $c \gg c^*$ 时，$c \gg 1/M$，使上式的右边第二项起支配作用，简写成

$$\frac{\varPi}{RT} \propto c^2 \tag{3-46}$$

式（3-46）与式（3-45）相比，渗透压和浓度的关系指数相差了 $1/4$。这反映出在亚浓溶液中存在相关效应，$c^{1/4}$ 称为相关因子。因此，在研究中当溶液浓度在亚浓溶液范围时，应该考虑相关效应对渗透压的影响。

3.3.3 亚浓溶液中高分子链尺寸

亚浓溶液分子链相互穿透交叠，如果不考虑热力学性质，而是给亚浓溶液中高分子在某一瞬间的构象拍一张照片，则如图 3-4 所示，看上去像具有某种网眼的交联网。网眼的平均尺寸用 ξ 表示，称为相关长度。

采用标度理论来确定相关长度 ξ 与溶液浓度 c 之间的标度关系，下面考虑无热溶液亚浓区域的两种具有代表性的情况：

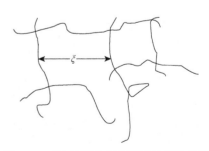

图 3-4 亚浓溶液中高分子链的相关长度

（1）当溶液浓度大于接触浓度（$c > c^*$）时，由于高分子链相互穿透，比较舒展，高分子链的尺寸比网眼的尺寸长得多，因此相关长度 ξ 只与浓度有关而与相对分子质量无关。浓度 c 越大，相关长度 ξ 越小。

（2）当溶液浓度与接触浓度相当（$c = c^*$）时，因为线团刚刚接触，还未相互贯穿，网眼的尺寸与线团的尺寸 S 差不多。

网眼尺寸可用式（3-47）表示：

$$\xi(c) = S\left(\frac{c^*}{c}\right)^n \quad (c > c^*) \tag{3-47}$$

为达到 $\xi(c)$ 与相对分子质量 M 无关，幂函数指数 n 应当选取能使 S 中所含 M 的幂次与 c 中所含 M 的幂次恰好相互抵消。因此应有 $n = 3/4$，于是得到

$$\xi(c) \propto c^{-3/4} \tag{3-48}$$

由此可见，随溶液浓度增大，相关长度快速下降，网眼尺寸减小，反映出分子链之间的关联程度加大。

相关长度 ξ 可以通过渗透压来计算，将式（3-48）与式（3-45）相比，可得到

$$\frac{\Pi}{RT} \propto \frac{1}{\xi^3} \tag{3-49}$$

这也说明，亚浓溶液中高分子链的相关长度可以通过测定渗透压得到。同样地，测量聚合物亚浓溶液的其他性质，如混合焓等，也可以得出相关长度。

相关长度是聚合物溶液从稀溶液转变到浓溶液时引入的一个重要概念。稀溶液中分子链与分子链之间不存在相互关联，成为亚浓溶液后每个分子链都感受到邻近分子链的影响，发生长程关联。这种关联的结果之一是使亚浓溶液的渗透压与浓度的 9/4 次方成比例，而不是与浓度的平方成比例。相关长度是分子链觉察到其他链存在的最小尺度，也可以说是相邻链结构单元之间的平均距离。

相关长度 ξ 表示亚浓溶液内网眼平均尺寸，或者说 ξ 代表了亚浓溶液中分子链间的横向间距。具体地说，在亚浓溶液中，尺寸为 ξ 的网眼范围内应没有其他分子链存在，或者说亚浓溶液中存在着大量尺寸为 ξ 的"排除体积"。基于这些认识，de Gennes 提出了高分子亚浓溶液的串滴模型。

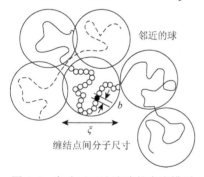

设溶剂为良溶剂，在溶液内若沿着一条分子链看，可以将其想象成一连串相继串联的若干单元，或者一连串自由连接的链滴，链滴的尺寸等于相关长度 ξ。在链滴范围内，排除体积效应起作用，链滴内的分子链构象为膨胀链构象。而在大于相关长度 ξ 的范围内，由于相互穿透分子链的屏蔽作用，排除体积作用失效，分子链取理想链构象。图 3-5 给出了这样一条亚浓溶液中分子链的模型。

图 3-5 高分子亚浓溶液的串滴模型
每个链滴含 g 个重复单元

设链滴的尺寸为 ξ，ξ 范围内的结构单元数为 g，Flory 的溶胀线团定律在这里仍可使用，于是有

$$\xi \propto g^{3/5} \text{ 或 } g \propto \xi^{5/3}$$

将式（3-48）代入上式，得

$$g \propto c^{-5/4} \tag{3-50}$$

或者

$$g \propto c\xi^3 \tag{3-51}$$

式（3-51）说明溶液基本上是一种小滴的密堆积体系。而满足 Flory 定律的条件是高分子链在大的尺度上要具有高斯链的性质。链的尺寸可以由等效自由连接链的均方末端距或旋转半径表征。链的统计单元为一个小滴。如若整条高分子链含有 N 个重复单元，则统计单元数为 N/g，长度为 ξ。那么，整条链的旋转半径为

$$S^2 \propto \frac{N}{g}\xi^2 \propto \frac{N}{c\xi}$$

将式（3-48）代入上式，得

$$S^2 \propto Nc^{-1/4} \tag{3-52}$$

也就是说，在亚浓溶液中高分子链的尺寸不仅与相对分子质量有关，而且与溶液的浓度有关。这是 de Gennes 用串滴模型推导的结果，该结果已得到聚苯乙烯溶液的中子散射实验非常精确地验证。

3.4　高分子的浓溶液

3.4.1　高分子的增塑

通常，聚合物的本体黏度（bulk viscosity）很大，给加工带来困难。为了改善聚合物材料的成型加工性能和使用性能，通常在聚合物树脂中加入一些高沸点、低挥发性的小分子液体或低熔点的固体而改变其力学性质的行为，称为增塑，所用的小分子物质称为增塑剂。

利用外加增塑剂来改进聚合物成型加工性能及使用性能的方法通常称为外增塑；在高分子链上引入其他取代基或支链，使结构破坏，链间相互作用降低，分子链变柔，易于活动，这种方法称为内增塑。例如，纤维素的酯化破坏了纤维素分子与分子之间的氢键作用；氯乙烯-乙酸乙烯酯共聚物，将具有增塑作用的乙酸乙烯酯共聚到聚氯乙烯分子链上。

通过增塑剂的加入，可以有效地降低聚合物分子间的相互作用。其作用机理主要有两种类型。一种是非极性增塑剂-非极性聚合物体系，增塑剂主要通过介入到大分子链间，增加大分子间距来降低大分子间的相互作用，链段间相互运动的摩擦力减弱，使原来在本体中无法运动的链段能够运动，因而玻璃化转变温度降低，使高弹态在较低温度下出现。所以增塑剂的体积越大其隔离作用越强，其玻璃化转变温度降低正比于增塑剂的体积分数。另一种是极性增塑剂-极性聚合物体系，增塑剂主要利用其极性基团与聚合物分子中的极性基团的相互作用来降低聚合物-聚合物间的相互作用。在极性聚合物中，由于极性基团或氢键的强烈相互作用，在分子链间形成了许多物理交联点。增塑剂进入大分子链之间，其本身的极性基团与高分子的极性基团相互作用，从而破坏了高分子间的物理交联点，使链段运动得以实现。其玻璃化转变温度的降低正比于增塑剂的物质的量。表 3-4 中列举了几种常用的增塑剂。

表 3-4　常用增塑剂

增塑剂	凝固点/℃	沸点/℃	增塑剂	凝固点/℃	沸点/℃
樟脑 （camphor）	176	201	邻苯二甲酸二丁酯 （dibutyl-o-phthalate）	−35	−335
乙二醇 （ethandiol）	12	197	邻苯二甲酸二辛酯 （dioctyl-o-phthalate）	−30	386
甘油 （glycerinum）	−18	297	癸二酸二丁酯 （dibutyl sebacate）	−80	345
甘油三乙酸酯 （glycerol triacetate）	−40	258	癸二酸二辛酯 （dioctyl sebacate）	−55	256
蓖麻油 （castor oil）	−12	300	磷酸三甲酚酯 （tricresyl phosphate）	−35	430

　　选择增塑剂时要考虑多方面因素。第一，要求增塑剂与高分子之间的互溶性好。互溶性与温度有关，高温时互溶性好，低温时互溶性差。第二，对增塑剂有效性的衡量，应综合考虑其积极效果和消极效果。第三，增塑剂必须有一定的耐久性，要求增塑剂能稳定地保存在制品中。这就要求增塑剂要具备沸点高、水溶性小、迁移性小，以及具有一定的抗氧性及对热和光的稳定性。例如，在聚氯乙烯成型的过程中常加入 30%～50%的邻苯二甲酸二丁酯，一方面可降低流动温度，可以在较低温度下加工；另一方面，这些物质仍保留在制件中，使分子链比未增塑前较易活动，其玻璃化转变温度从 80℃降至室温以下，弹性大大增加。结果改善了其耐寒、抗冲击等性能，使得聚氯乙烯能制成柔软的薄膜、胶管、电线包皮和人造革等制品。

　　总之，塑料中加入增塑剂后，首先可降低玻璃化转变温度和脆化温度，使其在较低的温度下使用，同时可降低流动温度，有利于加工成型。此外，被增塑聚合物的流动性、耐寒性、柔软性、冲击强度（impact strength）、断裂伸长率等都有所提高，但是硬度、拉伸性能和耐热性能会不同程度下降。

3.4.2　高分子的溶液纺丝

　　高分子有熔体纺丝和溶液纺丝两类。通常，在熔融状态下不发生显著分解的成纤聚合物采用熔体纺丝，如聚酯纤维、聚酰胺纤维等。熔体纺丝过程简单、纺丝速度高。溶液纺丝是将高分子浓溶液定量从喷丝头喷成细流，再经过冷凝或热空气（或热惰性气体）固化成纤维的方法。溶液纺丝主要分为干法纺丝和湿法纺丝两种方法。

　　用于静电纺丝的聚合物材料一般情况下都应具有线型分子结构，并且是可溶可熔的聚合物。当其他参数相同，只是聚合物的相对分子质量变化时，聚合物相对分子质量的增加会导致纺丝时得到的纤维直径变大，同时可以降低纺丝聚合物溶液的最低可纺浓度。

　　在配置纺丝溶液的过程中，选择合适的溶剂是纺丝成功的一个关键因素。因为不同的溶剂意味着不同的沸点，不同的沸点直接影响着纺丝过程，溶剂挥发太快会使喷丝口堵塞，阻碍纺丝的继续进行，同时也会使纺丝过程中纤维得不到完全的劈裂细化，纤维的直径会很大；而过低的溶剂挥发速度，会导致落到收集基板上的纤维中的溶剂难以挥发，纤维在收集基板上发生互相粘连，得不到完整的纳米纤维，严重时还可能导致生成的纳米纤维被重新溶解掉。同时，溶剂的不同还会直接影响纺丝溶液的表面张力、黏度、导电率等其他参数，这些都会对纤维的形态产生很大的影响。例如，用乙醇和去离子水配成的混合溶剂（质量比为 6∶4）代替单纯的去离子水来溶解 PEO 时，PEO 质量分数为 3%的溶液的表面张力值会从 75.8mN/m 降低到 50.5mN/m。

　　在其他条件不变的情况下，溶液的浓度会直接影响其黏度，纺丝溶液浓度越高就会越黏，纺出纤维的形貌也会不同。纺丝微观形貌随溶液浓度变化如图 3-6 所示。可以通过在纺丝溶液

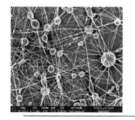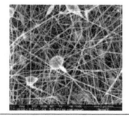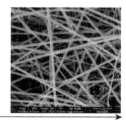

多珠　　　　　　　　　　　　　　黏度　　　　　　　　　　　　　　少珠

图 3-6　纺丝形貌随溶液浓度的变化

中加入其他可以改善溶液特性的物质来改善电纺丝膜的性质。例如，在 PEO 水溶液中加入一定量的 NaCl 可改善纺丝溶液的导电性（conductivity），从而大大增加电纺丝纤维束所带的电荷。表 3-5 中列举了几种聚合物纺丝液的溶剂及溶液质量浓度。

表 3-5　几种聚合物纺丝液

聚合物	纺丝法	溶剂	纺丝液质量浓度/%
聚丙烯腈	湿法	二甲基甲酰胺	15～20
	干法	二甲基甲酰胺	28～30
聚氯乙烯/丙烯腈共聚物	湿法	丙酮	18
	干法	丙酮	20
聚乙烯醇	湿法	水	15～20
	干法	水	30～40
聚氯乙烯	湿法	丙酮	22
	干法	丙酮	32
	干法	丙酮/二硫化碳	30

3.4.3　高分子冻胶与凝胶

高分子冻胶是由范德华力交联形成的，加热破坏范德华力可使冻胶溶解。冻胶有两种：一种是分子内部交联的冻胶，其形成分子内的范德华交联，高分子链为球状结构，溶液的黏度小；另一种是分子间交联的冻胶，其形成分子间的范德华交联，高分子链为伸展链结构，溶液的黏度大。用加热的方法可以使分子内交联的冻胶变成分子间交联的冻胶。

交联结构的高分子不能被溶剂溶解，但能吸收一定量的溶剂而发生溶胀，形成凝胶。凝胶是高分子链之间以化学键形成的交联结构的溶胀体，加热不能使凝胶溶解也不能使其熔融。当交联聚合物与溶剂接触时，交联点之间的分子链段仍然较长，具有相当的柔性，溶剂分子容易深入聚合物内，引起三维分子网的伸展，使其体积膨胀；但是交联点之间分子链的伸展却引起了它的构象熵的降低，进而分子网将同时产生弹性收缩力，使分子网收缩，因而将阻止溶剂分子进入分子网。当这两种相反的作用相互抵消时，体系就达到了溶胀平衡状态，溶胀体的体积不再变化。

在溶胀过程中，溶胀体内的自由能变化为 $\Delta G = \Delta G_m + \Delta G_{el} < 0$。其中，$\Delta G_m$ 为高分子-溶剂的混合自由能；ΔG_{el} 为分子网的弹性自由能。当达到溶胀平衡时，$\Delta G = \Delta G_m + \Delta G_{le} = 0$。

根据高分子溶液的晶格理论，高分子溶液的稀释自由能可以表示为

$$\Delta \mu_1^M = RT[\ln \varphi_1 + (1 - 1/x)\varphi_2 + \chi_1 \varphi_2^2] \tag{3-53}$$

式中，φ_1、φ_2 分别为溶剂和聚合物在溶胀体中所占的体积分数；χ_1 为高分子-溶剂分子相互作用参数；T 为温度；R 为摩尔气体常量；x 为聚合物的聚合度。对于交联聚合物，$x \to \infty$，因此式（3-53）简化为

$$\Delta \mu_1^M = RT(\ln \varphi_1 + \varphi_2 + \chi_1 \varphi_2^2) \tag{3-54}$$

交联聚合物的溶胀过程类似于橡胶的性变过程，因此可直接引用交联橡胶的储能函数公式，即

$$\Delta G_{el} = \frac{1}{2}NkT(\lambda_1^2 + \lambda_2^2 + \lambda_3^2 - 3) = \frac{1}{2}\frac{\rho RT}{\bar{M}_c}(\lambda_1^2 + \lambda_2^2 + \lambda_3^2 - 3) \qquad (3-55)$$

式中，N 为单位体积内交联链的数目；k 为玻尔兹曼常量；ρ 为聚合物的密度；$\bar{M}_c$ 为两交联点之间分子链的平均相对分子质量；λ_1、λ_2、λ_3 分别为聚合物溶胀后在三个方向上的尺寸（设试样溶胀前是一个单位立方体）。假定该过程是各向同性的自由溶胀，则设

$$\lambda_1 = \lambda_2 = \lambda_3 = \lambda = \left(\frac{1}{\varphi_2}\right)^{1/3}$$

因此偏微摩尔弹性自由能为

$$\Delta \mu_1^{el} = \frac{\partial \Delta G_{el}}{\partial n_1} = \frac{\rho RT}{\bar{M}_c} V_1 \varphi_2^{1/3} \qquad (3-56)$$

当达到溶胀平衡时，$\Delta \mu = \Delta \mu_1^m + \Delta \mu_1^{el} = 0$，即得

$$\ln \varphi_1 + \varphi_2 + \chi_1 \varphi_2^2 + \frac{\rho}{\bar{M}_c} V_1 \varphi_2^{1/3} = 0$$

溶胀过程伴随两种现象发生，一方面，溶剂力图进入高分子内使其体积膨胀，另一方面，交联聚合物体积膨胀导致网状分子链向三维空间伸展，使分子网受到应力而产生弹性收缩能，力图使分子链收缩。当两种相反的倾向互相抵消时，达到了溶胀平衡。交联聚合物在溶胀平衡时的体积与溶胀前体积之比称为溶胀比（swelling ratio），用 Q 表示。溶胀比与温度、压力、聚合物的交联度及溶质、溶剂的性质有关。

设橡胶试样溶胀后与溶胀前的体积比即橡胶的溶胀比为 Q，显然，当聚合物交联度不高，即平均相对分子质量较大时，在良溶剂中，Q 值可超过 10，此时 φ_2 很小。因此可将 $\ln\varphi_1 = \ln(1-\varphi_2)$ 近似展开并略去高次项，$Q = 1/\varphi_2$，在已知 ρ、χ_1 和 V_1 的条件下，只要测出样品的溶胀比 Q，利用上式就可以求得交联聚合物在两交联点之间的平均相对分子质量 $\bar{M}_c$，即

$$\bar{M}_c = \frac{\rho V_1 Q^{5/3}}{1/2 - \chi_1} \qquad (3-57)$$

3.5　高分子电解质溶液

3.5.1　基本概念

图 3-7　聚合物电解质示意图

在分子链上带有可离子化基团的聚合物称为聚合物电解质（polyelectrolyte）（图 3-7）。按照带电基团的不同，聚合物电解质主要分为阴离子型、阳离子型和两性（既含阴离子又含阳离子基团）聚合物电解质三大类。合成的聚合物电解质分为两类，一类指现有的聚合物电解质，如聚丙烯酸、聚苯磺酸钠、聚（4-乙烯基吡啶）等；而另一类指普通非聚合物电解质高分子材料经改性引入离子型基团的聚合物电解质。将聚合物电解质溶于介电常数很大的溶剂（如

水）时，就会发生解离，结果生成高分子离子和许多低分子离子。其中，低分子离子称为抗衡离子。

带正电荷的为阳离子型聚合物电解质，如聚乙烯亚胺盐酸盐、聚 4-乙烯吡啶正丁基溴季铵盐（图 3-8）等。

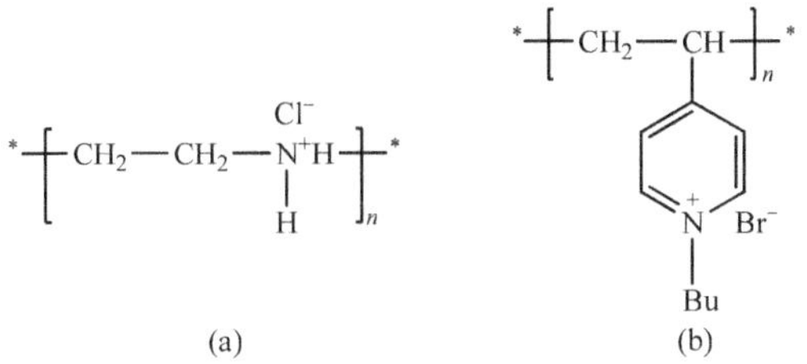

图 3-8　聚乙烯亚胺盐酸盐（a）和聚 4-乙烯吡啶正丁基溴季铵盐（b）结构式

带负电荷的为阴离子型聚合物电解质，如聚丙烯酸钠、聚苯乙烯磺酸（图 3-9）等。

同时带有正负电荷的称为两性聚合物电解质，如丙烯酸-乙烯吡啶共聚物（图 3-10）等。生物高分子蛋白质和核酸都是两性聚合物电解质。

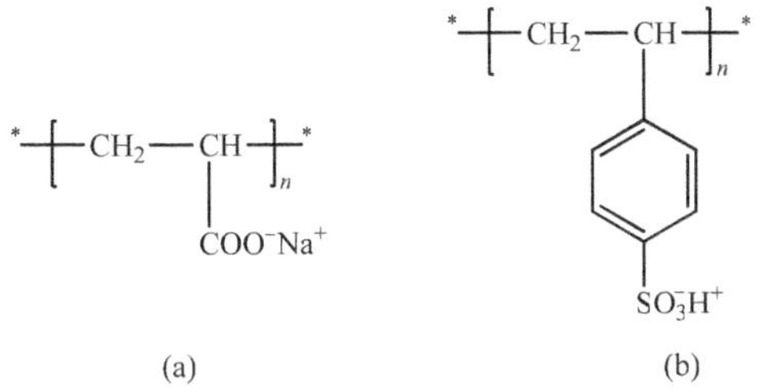

图 3-9　聚丙烯酸钠（a）和聚苯乙烯磺酸（b）　　图 3-10　丙烯酸-乙烯吡啶共聚物结构式
　　　　结构式

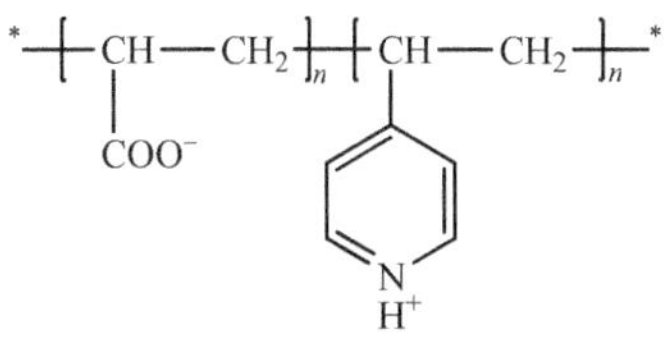

聚合物电解质的溶液性质与所用溶剂性质关系很大。若采用非离子化溶剂，则其溶液性质与非电解质相似。但是，在离子化溶剂中，它不仅和普通高分子的溶液性质不同，而且还表现出低分子电解质没有的特殊行为。溶液中的聚合物电解质和中性聚合物一样，呈无规线团状，解离作用所产生的抗衡离子分布在高分子离子的周围。但随着溶液浓度与抗衡离子浓度的不同，高分子离子的尺寸会发生变化。稀溶液时，高分子链更为舒展，尺寸较大；浓度增加，高分子链发生卷曲，尺寸缩小；加入强电解质时，高分子链更卷曲，尺寸更小（图 3-11）。

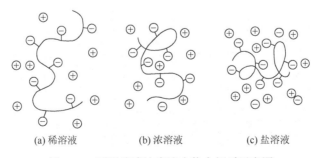

(a)稀溶液　　　　(b)浓溶液　　　　(c)盐溶液

图 3-11　不同溶液浓度聚合物电解质示意图

3.5.2 高分子电解质的黏度

黏度法是表征高分子稀溶液性质的有效手段之一，除广泛用于测定聚合物的相对分子质量外，还可以用来研究高分子在溶液中的形态、高分子链的无扰尺寸、柔性程度、支化高分子的支化度、高分子与溶剂分子的相互作用及高分子与高分子之间的相互作用等。

高分子溶液的黏度与浓度关系通常用哈金斯（Huggins）方程式表示

$$\frac{\eta_{sp}}{c} = A_0 + A_1 c \tag{3-58}$$

式中，c 为溶液的浓度；η_{sp} 为溶液的增比黏度；η_{sp}/c 为溶液的比浓黏度（reduced viscosity）。在 $c \to 0$ 时，$A_0 = [\eta]$；$A_1 = K_H [\eta]^2$。

Huggins 方程式包含两个重要的参数，即特性黏度$[\eta]$和 Huggins 参数 K_H。$[\eta]$是聚合物在溶液中最重要的一个参数，它的大小可以表征高分子在溶液中的形态、高分子链的尺寸和溶液性质。K_H 则表示高分子间的相互作用对流动的影响，如高分子间的缔合、高分子链段间及链段与溶剂分子间的相互作用等。

一般的高分子溶液，浓度越高，黏度越大。而对于聚合物电解质溶液，在较高的浓度下（如浓度大于 1%时），高分子链周围存在大量的反离子，离子化作用并不引起链构象的明显变化，随着溶液浓度的降低，离子化产生的反离子脱离高分子链区向纯溶剂区扩散，链的有效电荷数增多，静电排斥作用加大，高分子链扩张，溶液的比浓黏度增加，且浓度越稀，比浓黏度越高。但是，当高分子链已经充分扩张时，再继续稀释溶液，将使比浓黏度降低。

从式（3-58）可以发现，根据 Huggins 方程式很难直接得到聚合物电解质的特性黏度$[\eta]$，尤其是无盐的情况。通常福斯（Fuoss）方程式（3-59）可以很好地表达黏度对聚合物电解质浓度的依赖性，由此得到特性黏度$[\eta]$，即

$$\frac{c}{\eta_{sp}} = \frac{1}{[\eta]} + Bc^{1/2} \tag{3-59}$$

式中，B 为常数；c 为聚合物电解质溶液的浓度；η_{sp} 为溶液的增比黏度（specific viscosity）。

若在聚合物电解质溶液中加入小分子强电解质（如 NaCl 等），可以抑制反离子脱离高分子链区向纯溶剂扩散，从而抑制或消除聚合物电解质溶液在低浓度时比浓黏度的迅速增加。当小分子强电解质的浓度足够大时，聚合物电解质效应可充分抑制，则溶液的黏度行为与非离子型高分子溶液相似。此时，比浓黏度与浓度呈线性关系，可采用黏度法并根据$[\eta] = kM^\alpha$方程测定聚合物电解质的相对分子质量。

3.5.3 高分子电解质溶液的渗透压

与比浓黏度变化相似，聚合物电解质溶液的渗透压因离子化效应而大幅度增加。渗透压的升高原因有很多，可能是由于随着溶液浓度降低，聚合物电解质的解离度增加及反离子的束缚作用降低，渗透压增高；也可能是由于 Π/c 与 c 的线性关系，随着浓度增加，渗透压增高。

3.6 高分子溶液的相平衡

聚合物溶液作为由聚合物和溶剂所组成的二元体系，在一定条件下可分为两相，一相为含聚合物较少的"稀相"，另一相为含聚合物较多的"浓相"，这种现象称为相分离。聚合

物的溶解过程具有可逆性，一般来说，对于聚合物和溶剂确定的体系，相分离发生与否同温度有关。将聚合物溶液体系的温度降低到某一特定温度以下或提高到某一特定温度以上，就有可能出现相分离现象。前一温度称为最高临界共溶温度（upper critical solution temperature，UCST），后一温度称为最低临界共溶温度（lower critical solution temperature，LCST）。

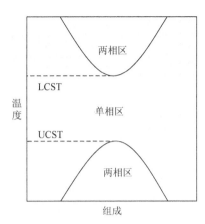

图 3-12　聚合物共混体系的相图

对于共混吸热（$\Delta H_m > 0$）的非极性聚合物共混体系，常有 UCST 型相图，其典型相图如图 3-12 所示，曲线呈上凸状。对于共混放热（$\Delta H_m < 0$）具有较强相互作用的聚合物共混体系，常有 LCST 型相图，其典型相图如图 3-12 所示，曲线呈下凹状。对于有 LCST 型相图的混合体系，温度低于临界温度 T_c 时，体系全互溶；高于临界温度 T_c 时，会发生相分离。

根据热力学原理，两相平衡的条件是各组分在各相中的偏摩尔自由能相等。发生相分离的临界浓度等于

$$v_{2c} = \frac{1}{1 + x^{1/2}} \tag{3-60}$$

x 很大时，方程式右边近似等于 $1/x^{1/2}$。若 $x = 10^4$，则 $v_{2c} \approx 0.01$，即很稀的溶液。聚合物/溶剂的 Flory-Huggins 相互作用参数 χ_{12} 的临界值为

$$\chi_{12c} = \frac{(1 + x^{1/2})^2}{2x} \approx \frac{1}{2} + \frac{1}{x^{1/2}} \tag{3-61}$$

这进一步说明，当 x 趋于无穷大时，χ_{12c} 接近于 1/2。

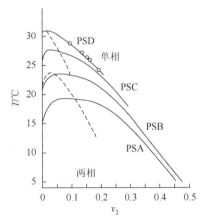

图 3-13　聚苯乙烯不同级分在环己烷中的溶解曲线

图 3-13 为聚苯乙烯/环己烷体系的实验数据。其中圆圈和实线给出的是实验值，虚线为其中两个级分的理论值。各级分的黏均相对分子质量（viscosity-average relative molecular mass）：PSA 为 43 600、PSB 为 89 000，PSC 为 250 000，PSD 为 1 270 000。该体系的 θ 温度为 34.5℃。

降低聚合物溶液的温度或在聚合物溶液中加入非溶剂（沉淀剂），将使 Huggins 参数升高。Huggins 参数至某一临界值时，继续加入沉淀剂或降低温度将导致聚合物溶液的相分离。相对分子质量越大越先达到临界点，因此相对分子质量大的组分倾向于在浓相富集。

由于相对分子质量大小不同的组分在相分离时进行非等比例的分配，因此可用逐步沉淀的方法使聚合物分级。在聚合物稀溶液中加入一定量的沉淀剂或降低到一定温度使其分成两相，在恒温下待其达到平衡后，分出浓相，取得第一级分。再在稀相中加入一定量的沉淀剂使其进一步降温，它将再分相，平衡后分出浓相即第二级分。依次进行下去，可分出一系列平均相对分子质量不同的级分。所分出的级分还可进一步分级得到若干个子级分。

此外，也可用逐步溶解的方法对聚合物进行分级处理。与沉淀过程相反，先把聚合物试

样涂布于载体（如玻璃粉）上，然后用溶剂与沉淀剂组成的混合提洗液对聚合物进行抽提。首先使用含沉淀剂较多的提洗液，使相对分子质量较低的组分溶解富集，逐渐减少沉淀剂的比例依次进行抽提，即得到一系列平均相对分子质量不同的各个级分。

测定所得各级分的聚合物平均相对分子质量及其质量，根据总质量计算出其质量分数，把这些数按平均相对分子质量的大小顺序对应于其质量分数列成表格，可粗略地反映聚合物试样的相对分子质量分布情况。显然，所分级分数越多，级分的相对分子质量分布越窄，就同真实情况越接近。但是，级分数总是有限的，级分的相对分子质量不但是多分散的，而且彼此之间的分布宽度也各不相同，级分之间的相对分子质量还相互交叠，所以分级得到的原始数据并不是试样的真正微分分布。

3.7　高分子共混

3.7.1　高分子共混热力学

两种聚合物混合时通常总是得到完全相分离的体系。两种聚合物链混合时，由于共价键的限制，链段不能相互换位，所以其混合熵比小分子要小很多。早期研究普遍认为聚合物/聚合物相容体系是罕见的现象，一般的混合焓和极低的混合熵使混合很难达到负值。

如果把一种聚合物看成是另一种聚合物的溶剂，那么两者之间的相容性可用溶液热力学理论进行分析。这种情况下，一个"溶剂"分子不再是占一个格子，而是占 r 个相邻的格子。设 A、B 两种聚合物分子分别含有 r_1 和 r_2 个链段，根据格子模型，混合时热力学函数表示为

$$\Delta S_m = -R(n_1 \ln \varphi_1 + n_2 \ln \varphi_2)$$
$$\Delta H_m = RT \chi_{12} r_1 n_1 \varphi_2 = RT \chi_{12} r_2 n_2 \varphi_1 \qquad (3\text{-}62)$$
$$\Delta G_m = RT(n_1 \ln \varphi_1 + n_2 \ln \varphi_2 + \chi_{12} r_1 n_1 \varphi_2)$$

以 V 和 V_r 分别表示体系的总体积和每摩尔链段的体积，则混合自由能可表示为

$$\Delta G_m = \frac{RTV}{V_r}\left(\frac{\varphi_1}{r_1}\ln \varphi_1 + \frac{\varphi_2}{r_2}\ln \varphi_2 + \chi_{12}\varphi_1\varphi_2\right) \qquad (3\text{-}63)$$

式中，χ_{12} 为共混聚合物的相互作用参数。如果 $r_1 = r_2 = r$，且 $\varphi = \varphi_1 = (1-\varphi_2)$，那么

$$\Delta G_m = \frac{RTV}{V_r}\left[\frac{\varphi}{r}\ln \varphi + \frac{1-\varphi}{r}\ln(1-\varphi) + \chi_{12}\varphi(1-\varphi)\right] \qquad (3\text{-}64)$$

两种聚合物混合多是吸热过程，而 r_1 和 r_2 是很大的数，因此 ΔG_m 一般为正值。这时聚合物共混体系为热力学不相容体系。对于某些有特殊相互作用的共混体系，ΔG_m 可为负值。其中，存在一个临界值 χ_{12c}，即

$$\chi_{12c} = \frac{1}{2}\left(\frac{1}{r_1^{1/2}} + \frac{1}{r_2^{1/2}}\right)^2 \qquad (3\text{-}65)$$

当 χ_{12} 小于 χ_{12c} 或为零时，两种聚合物才有在某些组成范围内形成均相混合物，两种聚合物可按任意比例混溶；当 χ_{12} 大于 χ_{12c} 时，体系分为两相，聚合物在两相中呈不同的浓度，两种聚合物在任何组成下都不互溶。对于高相对分子质量的聚合物共混，χ_{12} 常常大于 χ_{12c}，因而大多数的共混聚合物不相容。

对于互溶的两种聚合物，通常发现其在较高的温度下发生相分离，这一反常的结果可以用反常的混合过程来解释。在临界点，混合焓必须与混合熵乘以温度平衡，后者是个极小的

值。因此，根据 Flory-Huggins 理论，混合自由能是两个极小的数之差。但 Flory-Huggins 理论没有考虑混合过程的体积变化，忽略了纯组分性质，也没有很准确地考虑聚合物与溶剂间巨大的尺寸差异。

3.7.2　高分子共混体系相分离机理

相分离动力学理论是由卡恩（Cahn）和 Hilliard 提出的。如图 3-14 所示，根据聚合物二元体系的相图，相分离有三个区域；相容区域（$x_2 < N'$ 或 $x_2 > N''$）、亚稳区域（$N' \leqslant x_2 \leqslant S'$ 或 $S'' \leqslant x_2 \leqslant N''$）和不相容区域（$S' < x_2 < S''$）。相分离发生在后两个区域内，但两区域内发生相分离的机理有所不同。在亚稳区域内，相分离是由某种形式的活化机理引发的，且该区域内体系的相分离不能自发进行，需要成核作用来促进相分离。分离过程包括核形成和核增长两个阶段，相分离过程缓慢，所形成的分散相是较为规则的球形。而在不相容区域的相分离是自发的，且相分离过程是通过反向扩散（即向浓度较大的方向扩散）完成的，常倾向于产生两相交错的形态结构，相畴较小。因此，聚合物共混体系相分离机理主要有两种：非稳态相分离（spinodal decomposition，SD）机理（或旋节线相分离机理）和成核增长（nuclear and grown，NG）机理。

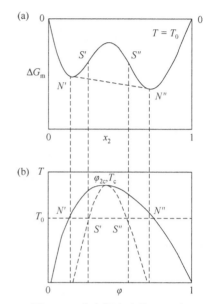

图 3-14　吉布斯自由能 ΔG_m 和双组分体系组成 φ 的变化曲线 （a）及 UCST 型的双组分相图（b）

在亚稳区域内，由于体系的局部浓度或密度的变化而发生相分离，其机理称为成核增长。在亚稳态聚合物基体中，产生一个新的更稳定相的核的过程称为成核过程。此过程中自由能增加，即

$$(\partial^2 \Delta G_m / \partial x^2)_{T,P} > 0 \tag{3-66}$$

若要发生相分离，就必须"跳跃"能垒，而这样的跳跃需要消耗初始能量，即成核活化能，而进一步分离为两相则是自发的。成核活化能 δE_N 取决于形成一个核时所需的界面能，即界面张力 γ 与核表面积 S 的乘积。成核是一个活化过程，形成一个不稳定的中间胚芽，而决定成核速率的临界胚芽则称为核。

核具有过量表面能，从而产生作为新相的聚集体，它与最临近的相同数目的分子是不同的。吉布斯（Gibbs）指出，这种过量表面能是在均相流体中形成不同相所需要的功，由两部分组成；一部分为形成表面所需要消耗的功，另一部分为形成核内质所获得的功。一旦这些核形成，体系再行分相，自由能减小，大分子扩散到成核的微区，使液滴增长。这一过程的速率可以近似用奥斯特瓦尔德（Ostwald）熟化理论表示

$$dV_d/dt \propto \gamma x_e V_m D_t/RT \text{ 或 } d \propto t^{1/n_c} \tag{3-67}$$

式中，$n_c \approx 3$，为聚结指数；d 和 V_d 分别为液滴的直径和体积；x_e 为 N' 或 N'' 时的平衡浓度；V_m 为液滴相的摩尔体积；D_t 为扩散系数。在亚稳区域，x_e 为常数，不依赖时间变化。

在扩散阶段，液滴聚结粗化，不断增长，其粗化程度由界面能决定。最终液滴的尺寸及液滴间的距离取决于实验时间和扩散速率。通常，成核速率随温度和扩散速率的降低而增加。随着温度降低，扩散速率降低，而成核速率增加。核的净增长速率最大值处于亚稳分相线以下。如果假定扩散速率是有限的，则在成核初期，核因扩散速率增大而变大，在后期则由于

聚集、粗化、熟化而变大，微区尺寸从 ξ_1 增至 ξ_2，直到最后变成两大相，一相组成是 b''，另一相是 b'。成核与否取决于局部密度的变化，可以用能量和浓度波动来表示，局部密度变化的幅度取决于远离临界条件的距离，如图 3-15 所示。

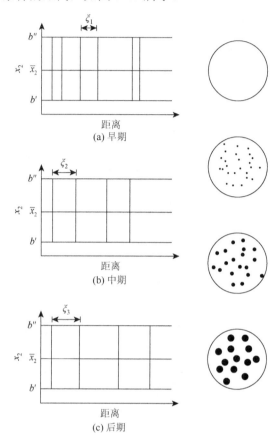

图 3-15　NG 机理不同阶段的示意图

在不相容区域内，二元混合物体系浓度的变化不受外界条件限制，导致长程自发相分离，称为不稳相分离机理或非稳态相分离机理，又称旋节线相分离机理，如图 3-16 所示。图中横轴表示分离相尺寸，纵坐标表示相区内分离相聚合的浓度。在非稳态相分离早期，浓度变化的波长 $A_1 = A_2 = A_{1,2}$，但在后期 $A_3 < A_4$。而相分离的时间 $t_1 < t_2 < t_3 < t_4$。在非稳态相分离区域，相分离早期的机理与在亚稳区域的不同。在亚稳区域分离的微区组成中，$x_e = b'$ 或 b'' 是常数，成核液滴的大小和尺寸分布随时间而变化；在非稳态相分离区域内，液滴组成和大小也都依赖于时间，而浓度随时间的概率分布函数可以通过图像分析方法直接测定。

聚苯乙烯/聚氯乙烯甲基醚（PS/PVME）共混物属于 LCST 型共混体系，在低温下制备相容混合物，加热升温到进入双结点曲线范围内便发生相分离。

在非稳态相分离微区内，相分离动力学的描述是基于热力学行为和材料流动强度之间的平衡，其扩散方程如下

$$\frac{\partial \phi}{\partial t} = M \left(\frac{\partial^2 G}{\partial \phi^2} \right)(\Delta\phi)^2 - 2K(\Delta\phi)^4 + \cdots \tag{3-68}$$

式中，M 为迁移常数；K 为能量变化率。

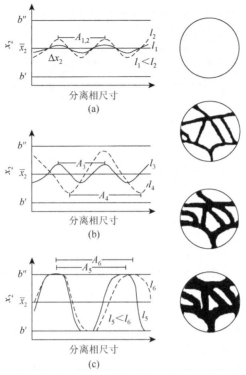

图 3-16 旋节曲线内的非稳态相分离（相分离为连续过程）

如果 $\dfrac{\partial^2 G}{\partial \phi^2}$ 为负值，式（3-68）的解则是不稳定的。忽略第二项以后的项，进行积分可得

$$\phi - \overline{\phi} = \sum_{\beta} \{\exp[R(q)t]\}[A\cos(qr) + B\sin(qr)] \tag{3-69}$$

式中，$\overline{\phi}$ 为平均浓度且 $\overline{\phi} = x_2$；q 为正弦波组成的变化函数；r 为状态变量；A、B 为与 q 有关的参数；$R(q)$ 为瑞利（Rayleigh）运动的增长因子，是描述非稳态相分离的一级速率常数，即

$$R(q) = -Mq^2(D + 2Kq^2) \tag{3-70}$$

式中，D 为式（3-70）中所给的混合自由能的二阶导数，即

$$D = \left(\frac{\partial^2 G_m}{\partial x_2^2}\right)_{T,P} \tag{3-71}$$

当 $R(q) \to 0$ 时，变化函数 q 有两个值：$q_1 = 0$ 和 $q_2 = (-D/2K)^{1/2}$。由于式（3-70）具有幂形式，相分离的过程主要由 q 的变化来控制。

假定式（3-70）的一阶导数为 0，以确定 q_m 和 $R(q_m)$，则

$$q_m = (-D/4K)^{1/2} \tag{3-72}$$

$$R(q_m) = -MDq_m^2/2 \tag{3-73}$$

式中，乘积 $MD = D_c$ 为 Cahn-Hilliard 扩散系数，且 D 和 M 均与温度有关。由式（3-66）和式（3-70）可知，在不相容区域外，$\left(\dfrac{\partial^2 G_m}{\partial x_2^2}\right)_{T,P} > 0, R < 0$，浓度的变化迅速减小；在不相容区域内，$q_1 = q_2$，$\left(\dfrac{\partial^2 G_m}{\partial x_2^2}\right)_{T,P} < 0$。

简而言之，Cahn-Hilliard 定理定性地给出了对非稳态相分离的正确描述，该理论强调在不相容区域相界面相分离机理的差别。浓度和温度极小的变化不仅使 $\left(\dfrac{\partial^2 G_{\mathrm{m}}}{\partial x_2^2}\right)_{T,P} = D$ 的符号改变，还会使相分离行为发生显著的变化。当 $D>0$ 时，亚稳体系可能不发生相分离，至少不会由于非稳态相分离机理而发生相分离；而当 $D<0$ 时，体系会自发分解。事实上，这样的不连续行为是很少能观察到的。

3.8　高分子溶液的流体力学性质

3.8.1　高分子在溶液中的扩散

处于溶液中的高分子由于溶剂化作用链发生扩张，因此高分子迁移时要携带溶剂分子一起迁移，其中一部分溶剂分子是与高分子有溶剂化作用的，另一部分是单纯携带的，这样，高分子在溶液中迁移时的有效质量和有效体积都比高分子本身的质量和体积大（高分子的有效体积 V_{h} 称为流体力学体积）。并且，被携带的溶剂分子数目又与高分子的相对分子质量和溶液的浓度、温度有关；高分子在迁移过程中还会发生构象的改变等，使问题比较复杂。

高分子在溶液中由于局部浓度或温度的不同，引起高分子向某一方向的迁移，这种现象称为扩散，即平移扩散（shifting diffusion）。如果高分子的构象是不对称的，为棒状或椭球状，在溶液中高分子会绕其自身的轴而转动，即为旋转扩散（rotatory diffusion）。

描述平移扩散现象的数学表达式有菲克（Fick）第一扩散定律

$$J = -D\frac{\partial c}{\partial r} \tag{3-74}$$

和 Fick 第二扩散定律

$$\frac{\partial c}{\partial t} = D\frac{\partial^2 c}{\partial r^2} \tag{3-75}$$

式中，J 为单位时间内穿过单位面积的质量，称为流量；c 为溶液中 r 处的浓度；t 为时间；D 为平移扩散系数。这里 Fick 定律不考虑其浓度依赖性和相对分子质量依赖性。

以 D_0 为无限稀释时的平移扩散系数，扩散系数的浓度依赖性可表示为

$$D = D_0(1 + K_D c + \cdots) \tag{3-76}$$

式中，K_D 为常数。

高分子在溶液中扩散的能力与摩擦阻力有关，扩散时受到的阻力越大则扩散越困难，即扩散系数 D 与摩擦系数 f 成反比

$$D_0 = \frac{kT}{f_0} \tag{3-77}$$

式中，k 为玻尔兹曼常量；下标 0 指无限稀释。

扩散系数与相对分子质量的关系为

$$D_0 = K_D M^{-b} \tag{3-78}$$

式中，常数 K_D 和 b 值与高分子形状和溶剂化程度有关。按斯托克斯（Stokes）定律，高分子的流体力学半径 R_{h} 与扩散系数 D_0 的关系为

$$D_0 = \frac{kT}{6\pi\eta R_{\mathrm{h}}} \tag{3-79}$$

式中，η 为溶剂的黏度。如果已知常数 K_D 和 b，可由高分子在溶液中的扩散系数 D_0 求得高分子的相对分子质量 M 和流体力学半径 R_h。

3.8.2　高分子在溶液中的黏性流动

许多小分子液体流动时，可以看作有无数个流动的液层在移动，称为流层。假定两个液层之间的接触面积为 A，液层之间的距离为 dy。如果外界有一个作用在接触面 A 上的剪切力 F，使液层向前移动，由于液体分子间的内摩擦存在，两个液层的流速相差 dv，按照牛顿黏度定律

$$\sigma = \frac{F}{A} = \eta \frac{dv}{dy} \qquad (3\text{-}80)$$

式中，σ 为剪切应力；$\dfrac{dv}{dy}$ 为剪切速率；η 为液体的黏度，单位为 P [$1P = 1g/(s\cdot cm)$] 或 cP。符合牛顿黏性定律的液体称为牛顿流体（Newton fluid）。小分子液体和大多数稀的高分子溶液都属于牛顿流体。聚合物熔体或者溶液浓度随着 σ 或者 $\dfrac{dv}{dy}$ 而改变，这种液体的性质不服从牛顿黏性定律，称为非牛顿流体。只有当 $\sigma \to 0$ 或 $\dfrac{dv}{dy} \to 0$ 时，这类液体才是牛顿流体。

当聚合物溶解在溶剂中之后，溶液的黏度要比纯溶剂的黏度大，并且，随着浓度的增大而增大。在高分子溶液中，人们研究的一般不是液体的绝对黏度，而是当高分子进入溶液后所引起的液体黏度的变化，对于这种变化的量度一般用[η]来表征，即

$$[\eta] = \left(\frac{\eta - \eta_0}{\eta_0 c} \right)_{c \to 0} \qquad (3\text{-}81)$$

式中，η_0 为溶剂黏度；η 为溶液黏度；c 为溶液溶度；[η] 为极限黏度数或特性黏度。

柯克伍德（Kirkwood）和里斯曼（Riseman）把溶液中的柔性高分子比作由 x 个珠子连成的一串项链，珠子代表高分子的链段或单体单元，称为项链模型。珠子与溶剂之间的摩擦系数为 ζ，因此整条项链与溶剂之间的摩擦系数 $f = x\zeta$。每个珠子的运动会受到链上其他珠子的影响，另外，溶液中珠子与溶剂之间的摩擦作用使项链内部溶剂的流速比项链外部的慢，也就是说项链的质心处溶剂的相对流速最小，随着离质心距离的增加，溶剂的相对流速逐渐增大，直至与项链外面的流速相同，如图 3-17 所示。溶剂在高分子质心处的流速与外面的流速的差值取决于珠子的密度和珠子分布的情况。因为珠子的摩擦系数 ζ 正比于溶剂的黏度 η_0，所以用一个与溶剂黏度无关的量 ζ/η_0 来表示。

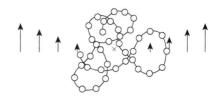

图 3-17　高分子在溶液中的项链模型示意图
珠子与溶剂间摩擦力较大而使溶剂的流速减慢，图中×表示项链质心，↑表示溶剂流速的大小和方向

在层流的情况下，假如 ζ/η_0 很小，则流速之差缩到最小，这时溶剂在高分子质心处的流速与外部相同，即高分子迁移时不带走高分子内部的溶剂，溶剂的流动与高分子的存在无关，此种情况称为自由穿流。反之，若 ζ/η_0 很大，则流速之差增大，溶剂只能在高分子的外缘做相对运动，即高分子迁移时带走高分子内部所有的溶剂，高分子与它所携带的溶剂之间没有相对运动，这种情况称为非穿流。这是两种极端的情况。一般情况下，高分子迁移时总会带着一部分的溶剂一起迁移，称为部分穿流。

根据这种项链模型，Kirkwood 和 Riseman 推出部分穿流高分子溶液的极限黏度为

$$[\eta]=\left(\frac{\pi}{6}\right)^{3/2}\frac{N_A}{100}XF(X)\frac{(\overline{h^2})^{3/2}}{M} \tag{3-82}$$

$$X=(6\pi^3)^{-1/2}x\zeta/\eta_0(\overline{h^2})^{1/2}$$

式中，$F(X)$ 为 X 的函数；$\overline{h^2}$ 为相对分子质量为 M 的高分子的均方末端距；N_A 为阿伏伽德罗常量。假如 $x\zeta/\eta_0$ 足够大，而且 $M>10^4$，则 $XF(X)$ 将趋向于一个极限值 1.588。

Flory 将式（3-82）写成更简单的形式

$$[\eta]=\Phi\frac{(\overline{h^2})^{3/2}}{M}=\Phi\left(\frac{\overline{h^2}}{M}\right)^{3/2}M^{1/2} \tag{3-83}$$

式中，系数 Φ 与高分子的性质无关，是个普适常数。

在 θ 溶剂中，式（3-83）可写成

$$[\eta]_\theta=\Phi_0\left(\frac{\overline{h_0^2}}{M}\right)^{3/2}M^{1/2} \tag{3-84}$$

式中，$\dfrac{\overline{h_0^2}}{M}$ 为表征高分子链柔性的参数；$[\eta]$ 的单位为 mg/g；$\overline{h^2}$ 的单位为 cm^2。这就是弗洛里-福克斯（Flory-Fox）黏度公式。关于极限黏度与相对分子质量的关系，常用著名的马克-豪温克（Mark-Houwink）方程式表达，即

$$[\eta]=KM^a \tag{3-85}$$

式中，K 和 a 两个常数值取决于溶液中溶剂的性质及温度、相对分子质量范围等因素。

Flory 提出 $\Phi_0=2.84\times10^{23}mol^{-1}$。式（3-83）中的 Φ 值与高分子在溶液中的溶剂化程度有关。$\Phi=\Phi_0(1-2.63\varepsilon+2.86\varepsilon^2)$，而 ε 与式（3-85）中的 a 有关，即

$$\varepsilon=\frac{2a-1}{3}$$

对于非线型的高分子往往用均方半径（RMS radius）表示分子的尺寸。在 θ 条件下，均方半径 $\overline{S_0^2}$ 与均方末端距 $\overline{h_0^2}$ 的关系是

$$\overline{S_0^2}=\overline{h_0^2}/6$$

此为高斯链的特性之一。

习　题

1. 聚四氟乙烯（塑料之王）为什么没有合适的溶剂？
2. 分析以 $\chi_1=0$ 作为溶剂优劣性的分界点。
3. 硫化橡胶遇汽油发生溶胀的原理是什么？
4. 简述高分子在溶液中的热力学性质、分子尺寸和形态的研究。
5. 简述高分子的稀溶液、亚浓溶液、浓溶液的本质区别。
6. 什么是 θ 温度?有哪些实验方法可以测定 θ 温度？
7. 哈金斯参数 χ_1 的物理意义是什么？当高聚物和温度选定后，χ_1 值与溶剂性质有什么关系？当高聚物和溶剂选定后，χ_1 与温度有什么关系？
8. 讨论高分子溶液分别在高于、等于、低于 θ 温度时，其热力学性质如何，高分子在溶液中的尺寸形态又如何。

9. 溶解聚合物的溶剂可根据内聚能密度（CED）相近的经验规律来进行选择，已知聚丙烯腈的 CED = 15.4，甲醇的 CED = 14.5。试问聚丙烯腈能否溶解于甲醇中？为什么？从理论上加以解释。

10. 根据溶剂选择的几个原则，试判断下列聚合物-溶剂体系在常温下哪些可以溶解，哪些容易溶解，哪些难溶或不溶，并简述理由（括号内的数字为其溶度参数）。

    （1）有机玻璃（18.8）-苯（18.8）　　　　　　（2）涤纶树脂（21.8）-二氧六环（20.8）

    （3）聚氯乙烯（19.4）-氯仿（19.2）　　　　　（4）聚四氟乙烯（12.6）-正癸烷（13.1）

    （5）聚碳酸酯（19.4）-环己酮（20.2）　　　　（6）聚乙酸乙烯酯（19.2）-丙酮（20.2）

11. 计算下列三种溶液的混合熵，比较计算结果可以得到什么结论？（k 的具体数值不必代入，只要算出 ΔS_m 等于多少 k 即可）

    （1）99×10^4 个小分子 A 和一个大分子 B 相混合；

    （2）99×10^4 个小分子 A 和一个大分子（聚合度 $n = 10^4$）相混合；

    （3）99×10^4 个小分子 A 和 10^4 个小分子 B 相混合。

12. 用平衡溶胀法可测定丁苯橡胶的交联度。试用下列数据计算该试样中有效链的平均相对分子质量 $\bar{M}_c$。所用溶剂为苯，温度为 25℃，干胶为 0.1273g，溶胀体为 2.116g，干胶密度为 0.941g/cm³，苯的密度为 0.8685g/cm³，$\chi_1 = 0.398$。

 ## 超链接知识

硬度和蜘蛛丝相同的人造纤维

    蜘蛛丝比钢铁更强韧，比凯夫拉（一种被广泛用于制作防弹衣等的复合材料）更坚固。不过，人类仿制的蜘蛛丝一直无法同实物相媲美。德国一个研究小组研制出硬度和蜘蛛丝相同的人造纤维，从而使制造更安全的气囊成为可能。

    此前模仿蜘蛛丝的努力集中在两类分子上：一类创造坚硬的晶体材料，另一类则建立更像凝胶状的物质。晶体悬浮在凝胶中，从而形成大的蛋白。不过，来自德国拜罗伊特大学的 Thomas Scheibel 及其同事意识到，这忽视了两种有助于将丝状物排列整齐的较小分子。Scheibel 表示？"它们对纤维最终的结构和性能并无贡献，这也是两者之前被忽视的原因。"

    该团队将蜘蛛的造丝基因拼接到大肠杆菌，使后者得以在乙醇和水的混合溶液中产生全部 4 种分子。随后，研究人员利用一种被称为湿法纺丝的方法拉长纤维，从而创造出人造丝。当在刚刚形成后便被拉长时，该纤维最为坚固，很像蜘蛛用其后肢开始织网，以便将分子拉长并排列整齐。

    得到的材料并没有像蜘蛛丝那样强韧，但更加有弹性。这意味着它在不断裂的情况下无法承受很大压力，但能被拉伸得更长。"这并不奇怪，"Scheibel 介绍说，"因为真正的蜘蛛丝由 3 种具有不同属性的蛋白制成，而我的团队只利用了构成最具弹性蛋白的基因组。"目前，他们正在研制利用全部 3 种蛋白制成更高级的人造丝。

    与此同时，现有纤维的韧性使其无法在制作汽车安全气囊时得到很好的利用。Scheibel 表示，目前由诸如凯夫拉等材料制成的气囊坚韧有余但弹性不足，而人造丝能解决这一问题，前提是该团队能扩大生产规模。不过，这或许有点难度。

超分子凝胶：吃一次药就能完成整个疗程

    麻省理工学院的研究人员研究出一种具有弹性的超分子凝胶，该材料制备的生物医药产品具有延长药效等诸多优点，并大大降低了安全风险。这种新型的超分子凝胶为生物医药的发展做出了巨大贡献。可食用的医药产品能够设计应用于多个方面：延长药效、电子监测和减肥干预。然而，这些产品一般由不可降解的弹性聚合物制成，这些聚合物可能会发生意外破损或迁移，进而导致肠梗死。因此，这些产品通常只能在胃里短时间停留。

    麻省理工学院的科赫综合癌症研究所和马萨诸塞州总医院（MGH）设计超分子弹性体凝胶，包含聚（丙烯酰基 6-氨基己酸）和甲基丙烯酸-丙烯酸乙酯共聚物，能够克服上述安全问题，并允许产品长期驻留在胃中发挥药效，采用这种凝胶制成的胶囊经单次口服后，其药物释放周期可以达到几天、几周甚至几个月。这种聚合物凝胶对 pH 具有响应性，在酸性的胃环境中能保持稳定，但在小肠近中性的 pH 环境中会溶解，因此可以安全地通过之后的胃肠道。该材料富有弹性，易于压缩、折叠进而制备出可摄取的胶囊，这意味着它可用于制造药物释放周期较长的安全药品。

形状和尺寸是设计医药产品面临的非常复杂的问题，胃会在几个小时内自然清空，因此产品若要驻留，它必须比幽门（位于胃的末端，胃里食物从这里进入小肠）更宽。然而因为投递这些产品最方便的路径是通过食道（它仅比幽门略宽），所以研究人员希望研发一种具有弹性的聚合物。这种弹性产品比幽门大，可以折叠成小东西，如胶囊，能够轻易地通过食道并且在胃里恢复其原来的形状。较大的尺寸促使它可在胃中停留更长时间的概率更大。同时，为了降低任何可能的风险，希望该材料能够溶解于肠道，并在解离之后能够安全地排出体外。为了创造这种新材料，研究人员合成了弹性聚合物并将其与临床使用的肠溶性聚合物在溶液中组合。加入盐酸后离心这溶液就得到了同时具有弹性和肠溶性的聚合物凝胶。研究人员使用无毒可降解的聚己内酯（PCL）凝胶制造了若干原型。他们首先在圆形模具中将开发出的溶胶用弧形 PCL 链接起来从而创造出环形装置。这些弹性装置在它们被折叠成口服胶囊之前的直径为 3cm（比幽门更宽）。研究人员发现，在对猪的测试中，该环会在摄取后的 15min 内扩展成原来的形状，并在胃中保持多达七天。在通过胃之后，该聚合物凝胶溶解并安全排出。研究人员还制造了各种形状较大的器件，实验表明，它们仍可以溶解并安全排出。

仿生聚合物凝胶机器人有望实现连续运动

匹兹堡大学的研究人员创造了一种聚合物凝胶，可以用来模仿眼虫属（一种单细胞生物，为了便于移动，可以利用能量来自主地改变其形状）。尽管合成的仿生凝胶信号没有肌肉的扩张和收缩，但它们也可以像生物一样移动。

这将可能制造出一种机器人，将机器人不连续的运动转变成类似于人类的连续运动。聚合物凝胶成为制造机器人的关键组成部分。它不但可以增大移动范围，还可以使机器的移动变得更轻便，可以用软合金和收缩性材料来代替硬、重、刚性金属材料制造机器人。聚合物凝胶是发展这种仿生材料的第一步。

为了模拟眼虫式的移动，该团队使用两种聚合物凝胶——一种是见光有反应，并且可以自主移动，另一种是在外界刺激下随能量上下跳动。当将这两种凝胶混合在一起并放在合适的地方曝光，凝胶就可以移动。研究人员甚至可以使凝胶以特定的模式移动。

机器人中最鼓舞人心的仿人类运动就是模拟眼虫，它可以解决机器人的另一个问题：它们不能存储和使用自己的能量。聚合物凝胶可以开发机器人利用自己内部产生的化学能来持续推进。这种方式也许不被认可，但是，最初的目标是发明规模较小的柔性机器人，使其能在微观层面进行化学反应。或许将来人们会思念机器舞，但是人们更期待创造的机器人能像眼虫一样优雅自如。

第4章 高聚物的相对分子质量及相对分子质量分布

高聚物的很多重要性质都与高聚物的相对分子质量有关系。例如，高聚物的力学性能、溶解性能、流动性能等许多重要性质都与高聚物平均相对分子质量的大小有关。并且，许多优良性能还随着相对分子质量的增加而提高。但是，当相对分子质量增大到一定的数值后，其各种性能提高的速度减慢，最后趋向于某一极限值。同时，高聚物的熔体黏度也与相对分子质量成正比，过大的相对分子质量给高聚物的成型加工造成困难。因此，兼顾实用性能和加工性能两方面的要求，需对聚合物的相对分子质量加以控制。当然，不同的材料、不同的用途和不同的加工方法对相对分子质量的要求也是不同的。

除了少数几种天然蛋白质外，大多数天然聚合物的每条分子链所含有的结构单元和重复单元的数目并不完全相同，因此，聚合物是由大小不等的高分子同系物组成的混合物。正因为聚合物的相对分子质量具有这种多分散性，仅有平均相对分子质量还不足以表征聚合物的分子大小，因为平均相对分子质量相同的试样的相对分子质量分布可能存在很大的差别。许多实际工作和理论工作都需要知道聚合物的相对分子质量分布，因此相对分子质量分布的研究具有相当重要的意义。

相对分子质量和相对分子质量分布对聚合物材料的物理机械性能和成型加工性能影响显著，测定聚合物的平均相对分子质量和相对分子质量分布具有十分重要的意义。

4.1 高聚物相对分子质量的统计意义

4.1.1 平均相对分子质量

假定某一高聚物试样中含有若干种相对分子质量不等的分子，该聚合物的总质量为 w，总物质的量为 n，不同相对分子质量分子的种类用 i 表示，第 i 种分子的相对分子质量为 M_i、物质的量为 n_i、质量为 w_i、在整个试样中的质量分数为 W_i、摩尔分数为 N_i，其质量和摩尔分数等各物理量之间的关系为

$$\sum_i n_i = n \qquad \frac{n_i}{n} = N_i \qquad \sum_i N_i = 1$$

$$\sum_i w_i = w \qquad \frac{w_i}{w} = W_i \qquad \sum_i W_i = 1$$

高聚物的相对分子质量对决定聚合物的性能起着重要的作用，常用的统计平均相对分子质量有以数量为统计权重的数均相对分子质量：

$$\bar{M}_n = \frac{w}{n} = \frac{\sum_i n_i M_i}{\sum_i n_i} = \sum_i N_i M_i \tag{4-1}$$

以质量为统计权重的重均相对分子质量：

$$\bar{M}_w = \frac{\sum_i w_i M_i}{\sum_i w_i} = \frac{\sum_i n_i M_i^2}{\sum_i n_i M_i} = \sum_i W_i M_i \tag{4-2}$$

按照 Z 值统计平均的相对分子质量为 Z 均相对分子质量（Z-average relative molecular mass）：

$$\bar{M}_z = \frac{\sum_i z_i M_i}{\sum_i z_i} = \frac{\sum_i w_i M_i^2}{\sum_i w_i M_i} = \frac{\sum_i n_i M_i^3}{\sum_i n_i M_i^2} \tag{4-3}$$

用稀溶液黏度法测得黏均相对分子质量：

$$\bar{M}_\eta = \left(\sum_i W_i M_i^a \right)^{1/a} \tag{4-4}$$

因为

$$\bar{M}_n = \frac{\sum_i n_i M_i}{\sum_i n_i} = \frac{\sum_i w_i}{\sum_i \frac{w_i}{M_i}} = \frac{\sum_i W_i}{\sum_i \frac{W_i}{M_i}} = \frac{1}{\sum_i \frac{W_i}{M_i}}$$

当 $a = -1$ 时，有

$$\bar{M}_\eta = \frac{1}{\sum_i \frac{W_i}{M_i}} = \bar{M}_n$$

当 $a = 1$ 时，有

$$\bar{M}_\eta = \sum_i W_i M_i = \bar{M}_w$$

通常，a 是高分子稀溶液特性黏度相对分子质量关系式 $[\eta] = KM^a$ 中的指数，其值为 $0.5 \sim 1$。所以，$\bar{M}_n < \bar{M}_\eta \leqslant \bar{M}_w$。

4.1.2 相对分子质量分布函数

一般的聚合物可以看作若干同系物的混合物，各同系物相对分子质量的最小差值为一个重复单元的相对分子质量，这种差值比聚合物的相对分子质量要差几个数量级，可以当作无穷小处理。另外，同系物的种类数是一个很大的数目，因此其相对分子质量可以看作是连续分布的。对于一定的体系，组分摩尔分数 N_i 和质量分数 W_i 与组分的相对分子质量有关，可分别写成相对分子质量的函数 $N(M)$ 和 $W(M)$，则平均相对分子质量又可用连续分布函数表达如下：

$$\bar{M}_n = \frac{\int_0^\infty N(M) M \mathrm{d}M}{\int_0^\infty N(M) \mathrm{d}M} = \int_0^\infty N(M) M \mathrm{d}M = \left(\int_0^\infty \frac{W(M)}{M} \mathrm{d}M \right)^{-1} \tag{4-5}$$

$$\bar{M}_w = \frac{\int_0^\infty N(M) M^2 \mathrm{d}M}{\int_0^\infty N(M) M \mathrm{d}M} = \int_0^\infty N(M) M^2 \mathrm{d}M = \int_0^\infty W(M) M \mathrm{d}M \tag{4-6}$$

$$\bar{M}_z = \frac{\int_0^\infty W(M) M^2 \mathrm{d}M}{\int_0^\infty W(M) M \mathrm{d}M} \tag{4-7}$$

$$\bar{M}_\eta = \left(\int_0^\infty W(M) M^a \mathrm{d}M \right)^{1/a} \tag{4-8}$$

4.1.3　相对分子质量的分散性

为了描述多分散的高聚物相对分子质量的多分散程度，需要知道其相对分子质量的分布情况。有时为方便起见，常用分布宽度指数 σ^2 来表征高聚物相对分子质量的分散性。分布宽度指数是指试样中各个相对分子质量与平均相对分子质量之间的差值的平方平均值，又称方差。相对分子质量分布越宽，分布宽度指数越大。分布宽度指数又有数均和重均之别，如下：

数均分布宽度指数

$$\sigma_n^2 = [\overline{(M - \overline{M}_n)^2}]_n = \overline{M}_n \overline{M}_w - \overline{M}_n^2 = \overline{M}_n^2 (\overline{M}_w / \overline{M}_n - 1) \qquad (4\text{-}9)$$

重均分布宽度指数

$$\sigma_w^2 = [\overline{(M - \overline{M}_w)^2}]_n = \overline{(\overline{M}^2)}_w - \overline{M}_w^2 = \overline{M}_w^2 (\overline{M}_z / \overline{M}_w - 1) \qquad (4\text{-}10)$$

对于单分散试样，$\sigma_n^2 = 0$，$\overline{M}_w = \overline{M}_n$；对于多分散试样，$\sigma_n^2 > 0$，$\overline{M}_w > \overline{M}_n$。

为了简单地表示相对分子质量的多分散程度，常用 $\overline{M}_w / \overline{M}_n$ 或 $\overline{M}_z / \overline{M}_w$ 表示，称为多分散性指数（PDI）。商业聚合物的 PDI 相差很大。例如，聚苯乙烯的 $\overline{M}_n$ 大于 100 000，PDI 为 2～5；一些由活性阴离子聚合得到的乙烯基聚合物的 PDI 可低至 1.06。这些与单分散相对分子质量分布相近的聚合物，可以作为衡量商业聚合物相对分子质量和相对分子质量分布的标准。

对于相对分子质量均一的试样，PDI = 1，有 $\overline{M}_z = \overline{M}_w = \overline{M}_\eta = \overline{M}_n$；对于相对分子质量非均一的试样，PDI > 1，有 $\overline{M}_z > \overline{M}_w > \overline{M}_\eta > \overline{M}_n$。相对分子质量分布越宽，多分散性指数 PDI 和分布宽度指数 σ^2 就越大。

4.2　相对分子质量分布的表示方法

相对分子质量分布是指聚合物试样中各个组分的含量和相对分子质量的关系，表示的方法可用图解法，也可用函数法。首先，把聚合物试样按分子大小分成若干级分，再逐一测定每个级分的相对分子质量 M_i 和相应的质量分数 W_i，以 M_i 为横坐标、W_i 为纵坐标作图，如图 4-1 所示。这是最简单的情况，其特点是离散型，只含有限个级分，可粗略地描述各级分的含量和相对分子质量的关系。

然而合成聚合物体系要比上述情况复杂得多，它实际上是许多同系物的混合物。各级分的化学组成相同而相对分子质量不同，相对分子质量的最小差值可以是一个结构单元的相对分子质量，故级分数可多至几千甚至几万。结构单元的相对分子质量比起聚合物的相对分子质量又小几个数量级，因此可用连续型的曲线表示相对分子质量分布，如图 4-2 所示。图中横

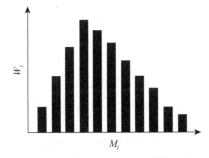

图 4-1　离散型相对分子质量分布

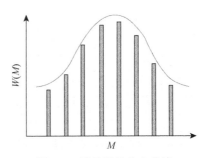

图 4-2　质量微分分布曲线

坐标是相对分子质量 M，它是一个连续变量，纵坐标是相对分子质量为 M 的组分的相对质量，它是相对分子质量的函数，用 $W(M)$ 表示，称为相对分子质量的质量微分分布函数，其相应的曲线称为质量微分分布曲线，曲线和横坐标所包围的面积为 1。

如以摩尔分数对相对分子质量作图，则称为数量微分分布曲线，相应的函数称为数量微分分布函数，用 $N(M)$ 表示。根据式（4-11）可由 $W(M)$ 求 $N(M)$，即

$$N(M) = \frac{\dfrac{W(M)}{M}}{\displaystyle\int_0^\infty \frac{W(M)}{M}\mathrm{d}M} \tag{4-11}$$

相对分子质量分布的另一种表示方法是用质量积分分布函数，用 $I(M)$ 表示，它对于沉降分级的数据处理特别有用，其纵坐标 $I(M)$ 为相对分子质量小于等于 M 的所有高分子累积起来的质量分数，即

$$I(M) = \int_0^M W(M)\mathrm{d}M \tag{4-12}$$

相对分子质量为 M 的组分的质量分数为曲线在 $[I(M),M]$ 处的导数。

显然，下列两式成立

$$I(\infty) = \int_0^\infty W(M)\mathrm{d}M = 1$$

$$\frac{\mathrm{d}I(M)}{\mathrm{d}M} = W(M)$$

类似地，也可用累积摩尔分数对相对分子质量作图，得到另一连续型曲线称为数量积分分布曲线。

4.3　相对分子质量和相对分子质量分布的测定方法

测定不同的平均相对分子质量和相对分子质量分布可以采用不同的实验方法，主要可以分为绝对法、等价法和相对法。这些方法是利用稀溶液的性质，并且常常需要在若干浓度下测定，从而求取外推到浓度为零时的极限值，以便计算相对分子质量。不同的方法适合测定的相对分子质量范围也不完全相同。

绝对法给出的实验数据可分别用来计算高分子的质量和摩尔质量而不需要有关高分子结构的假设，包括依数性方法（沸点升高法、凝固点降低法、蒸气压渗透法和膜渗透法）、光散射法、沉降平衡法及端基分析法。

等价法需要知道高分子结构的信息。只要已知高分子的化学结构，即端基结构和每个分子上端基的数目，通过端基测定可以计算出高分子的摩尔质量。

相对法依赖于溶质的化学结构、物理形态及溶质-溶剂之间的相互作用。同时，该法需要用其他绝对分子质量测定方法进行校准。最常用的相对方法有黏度法和凝胶渗透色谱法。

各种方法都有其优缺点和适用的相对分子质量范围，以及相对分子质量的统计平均值种类。表 4-1 对各种测试方法进行了综合比较。

表 4-1　不同平均相对分子质量测定方法及其适用范围

序号	方法	相对分子质量范围	测量平均值
1	渗透压法（membrane osmometry）	$2\times10^4\sim5\times10^5$	$\bar{M}_n$
2	沸点升高（boiling point elevation）法	$<3\times10^4$	$\bar{M}_n$
3	凝固点降低（freezing point depression）法	$<3\times10^4$	$\bar{M}_n$
4	等温蒸馏（isothermal distillation）法	$<3\times10^4$	$\bar{M}_n$
5	蒸气压渗透法（vapor pressure osmometry）	$<3\times10^4$	$\bar{M}_n$
6	端基分析（end group analysis）法	$<3\times10^4$	$\bar{M}_n$
7	光散射（light scattering）法	$1\times10^4\sim1\times10^7$	$\bar{M}_w$
8	沉降平衡（sedimentation equilibrium）法	$1\times10^4\sim1\times10^6$	$\bar{M}_w$、$\bar{M}_z$
9	黏度（viscosity）法	$1\times10^4\sim1\times10^7$	$\bar{M}_\eta$
10	凝胶渗透色谱法（gel permeation chromatography）	$1\times10^3\sim5\times10^6$	$\bar{M}_n$、$\bar{M}_w$、$\bar{M}_z$
11	飞行时间质谱法（time-of-flight mass spectrometry）	$1\times10^2\sim1\times10^7$	$\bar{M}_n$、$\bar{M}_w$、$\bar{M}_z$

下面详细介绍几种在溶液中测定相对分子质量的方法。

4.3.1　端基分析法

如果聚合物的化学结构已知，每个高分子链末端有一个或 x 个可以用化学方法分析的基团，那么一定质量试样中端基的数目就是分子链数目的 x 倍。所以，从化学分析的结果就可以计算相对分子质量，即

$$M = \frac{w}{n} = \frac{w}{n_t/x} = \frac{xw}{n_t} \tag{4-13}$$

式中，w 为试样质量；n 为样品物质的量；n_t 为被分析的端基基团的物质的量；x 为每条高分子链含有的端基数。

例如，聚己内酰胺 $NH_2(CH_2)_5CO[NH(CH_2)_5CO]_nNH(CH_2)_5COOH$ 线型分子，一端是氨基，一端是羧基，链中间没有氨基和羧基，用酸碱滴定法滴定氨基或羧基的物质的量，可知高分子链的物质的量，从而可计算出相对分子质量。

然而，试样的相对分子质量越大，单位质量聚合物所含端基数就越少，测定的精度就越差，所以端基分析法只适用于平均相对分子质量小于 3×10^4 的高聚物。

假如高分子有支化或交联，或者是其他原因导致端基数与分子链数关系不确定，则不能使用端基分析法，因为得不到真正的相对分子质量。对于多分散聚合物试样，用端基分析法测得的平均相对分子质量是聚合物试样的数均相对分子质量。

4.3.2　沸点升高法和凝固点降低法

稀溶液的沸点升高、凝固点下降、蒸气压下降、渗透压的数值等仅与溶液中的溶质数有关，而与溶质的本性无关，这些性质被称为稀溶液的依数性。

在溶液中加入不挥发性的溶质后，溶液的蒸气压会低于纯溶剂的蒸气压，使得溶液的沸点升高及凝固点降低。通过热力学推导可以得知，溶液的沸点升高值 ΔT_b、凝固点降低值 ΔT_f 与溶液的浓度成正比，而与溶质的相对分子质量成反比，即

$$\Delta T_{\mathrm{b}} = K_{\mathrm{b}} \frac{c}{M} \tag{4-14}$$

$$\Delta T_{\mathrm{f}} = K_{\mathrm{f}} \frac{c}{M} \tag{4-15}$$

式中，c 为溶液的浓度；M 为溶质的相对分子质量；K_{b} 和 K_{f} 分别为溶剂的沸点升高常数和凝固点降低常数，即

$$K_{\mathrm{b}} = \frac{RT_{\mathrm{b}}^2}{1000\Delta H_{\upsilon}}, K_{\mathrm{f}} = \frac{RT_{\mathrm{f}}^2}{1000\Delta H_{\mathrm{f}}}$$

式中，T_{b} 和 T_{f} 分别为溶剂的沸点和凝固点；ΔH_{υ} 和 ΔH_{f} 分别为每克溶剂的蒸发热和熔融热。

　　对于小分子的稀溶液，通过式（4-14）和式（4-15）即可直接计算相对分子质量。然而，高分子溶液的热力学性质与理想溶液有很大偏差，只有在无限稀释的情况下才符合理想溶液的规律。因此，可以在各种条件下测定溶液的沸点升高ΔT_{b} 和凝固点降低ΔT_{f} 的数值，然后以 $\Delta T_{\mathrm{b}}/c$ 对 c 作图并外推，来计算相对分子质量，所测得为数均相对分子质量。由于温差测量精度的限制，平均相对分子质量测量的上限为 3×10^4。

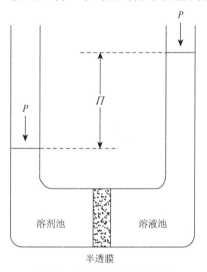

图 4-3　渗透压原理示意图

4.3.3　渗透压法

　　一个半透膜的孔可以让溶剂通过，而溶质不能通过，用该膜将一个容器分割成两个池，左侧为纯溶剂，右侧为溶液，开始时液面一样高，则溶剂会通过半透膜渗透到溶液中去，使溶液池的液面上升，溶剂池的液面下降。当两边液面差达到某一定值时，溶剂不再进入溶液池，最后达到渗透平衡状态（图 4-3）。渗透平衡时两边液体的压力差称为溶液的渗透压，用 $\varPi$ 表示，单位是 dyn/cm^2（1dyn/cm^2 = 0.1Pa）。

　　溶剂和聚合物溶液之间产生的化学势的差异会导致溶剂液体通过膜，使溶液池的液面升高。

　　渗透压的产生是由于溶液的蒸气压降低。因为纯溶剂的化学势比溶液中溶剂的化学势要大，两者的差值为

$$\Delta \mu_1 = \mu_1 - \mu_1^0 = RT \ln(p_1/p_1^0) \tag{4-16}$$

式中，μ_1^0 为纯溶剂的化学势；μ_1 为溶液中溶剂的化学势；p_1^0 和 p_1 分别为对应的蒸气压。

　　溶液的蒸气压降低所导致的溶剂化学势降低，驱动着溶剂自溶剂池像向溶液池中渗透。随着这种渗透过程的进行，溶液池一侧的液面升高，从而使半透膜两侧所受到的流体静压力产生差别。溶剂池中溶剂受到的静压力为 P，溶液池中溶剂受到的静压力为 $(P+\varPi)$，两者受到的静压力不同，它们的化学势也不同，其差值为

$$\Delta \mu_1 = \tilde{V}_1 P - \tilde{V}_1 (P+\varPi) = -\tilde{V}_1 \varPi \tag{4-17}$$

式中，$\tilde{V}_1$ 为溶剂的偏摩尔体积。式（4-17）中的$\Delta \mu_1$ 是液体总压力增加而导致的溶剂化学势增加值，而式（4-16）中所表示的是溶剂的浓度（蒸气压）降低所导致的溶剂化学势降低值。当此两者的数值相等时，溶剂在半透膜两侧的化学势相等，渗透过程达到平衡。所以

$$\Delta \mu_1 = -\tilde{V}_1 \varPi = RT \ln(p_1/p_1^0)$$

又因为

$$p_1 = p_1^0 x_1$$

上式可写成

$$\tilde{V}_1 \Pi = -RT \ln x_1 = -RT \ln(1 - x_2) = RT x_2 = RT \frac{n_2}{n_1 + n_2}$$

式中，x_1 和 x_2 分别为溶液中溶剂和溶质的摩尔分数；n_1 和 n_2 分别为它们的物质的量。对于稀溶液，n_2 很小，上式可近似写成

$$\Pi = RT \frac{n_2}{\tilde{V}_1 n_1} = RT \frac{c}{M} \tag{4-18}$$

式（4-18）称为范托夫（van't Hoff）方程，c 为溶液的浓度，g/cm^3；M 为溶质的相对分子质量。对高分子化合物而言，在一定的温度下测定已知浓度的溶液的渗透压 Π，可以求出溶质的相对分子质量 M。用渗透法测定 Π 是测定两个溶液池上的液面高度差 h，根据溶剂的密度 ρ 和重力加速度 g，可算出 Π 值（$\Pi = h\rho g$）。然而高分子溶液的 Π/c 与 c 有关，可用式（4-19）表示

$$\frac{\Pi}{c} = RT \left(\frac{1}{M} + A_2 c + A_3 c^2 + \cdots \right) \tag{4-19}$$

式中，A_2 和 A_3 分别称为第二、第三位力系数，它们表示实际溶液与理想溶液的偏差。

$$\Pi_{c \to 0} = \sum (\Pi_i)_{c \to 0} = RT \sum \frac{c_i}{M_i} = RTc \frac{\sum \frac{c_i}{M_i}}{\sum c_i} = RTc \frac{\sum n_i}{\sum n_i M_i} = RT \frac{c}{M_n} \tag{4-20}$$

所以用渗透压法测得的相对分子质量是高分子的数均相对分子质量，与依数性有关。

渗透压法可测定的相对分子质量范围有一定限度。当相对分子质量太大时，溶质分子减少而使渗透压值降低，测得的相对误差较大；当相对分子质量太小时，溶质分子能够穿过半透膜而使测定不可靠。在测定前可用一系列相对分子质量已知的窄分布的标准样品进行膜的选择。

渗透压法除了可测定数均相对分子质量外，还可测定第二位力系数 A_2，如果选择合适的温度和合适的溶剂，总会使体系的 A_2 为零，即式（4-19）还原成式（4-18）。这时的温度称为 θ 温度（或 Flory 温度），这时的溶剂称为 θ 溶剂，这时的溶液相当于高分子的理想溶液。

渗透压法的一个固有问题是膜的性能，没有膜是完全禁止小分子和任何较小的聚合物分子通过的，因此，测得的 $\bar{M}_n$ 值偏高。所以，只有聚合物的平均相对分子质量大于 2×10^4，渗透压法才能准确测量，平均相对分子质量的测量上限为 5×10^5。对于低平均相对分子质量（$< 2 \times 10^4$）的低聚物和聚合物，另一种称为蒸气压渗透（VPO）法的技术是首选，特别是对于相对分子质量小于 10 000 的样品。

4.3.4　蒸气压渗透法

将高聚物加入一种溶剂中时，随着溶剂活性的增加，溶剂的蒸气压会减小。溶剂蒸气压的改变量（$\Delta p = p_1 - p_1^0$）与这种高聚物的数均相对分子质量 $\bar{M}_n$ 之间存在一定关系：

$$\lim_{c \to 0} \left(\frac{\Delta p}{c} \right) = -\frac{p_1^0 V_1^0}{\bar{M}_n} \tag{4-21}$$

式中，p_1^0 和 V_1^0 分别为蒸气压和溶液的体积。

从 Δp 和 $\bar{M}_n$ 的关系可以看出，当 $\bar{M}_n$ 发生变化时，溶剂蒸气压的改变量 Δp 非常小。即使

是相对分子质量很小的聚合物，Δp 也是非常小的。因此，要想直接测量蒸气压进而测出高聚物的相对分子质量是不科学的。商业上常用的方法是热电方法，间接地测量溶剂的蒸气压，从而测出高聚物的相对分子质量。

如图 4-4 所示，在恒温密闭的容器内充有某种溶剂的饱和蒸汽，这时，如将一滴不挥发溶质的溶液滴 1 和另一纯溶剂滴 2 悬在这个饱和蒸汽中，由于溶液滴中溶质的蒸气压较低，就会有溶质分子从饱和蒸汽相中跑出来凝聚到溶液滴上，并放出凝聚热，使溶液滴的温度升高，纯溶剂滴的挥发速度与凝聚速度相等，温度不发生变化。平衡时，溶液滴与纯溶剂滴的温差 ΔT 和溶液中溶质的摩尔分数 x_2 成正比，即

$$\Delta T = Ax_2$$
$$x_2 = n_2/(n_1 + n_2)$$

式中，A 为常数；n_1 和 n_2 分别为溶剂、溶质的物质的量。

对于稀溶液，因为 $n_1 \geqslant n_2$，所以

$$x_2 = cM_1/M_2$$

式中，M_1 和 M_2 分别为溶剂、溶质的相对分子质量；c 为溶液的质量浓度。

因而有

$$\Delta T = AcM_1/M_2$$

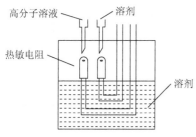

图 4-4 蒸气压渗透计工作原理

VPO 装置包括恒温室、热敏元件和点测量系统（图4-4）。恒温室的恒温要求一般在 0.001℃ 以内。热敏元件目前多采用热敏电阻，溶剂滴和溶液滴的两个热敏电阻要求很好地匹配，电信号的测量用直流电桥，即两只热敏电阻 R_1 和 R_2 组成惠斯顿电桥的两个峭臂，温差引起热敏电阻阻值变化导致电桥失去平衡，输出的信号表示检测器的偏转格数 ΔG，利用 ΔG 与 n 呈线性关系可得

$$\Delta G = Kc/M_2$$

式中，K 为仪器常数，其值与桥电压、溶剂、温度等有关。由以上讨论可知，如果已知 K 和 c，则可通过实测 ΔG 求得 M_2。

4.3.5 光散射法

光散射法是研究高分子溶液的一种重要方法。光是一种电磁波，其电场和磁场的振动方向互相垂直且同时垂直于光的传播方向。当一束光（入射光）通过质点（原子或分子）时，因为质点的分子是由原子组成的，而原子具有原子核和核外电子，在光波的电场作用下，分子中的电子产生强迫振动，成为二次波源，向各个方向发射电磁波，这种波就称为散射光。散射光方向与入射光方向间的夹角称为散射角，用 θ 表示。发出散射光的质点称为散射中心。散射中心与观察点之间的距离称为观测距离，用 r 表示。

对于溶液来说，散射光的强度及其对散射角和溶液浓度的依赖性与溶质的相对分子质量、分子尺寸及分子形态有关。通常，高分子溶液的散射光强度远远大于纯溶剂的散射光强度，而且，散射光强度随溶质相对分子质量和溶液浓度的增大而增大。由光学原理可知，光的强度 I 与光的波幅 A 的平方成正比，而波幅是可以叠加的。因此，研究散射光的强度，必须考虑散射光是否干涉。若从溶液中某一分子发出的散射光与从另一分子所发出的散射光相互干涉，称为外干涉。若从分子中的某一部分发出的散射光与从同一分子的另一部分发出的

散射光相互干涉，称为内干涉。在测量时尽量避免外干涉，即把溶液配稀一些。对于相对分子质量小于 10^5 的高分子稀溶液，溶质的分子尺寸比入射光的波长小得多，小于 $\lambda/20$，不会产生内干涉，则由分子的各部位所发出的散射光波称为不相干波。溶质的散射光强度是各个质点散射光强度的加和。测到散射光强度只与高分子的相对分子质量，以及链段与溶剂的相互作用有关。由光的电磁波理论和涨落理论，可导出每单位体积溶液中溶质的散射光强度，即

$$I = \frac{4\pi^2}{\lambda^4} n^2 \left(\frac{\partial n}{\partial c}\right)^2 \frac{kTcI_0}{\partial \Pi / \partial c} \tag{4-22}$$

式中，I、I_0 分别为散射和入射光的强度；k 为 Boltzmann 常量；T 为温度；λ、n、$\partial n/\partial c$、c 和 Π 分别为光的波长、溶液的折光指数、折光指数增量、溶液的浓度和渗透压。根据渗透压公式

$$\Pi = cN_A kT \left(\frac{1}{M} + A_2 c + \cdots\right) \tag{4-23}$$

可得

$$\frac{\partial \Pi}{\partial c} = N_A kT \left(\frac{1}{M} + 2A_2 c + \cdots\right) \tag{4-24}$$

光散射遵循公式

$$\frac{1 + \cos^2 \theta}{2} \frac{kc}{R_\theta \sin \theta} = \frac{1}{\overline{M}P_\theta} + 2A_2 c + \cdots \tag{4-25}$$

定义单位散射体积所产生的散射光强度 I 与入射光强度 I_0 之比乘以观测距离 r 的平方为瑞利因子，用 R_θ 表示，即

$$R_\theta = \frac{r^2 I}{I_0} \tag{4-26}$$

令

$$k = \frac{4\pi^2}{N_A \lambda^4} n^2 \left(\frac{\partial n}{\partial c}\right)^2$$

在小角度下，散射光的角度依赖性很小，因此数据处理可以不对角度外推，只需在不同浓度下测定剩余瑞利比，以 kc/R_θ 对浓度 c 作图，其截距为 $1/M$，斜率为 $2A_2$，即

$$kc/R_\theta = 1/M + 2A_2 c + \cdots \tag{4-27}$$

小角激光光散射具有如下特点：①光源能量集中，光束细，强度高，使散射体积和池体积均大大缩小，节省样品，灰尘干扰小，测定精度提高；②可以在很小的角度（2°~7°）下进行，避免了因角度外推造成的误差，数据处理也简便。其测量重均相对分子质量的范围为 $1 \times 10^4 \sim 1 \times 10^7$。

4.3.6　飞行时间质谱法

传统的质谱（mass spectrometer，MS）方法只能测定一些相对分子质量较小的能够在离子源中被气化的化合物。为解决生物大分子和合成聚合物不能气化的问题，需要采用新的质谱技术——基质辅助激光解析电离飞行时间质谱（MALDI-TOF-MS）。该技术为生物大分子和合成聚合物的相对分子质量和相对分子质量分布的研究提供了良好的手段。它是将样品物质均匀地包埋在特定机制中，置于样品靶上，在脉冲式激光的作用下，受激物质吸收能量，在极短时间内气化，同时将样品分子投射到气相并得到电离。在这个过程中，由于激光的加热

速度极快和基质的辅助作用，避免了样品分子的热分解，从而观察到分子离子峰，而且很少有碎片离子，尤其是对合成聚合物，主要观察到的是单电荷分子离子。因此，基质辅助激光解析电离技术和飞行时间质谱结合能够精确测定聚合物样品的绝对分子质量，进而得到聚合物中单体单元、端基和相对分子质量分布等信息。

4.3.7 黏度法

广泛用于常规相对分子质量测定的方法是基于特性黏度的测定，基于相对分子质量与特性黏度的 Mark-Houwink 方程：

$$[\eta] = K\bar{M}_\eta^a$$

其中，$\bar{M}_\eta$ 为离散型分布的高分子的黏均相对分子质量，即

$$\bar{M}_\eta = \left[\sum_{i=1}^{N} N_i M_i^{1+a} \bigg/ \left(\sum_{i=1}^{N} N_i M_i \right) \right]^{1/a}$$

式中，K 和 a 称为 Mark-Houwink 常数。

溶液的黏度与聚合物的相对分子质量有关，同时与聚合物分子的结构、形态和在溶剂中的扩张程度有关。因此，黏度法测相对分子质量只是一种相对方法。用黏度法测定高分子的相对分子质量时，需要的并不是溶液的绝对黏度，而是溶液的黏度随着高分子在溶液中浓度的增加很快上升的 η 值。常用的黏度表示法主要有以下几种。

1）相对黏度（relative viscosity）

$$\eta_r = \eta / \eta_0$$

表示溶液黏度 η 相当于纯溶剂黏度 η_0 的倍数，是一个量纲为一的量。

2）增比黏度

$$\eta_{sp} = \frac{\eta - \eta_0}{\eta_0} = \eta_r - 1$$

表示溶液的黏度比纯溶剂的黏度增加的倍数，也是一个量纲为一的量。

3）比浓黏度

$$\eta_{red} = \frac{\eta_{sp}}{c} = \frac{\eta_r - 1}{c}$$

表示浓度为 c 的情况下，单位浓度增加对溶液增比黏度的贡献。

4）比浓对数黏度（inherent viscosity）

$$\frac{\ln \eta_r}{c} = \frac{\ln(1 + \eta_{sp})}{c}$$

表示浓度为 c 的情况下，单位浓度增加对溶液相对黏度自然对数值的贡献。

5）特性黏度

$$[\eta] = \lim_{c \to 0} \frac{\eta_{sp}}{c} = \lim_{c \to 0} \frac{\ln \eta_r}{c}$$

表示高分子溶液黏度趋于 0 时，单位浓度的增加对溶液增比黏度、相对黏度对数的贡献。其数值不随溶液浓度大小而变化，但随浓度的表示方法而异。

由以上方法测定的相对分子质量均是黏均相对分子质量。在实际中，由不同浓度获得折

合黏度不是直接通过测量溶剂和溶液的黏度,而是在一个小的玻璃毛细管中分别测量稀溶液和纯溶剂流经一段距离所需的时间(图4-5),即

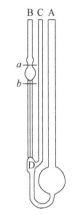

$$\eta_r = \frac{t - t_0}{t_0}$$

式中,t 和 t_0 分别为稀溶液和纯溶剂流经一段距离所需的时间。

4.3.8 凝胶渗透色谱法

图4-5 乌氏黏度计

凝胶渗透色谱法(GPC)也称体积排除色谱法,所用仪器实际上就是一台高效液相色谱仪(HPLC),主要配置有输液泵、进样器、色谱柱、浓度检测器和计算机数据处理系统。GPC 与 HPLC 所用色谱柱的种类(性质)不同,二者的分离机理也不同:HPLC 根据被分离物质中各种分子与色谱柱中填料之间的亲和力不同而得到分离,GPC 的分离则是体积排除机理起主要作用。

GPC 色谱柱填装的是多孔凝胶(如最常用的高度交联的聚苯乙烯凝胶)或多孔微球(如多孔硅胶和多孔玻璃球),它们的孔径大小具有一定的分布,并与待分离的聚合物分子尺寸可相比拟。

当被分析的样品通过输液泵随着流动相以恒定的流量进入色谱柱后,体积比凝胶孔穴尺寸大的高分子不能渗透到凝胶孔穴中而受到排斥,只能从凝胶粒间流过,最先流出色谱柱,即其淋出体积(或时间)最小;中等体积的高分子可以渗透到凝胶的一些大孔中而不能进入小孔,比体积大的高分子流出色谱柱的时间稍后且淋出体积稍大;体积比凝胶孔穴尺寸小得多的高分子能全部渗透到凝胶孔穴中,最后流出色谱柱且淋出体积最大,如图4-6所示。

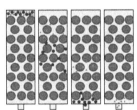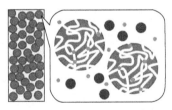

• 体积比凝胶孔穴尺寸大的高分子　　　• 体积比凝胶孔穴尺寸小得多的高分子

图4-6 GPC 分离过程示意图

假定颗粒内部的孔穴体积为 V_i,颗粒的粒间体积为 V_0,$(V_i + V_0)$ 是色谱柱内的空间。高分子的淋出体积 V_e 在不同情况下其大小不同。

(1)高分子的体积大于孔穴体积

$$V_e = V_0$$

(2)高分子的体积很小

$$V_e = V_0 + V_i$$

(3)高分子的体积中等大小

$$V_e = V_0 + KV_i$$

$$K = \frac{V_e - V_0}{V_i}$$

式中,K 为分配系数。

因此，聚合物的淋出体积与高分子的体积即相对分子质量的大小有关，相对分子质量越大，淋出体积越小。分离后的高分子按相对分子质量从大到小被连续地淋洗出色谱柱并进入浓度检测器。

浓度检测器不断检测淋洗液中高分子级分的浓度。常用的浓度检测器为示差折光仪，其浓度响应是淋洗液的折光指数与纯溶剂（淋洗溶剂）的折光指数之差，由于在稀溶液范围内，其与溶液浓度成正比，所以直接反映了淋洗液的浓度，即各级分的含量。图 4-7 是典型的 GPC 谱图。

图 4-7 中纵坐标相当于淋洗液的浓度，横坐标淋出体积 V_e 表征着高分子尺寸的大小。如果把横坐标 V_e 转换成相对分子质量 M 就成了相对分子质量分布曲线。为了将 V_e 转换成 M，要借助 GPC 校正曲线。实验证明，在多孔填料的渗透极限范围内 V_e 和 M 有如下关系：

$$\lg M = A - BV_e$$

式中，A、B 为与聚合物、溶剂、温度、填料及仪器有关的常数。

一组已知相对分子质量的单分散性聚合物标样，在与未知试样相同的测试条件下得到一系列 GPC 谱图，以它们的峰值位置的 V_e 对 $\lg M$ 作图，得如图 4-8 所示的直线，即 GPC 校正曲线。

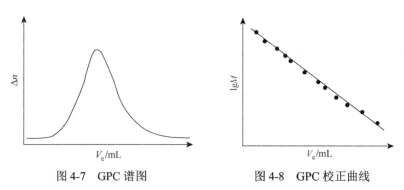

图 4-7　GPC 谱图　　　　　　图 4-8　GPC 校正曲线

有了校正曲线，即可根据 V_e 读得相应的相对分子质量。一种聚合物的 GPC 校正曲线不能用于另一种聚合物，因而用 GPC 测定某种聚合物的相对分子质量时，需先用该种聚合物的标样测定校正曲线。但是除了聚苯乙烯、聚甲基丙烯酸甲酯等少数聚合物的标样外，大多数聚合物的标样不易获得，多数时候只能借用聚苯乙烯的校正曲线，因此测得的相对分子质量有误差，只具有相对意义。

用 GPC 方法不但可以得到相对分子质量分布，还可以根据 GPC 谱图求算平均相对分子质量和多分散性指数，特别是当今的 GPC 仪都配有数据处理系统，可与 GPC 谱图同时给出各种平均相对分子质量和多分散性指数，无需人工处理。

习　　题

1. 由三种单分散聚苯乙烯混合而成的多分散聚苯乙烯样品如下：

1g　　M_1　　10 000
2g　　M_2　　50 000
2g　　M_3　　100 000

计算混合样品的数均相对分子质量、重均相对分子质量和多分散性指数。
2. 如何利用蒸气压渗透法获得数均相对分子质量？
3. 凝胶渗透色谱法的基本原理是什么？

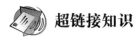

超链接知识

凝胶渗透色谱的发展

凝胶渗透色谱是 20 世纪 60 年代发展起来的一种分离技术，它是液相分配色谱的一种。凝胶渗透色谱的分离基础是溶液中溶质分子的体积（流体力学体积）大小不同。溶质分子的淋洗体积（在色谱柱中的保留体积）主要取决于分子尺寸、填料孔径、孔度和柱容积等物理参数，而不依赖于试样、流动相和固定相三者之间的相互作用。因此，凝胶渗透色谱对流动相的要求不高、实验条件比较温和、重复性好、分析速度快、溶质回收率高，这些优点使凝胶渗透色谱在很多情况下具有独特的分离效果。由于它具有按溶质分子体积大小分离的独特长处，在很多领域取得了迅速的发展和日益广泛的应用。凝胶渗透色谱是测定高聚物相对分子质量和相对分子质量分布强有力的工具。随着液相色谱技术的发展，特别是各种微孔径高效凝胶填料的问世，凝胶渗透色谱还越来越多地用于分离测定小分子混合物及其组成，在石油产品和添加剂、原油、合成油、表面活性剂、医药、农药、助剂、涂料、化工产品、生物化学品、煤液化产物、食品及代谢产物、环境污染物组成分析和结构性能研究及控制分析等方面得到了广泛的应用。近年来，凝胶渗透色谱法作为一种样品前处理技术，还被广泛地应用于生物、环境、医药等样品的前处理分离和净化。

凝胶渗透色谱的发展历史最早可以追溯到 1925 年，Lugere 在研究黏土对离子的吸附作用时，发现有可能按离子体积大小把它们分开，这一发现迈出了分子筛和离子交换法分离的重要一步；1926 年，Mcbain 利用人造沸石成功地分离气体分子和低相对分子质量的有机化合物；1930 年，Friedman 将琼脂凝胶用于分离工作；1944 年，Claesson 等在活性炭、氢氧化铝和碳酸钙等吸附剂上分离了硝化纤维素、氯丁橡胶聚合物，得到了较好的结果；1953 年，Wheaton 和 Bauman 用离子交换树脂按分子大小分离了苷、多元醇和其他非离子物质；之后，Lathe 和 Ruthvan 用淀粉粒填充的柱子分离了相对分子质量为 150 000 的球蛋白和相对分子质量为 67 000 的血红蛋白。虽然，上述利用多孔性物质按分子体积大小进行分离的方法很早就用于分离低相对分子质量非离子型的物质，但是并未引起人们足够的重视。直到 1959 年，Porath 和 Flodin 用交联的缩聚葡萄糖制成凝胶来分离水溶液中不同相对分子质量的物质，如蛋白质、核酸、激素、酶、病毒和多糖等，才正式以"凝胶过滤"一词表示这一分离过程。这类凝胶立即以商品名称"Sephadex"出售，在生物化学领域得到非常广泛的应用，这是凝胶色谱技术在水溶性试样的分离中首次取得推广应用，凝胶渗透色谱法由此正式诞生。

然而，在非水体系方面的凝胶渗透色谱，由于填料、检测、输液等方面的技术还相当落后，特别是当时还没有研制出适用于有机溶剂体系的填料，因而该技术并没有取得多大的进展。直到 1964 年，Moore 在总结了前人经验和结合大网状结构离子交换树脂制备经验的基础上，在各种稀释剂存在下，以苯乙烯和二乙烯基苯共聚制成了一系列孔径大小不同的高渗透性疏水交联聚苯乙烯凝胶，可以在有机溶剂中分离相对分子质量从几千到几百万的试样，才把这一技术真正从水溶液体系扩展到有机溶剂体系，大大地扩大了相对分子质量分离范围。1965 年，Maly 以示差折光仪为浓度检测器、以体积指示器为相对分子质量检测器制成凝胶渗透色谱仪，接着凝胶色谱技术很快就在高分子科学领域被广泛应用。作为一种快速的相对分子质量和相对分子质量分布测定方法，凝胶色谱技术取得了很好结果，并被誉为相对分子质量和相对分子质量分布测定方面一项技术上的重要突破。凝胶色谱作为一个非常活跃的研究课题，无论在凝胶制备、仪器技术性能、数据处理还是在理论研究上都取得了较大进展。它的应用范围逐步从生物化学、高分子化学、无机化学向其他领域渗透，已经成为化学领域内一种重要的分离手段。

进入 20 世纪 80 年代以后，由于高效液相色谱技术的发展，微粒（粒径小于 $10\mu m$）凝胶的制成、计算机技术在凝胶渗透色谱仪上的匹配和使用，使凝胶渗透色谱的实验操作技术、数据处理、结果的记录打印更趋于仪器化和自动化，从而大大缩短了分析时间。凝胶渗透色谱进入了高效凝胶渗透色谱发展阶段。凝胶渗透色谱的应用除了深入高分子化学领域的各个方面外，由于高效微粒填料的制成，已越来越多地用于分离测定小分子化合物及其组成；由于它具有按溶质分子体积大小分离的独特长处，还被广泛用于生物样品的前处理。

由于历史原因，凝胶色谱的理论发展、实验技术和应用开发主要在生物化学和高分子化学领域，对这项技术不同工作者采用了不同的命名，从而造成了文献中命名方面的混乱。文献中用过的名称有：凝胶过滤（gel filtration）、分子筛过滤（molecular sieve filtration）、分子筛色谱（molecular sieve chromatography）、排除色谱（exclusion chromatography）、分子排除色谱（molecular exclusion chromatography）、凝胶排除色谱（gel exclusion chromatography）、有限扩散色谱（restricted diffusion chromatography）、凝胶扩散色谱（gel diffusion chromatography）、体积色谱（steric chromatography）、凝胶渗透色谱（gel permeation chromatography）、液体排除色谱（liquid exclusion chromatography）、凝胶色谱（gel chromatography）和尺寸排阻色谱（size exclusion chromatography）。一般来说，在生物化学领域中常用的名称是凝胶过滤，在高分子化学领域中常用的名称是凝胶渗透色谱。

光 散 射 法

当我们避开太阳朝天空张望时，看到的是蔚蓝的天空，这就是说，在那个方向的天空有光线射入我们的眼帘。从太阳发射过来的光线在天空的某个地方改变了方向，不然的话，我们所能看到的一切，就只不过是星际空间的黑暗，或者是来自某个遥远星辰的亮光。原来，当光线穿过地球周围的大气时，它的一些能量就向四面八方反射，这样的过程就是散射。因此，光波在遇到大气分子或气溶胶粒子等时，便会与它们发生相互作用，重新向四面八方发射出频率与入射光相同但强度较弱的光（称为子波），这种现象称为光散射。子波称为散射光，接受原入射光并发射子波的空气分子或气溶胶粒子称为散射粒子。当散射粒子的尺度远小于入射光的波长时（如大气分子对可见光的散射），称为分子散射或瑞利散射，散射光分布均匀且对称。当散射粒子的尺度与入射光波长可比拟时（如飘尘粒子对可见光的散射），散射光的强度分布不对称而是分布复杂，称为米散射。光散射法在可吸入颗粒物浓度快速检测领域得到广泛的应用。

凝胶渗透色谱/多角度激光光散射仪联用技术测定聚合物的绝对分子质量

1）仪器组成

Wyatt DAWN HELEOS II（十八角度激光光散射检测器）、Wyatt ViscoStar II（黏度检测器）、Waters 1515单元泵、示差折光检测器和柱温箱。

2）检测原理

光散射法是测定高分子物质重均相对分子质量的绝对方法。高分子溶液可视为不均匀介质，当光通过它时，入射光的电磁波诱导高分子成为振荡偶极子，并产生强迫振动作为二次光源发出散射光。高分子溶液的散射光强度远远高于其溶剂，并且强烈依赖于高分子的相对分子质量、链形态、溶液浓度、散射光角度和折光指数增量等基本参度，从而得到高分子物质的绝对分子质量。

凝胶渗透色谱可将溶剂中的高分子物质按照相对分子质量的大小依次洗脱出来。利用光散射仪与凝胶渗透色谱联用技术，除了可以得到物质的平均相对分子质量，还可以测得不同的高分子物质的分布及相应的相对分子质量大小，并且不需要使用结构相似的标准样品做标准曲线。

在直接测定高分子物质的绝对分子质量的同时，由于联用了黏度检测器和示差折光检测器，还可得到特性黏度、均方回旋半径等重要参数。

3）应用

光散射强度与分子大小直接相关，凝胶渗透色谱能分离不同相对分子质量大小的高分子物质，结合这两种特性可得到许多重要信息，已经被广泛应用于高分子化学、生物化学等众多研究领域。

（1）高分子物质的相对分子质量的测定。不需要标准样品、校正曲线及任何假设，即可直接求得高聚物、多糖、蛋白质等多种高分子物质的绝对分子质量。测定范围广泛，可达 $10^3 \sim 10^7$，且采用十八角度激光光散射检测器，准确度高。

（2）多组分高分子物质的平均相对分子质量及其相应组分对应的绝对分子质量的测定。不仅可以单机操作测定混合物质的平均相对分子质量，还可结合凝胶渗透色谱分离技术，测定相对分子质量不同的各个不同组分的绝对分子质量。

（3）高分子物质的折光指数增量、均方回旋半径、第二位力系数等重要参数和重均相对分子质量、数均相对分子质量等多种不同相对分子质量的测定，可得到分子的分枝程度等形态特征，研究高分子物质与溶剂的相互作用，研究高分子物质的聚合与降解作用等。

第 5 章　高聚物的分子运动

　　高分子物理学的基本内容是研究高分子结构和性能之间的关系。不同物质结构不同，在相同外界条件下，分子的运动形式不同，分子运动单元不同，表现出的性能也不同。高分子的微观结构决定着聚合物材料的基本性能，聚合物材料的基本性能又是高分子微观结构的宏观表现，而高分子的分子运动是联系微观结构和各种宏观性质的桥梁。因此在建立结构和性能的关系时，研究高分子的分子运动是十分重要的。

　　从前面所学知识已经知道，高分子的结构与小分子不同，有其自身的特点，它的运动与转变也有着自身的特点。

5.1　高聚物分子热运动

5.1.1　运动单元的多重性

　　高分子结构的复杂性使其运动单元具有多重性。除了高分子主链可以运动外，分子链内的侧基、支链、链节、链段等都可以产生相应的运动。整链运动是高分子链质量中心的移动，熔体的流动就是整链运动，高分子的结晶过程也是整链运动。高分子的链段运动是指整个高分子的质心不变，一部分链段通过单键内旋转而相对于另一部分链段运动，使大分子可以伸展或卷曲，链段运动反映在性能上即为橡胶的高弹性。高分子的整链运动是通过各个链段的协同移动来实现的。较重要的链节运动有 $n \geqslant 4$ 主链中的曲柄运动，以及杂链高分子主链的杂链节运动。侧基与支链的运动多种多样，如与主链直接相连的甲基的转动，苯基、酯基的运动，较长支链的运动等。这些比链段运动需要能量更低的运动简称次级松弛。

　　对于某些晶态聚合物来说，在其晶区也存在分子的运动，如晶形转变、晶区缺陷的运动、晶区中的局部松弛模式、晶区折叠链的"手风琴式运动"（accordion vibration）等。

　　几种运动单元中，按照运动单元的大小，可以把高分子的运动单元分为大尺寸和小尺寸两种。整个高分子链单元称为大尺寸运动单元，链段及链段以下尺寸单元称为小尺寸运动单元。根据小分子的习惯，有时人们将大尺寸的运动称为布朗运动，各种小尺寸的运动称为微布朗运动。

5.1.2　高聚物分子热运动是松弛过程

　　由于高分子运动单元运动时所受的摩擦力一般很大，在一定外场（力场、电场、磁场）作用下，高分子从一种平衡态通过分子运动过渡到另一种与外界条件相适应的新的平衡态总是需要时间来慢慢完成，而不是瞬时完成，该过程称为松弛过程。因此，高分子的运动表现出时间依赖性。例如，取一段软聚氯乙烯塑料丝，用外力把它拉长 Δx，当外力除去后，它不会瞬时缩短，即 Δx 不是立刻为零，而是开始缩短较快，然后缩短的速度越来越慢，以致缩短过程持续几天或几周，并且只有用精密的仪器才能测出。

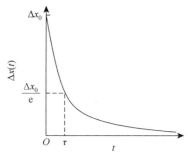

图 5-1　高分子松弛曲线

高分子材料 Δx 随时间 t 的变化如图 5-1 所示。这是因为高分子材料被拉长时，其分子也相应地从卷曲状态被拉成伸展状态，一旦外力去除后，高分子链要从伸展状态恢复到卷曲状态，还要通过各种单元的热运动来实现，而各种运动单元的运动是一个松弛过程。根据图 5-1 中松弛曲线（relaxation curve）的形状，可知 Δx 与 t 之间是指数关系：

$$\Delta x(t) = \Delta x_0 e^{-t/\tau} \tag{5-1}$$

式中，Δx_0 为外力未除前高分子增加的长度；$\Delta x(t)$ 为外力除去后，在 t 时间测出的高分子增加的长度；τ 为常数。从式中可以看出，当 $t = \tau$ 时，$\Delta x(t) = \Delta x_0/e$，也就是说 τ 是 $\Delta x(t)$ 变到等于 Δx_0 的 $1/e$ 倍时所需要的时间，τ 称为松弛时间。

松弛时间 τ 是用来描述松弛过程快慢的物理量。当 $\tau \to 0$ 时，在很短的时间内，$\Delta x(t)$ 已达到 $\Delta x_0/e$，这意味着松弛过程进行得很快，低分子液体的松弛时间很短，为 $10^{-8} \sim 10^{-10}$ s，因而它的松弛过程几乎是在瞬间完成的。在人们日常的时间标尺上是察觉不出低分子的松弛过程的，总把它看作瞬间完成的。如果松弛时间长，即要经过很长时间才能达到 $\Delta x_0/e$，就是说过程进行得很慢。因此，对指定的体系（运动单元），在给定外力、温度和观察时间标尺下，从一个平衡态过渡到另一个平衡态的快慢取决于它的松弛时间 τ 的大小。

由于高分子的相对分子质量具有多分散性，运动单元具有多重性，实际高分子的松弛时间不是单一的值，可以从与小分子相似的松弛时间 10^{-8} s 起直到几天甚至几年。松弛时间宽度是很宽的，但在一定范围内可以认为是一种连续的分布，称为"松弛时间谱"。

松弛过程除了有上述例子中的形变松弛外，还有应力松弛、体积松弛和介电松弛等。

5.1.3　高聚物分子热运动与温度的关系

高分子的运动具有温度依赖性。温度升高对高分子运动有两个作用，一是使运动单元的能量增加，令其活化（使运动单元活化所需的能量称为活化能）；二是温度升高，高分子自由体积膨胀，提供了运动单元可以活动的自由空间，因此温度升高使高分子松弛过程加快进行。高分子松弛时间与温度的关系是：

对于玻璃态高分子来说有阿伦尼乌斯方程：

$$\tau = \tau_0 \exp(\Delta E / RT) \tag{5-2}$$

式中，τ 为松弛时间；τ_0 为与温度无关的常数；R 为摩尔气体常量；ΔE 为松弛所需活化能。

但对于由链段运动引起的玻璃化转变过程，是高分子的另一类松弛过程。即对于高弹态时的高分子来说式（5-2）不适用，可应用威廉姆斯-兰德尔-费利（Williams-Landel-Ferry，WLF）半经验方程来表征松弛时间与温度的关系：

$$\ln\left(\frac{\tau}{\tau_s}\right) = \frac{C_1(T - T_s)}{C_2 + (T - T_s)} \tag{5-3}$$

式中，τ_s 为某一参考温度 T_s 下的松弛时间；C_1 和 C_2 为经验常数。通常，$C_1 = 14 \sim 18$，$C_2 = (30 \sim 70)$ K。

由上面的关系式可以看出：升高温度可使松弛时间变短，使人们可以在较短的时间就能观察到松弛现象；如果不升高温度，要想观察到这一松弛现象则只有延长观察时间。也就是说，对于同一松弛现象既可以在较低的温度下经过较长时间观察到，也可以在较高温度下经过较短时间观察到，即升温与延长观察时间对同一松弛现象来说是等效的，这就是时-温等效原理（time-temperature equivalent principle）。

但它们的机理是不一样的：升温是从内因上迫使 τ 减小，使人们可以在较短时间内观察到；延长观察时间是从外因上来观察 τ 的变化。

5.2　高聚物玻璃化转变

5.2.1　玻璃化转变现象和玻璃化转变温度的测量

玻璃化转变是高分子的普遍现象，但不是高分子特有的现象，很多物质都出现该现象。在高分子发生玻璃化转变时，许多物理性能特别是力学性能发生突变或不连续变化，如模量、比体积、热焓、比热、膨胀系数、折光指数、导热系数、介电常数（dielectric constant）、介电损耗（dielectric loss）、力学损耗、核磁共振吸收等。在只有几摄氏度的温度范围内，模量改变了几个数量级，完全改变了材料的使用性能。塑料材料在温度升高到 T_g 时，便失去了塑料的性能，变成了柔软的橡胶；而橡胶材料在温度降低到 T_g 时，便失去橡胶的高弹性，变成硬而脆的塑料。所有在玻璃化转变过程中发生显著变化或突变的物理性质都可用来测量 T_g。测量方法可以分为静态法和动态法。静态法包括热膨胀法、热分析法；动态法包括扭摆法、扭辫分析法、振簧法、黏弹谱仪法、核磁共振松弛法和介电松弛法。下面介绍几种常用的方法。

1. 利用体积变化的方法——膨胀计

该方法的原理是聚合物的体积或者比体积随 T 变化，并且在 T_g 处发生转折，因此从体积或者比体积对温度曲线的两端的直线部分外推，交点对应的温度即 T_g。有结晶能力的高分子在冷却过程中有两种情况（比体积-温度关系中的路径 1、路径 2），非晶态高分子在冷却中只有一种情况（路径 1），如图 5-2 所示。

另一种方法是更为简单的方法，即测量高分子试样的一维尺寸随温度的变化，所用的仪器称为一维膨胀计或线膨胀计。用这种方法可以非常精确地测量高分子试样的线膨胀系数随温度的变化。其他与体积变化有关的性质还有折光指数、扩散系数、导热系数和电离辐射透射率等，也可以用于 T_g 的测量。

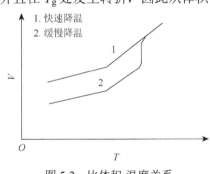

图 5-2　比体积-温度关系

2. 利用热学性质变化的方法

热分析法主要包括差热分析法和差示扫描量热法两种。差热分析的基本原理是在等速升温条件下，连续测定试样与某种热惰性物质（α-Al$_2$O$_3$）的温度差 ΔT，并以 ΔT 对试样温度作图，即得到热谱图或称差热曲线。

将试样与参比物放在同样的条件下受热：如果试样在升温过程中没有焓的突变，则试样与参比物温度一致，温差为 0；如果试样发生熔融、玻璃化转变、降解、氧化等过程，则会有一定热效应产生，温差不为 0。从曲线谱图（图 5-3）上的峰或拐点位置可确定产生这些变化时的温度，可测得 T_g。但差热分析法的定量不准，不能用来定量分析，所以又发明了差示扫描量热法。

差示扫描量热法是差热分析的改进方法，用于定量分析，其仪器如图5-4所示。补偿加热器给试样或参比物提供补充热量，以保证它们在升温测量过程中始终保持同样的温度，因而可以测定试样的吸热或放热效应及热容的变化。在差热扫描量热分析中，从曲线谱图上的峰或拐点位置可确定产生这些变化时的温度，测得 T_g。

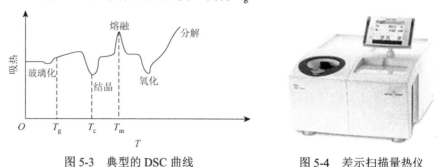

图5-3 典型的DSC曲线 图5-4 差示扫描量热仪

3. 利用力学性质变化的方法

该法是利用聚合物玻璃化转变时的形变量来测定 T_g。在玻璃化转变时，聚合物的黏弹性发生了很大变化。所以，用"应力松弛"或"蠕变"（creep）等静态黏弹性实验方法可以有效地测定 T_g，而采用动态黏弹性实验方法测定 T_g 灵敏度更高。动态力学测试方法所采用的频率较高，得到的 T_g 比静态力学测试方法及其他静态方法高出 5～15℃。

4. 利用电磁性质变化的方法

该法是利用电磁性质变化研究聚合物玻璃化转变的方法，它是研究固态高分子的分子运动的一种重要方法。在较低的温度下，分子运动被冻结，分子中的各种质子处于各种不同的状态，因此反映质子状态的 NMR 谱线很宽；而在较高的温度下，分子运动加快，质子的环境起了平均化的作用，谱线变狭窄，在发生玻璃化转变时，谱线的宽度有很大变化。

此外，工业上有几种耐热性实验的方法，耐热实验测定软化点，即塑料的最高使用温度，它虽不像玻璃化转变温度和熔点那样有明确的物理意义，但它具有实用性。对于非晶态高分子，软化点接近玻璃化转变温度，而当晶态高分子的相对分子质量足够大时，软化点接近熔点，但有时软化点与两者相差很大。软化点测定有马丁耐热温度、热变形温度、维卡软化点等。

5.2.2 玻璃化转变理论

对于玻璃化转变现象，至今尚无完善的理论可以做出完全符合实验事实的正确解释。已经提出的理论很多，下面逐一介绍。

1. 等黏度理论

该理论认为玻璃态物质具有相同的黏度。也就是说，随着聚合物熔体冷却，黏度迅速增加到最大值（10^{12}Pa·s 或 10^{13}Pa·s），之后随温度降低黏度不再发生显著变化。黏度发生急剧转变时的温度为玻璃化转变温度。小分子和高分子玻璃态材料都具有类似的现象。

2. 等自由体积理论

Fox、Flory 认为液体或固体物质的体积由两部分组成：一部分是分子占据的体积，称为已占体积；另一部分是未被占据的自由体积。自由体积以"孔穴"的形式分散于整个物质中，正是自由体积的存在，分子链才可能通过转动和位移而调整构象。等自由体积理论认为，当高分子冷却时，自由体积逐渐减小，到某一温度时将达到最低值，此时高分子进入玻璃态。在玻璃态下，由于链段运动被冻结，自由体积也被冻结，并保持一恒定值，自由体积孔穴的大小及分布也将基本维持恒定。因此对于任何高分子，玻璃化转变温度就是自由体积达到某一临界值的温度，在该临界值温度以下，已经没有足够的空间进行分子链构象的调整了。因此，高分子的玻璃态可以视为等自由体积状态。

在玻璃态下，高分子随温度升高发生的膨胀，是由正常的分子膨胀过程造成的，包括分子振动幅度的增加和键长的变化。到玻璃化转变点，分子热运动已经具有足够的能量，自由体积也开始解冻而参加到整个膨胀过程中，因此链段获得了足够的运动能量和必要的活动空间，从冻结进入运动。在玻璃化转变温度以上，除了这种正常的膨胀过程以外，还有自由体积本身的膨胀，因此高弹态的膨胀系数 α_r 比玻璃态的膨胀系数 α_g 大（α 为自由体积分数的膨胀系数）。

非晶态高分子的体积膨胀可用图 5-5 表示。

当 $T = T_g$ 时

$$V_g = V_f + V_0 + \left(\frac{\mathrm{d}V}{\mathrm{d}T}\right)_g T_g \qquad (5\text{-}4)$$

当 $T > T_g$ 时

$$V_r = V_g + \left(\frac{\mathrm{d}V}{\mathrm{d}T}\right)_r (T - T_g) \qquad (5\text{-}5)$$

式中，V_g 为玻璃化转变温度时的总体积；V_f 为低于玻璃化转变温度时的自由体积；V_r 为高于玻璃化转变温度时的总体积。

所以，当 T_g 以上某温度 T 时的自由体积为

$$V_{hf} = V_f + (T - T_g)\left[\left(\frac{\mathrm{d}V}{\mathrm{d}T}\right)_r - \left(\frac{\mathrm{d}V}{\mathrm{d}T}\right)_g\right] \qquad (5\text{-}6)$$

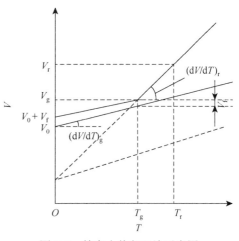

图 5-5　等自由体积理论示意图

式中，T_g 上下的膨胀率之差 $(\mathrm{d}V/\mathrm{d}T)_r - (\mathrm{d}V/\mathrm{d}T)_g$ 就是 T_g 以上自由体积膨胀率。定义单位体积的膨胀率为膨胀系数 α，则 T_g 上下的高分子膨胀系数为

$$\alpha_r = \frac{1}{V_g}\left(\frac{\mathrm{d}V}{\mathrm{d}T}\right)_r \qquad (5\text{-}7)$$

$$\alpha_g = \frac{1}{V_g}\left(\frac{\mathrm{d}V}{\mathrm{d}T}\right)_g \qquad (5\text{-}8)$$

T_g 附近自由体积的膨胀系数为 $\alpha_f = \alpha_r - \alpha_g$，于是玻璃化转变温度以上某温度 T 时的自由体积分数可由式（5-9）表示：

$$f_T = f_g + \alpha_f(T - T_g)，\quad (T > T_g) \qquad (5\text{-}9)$$

式中，f_g 为玻璃态高分子的自由体积分数，即

$$f_T = f_g，\quad (T \leqslant T_g) \qquad (5\text{-}10)$$

关于自由体积的概念存在若干不同的定义，使用时必须注意，其中较常遇到的是 WLF 方程，即

$$\lg \frac{\eta(T)}{\eta(T_g)} = -\frac{C_1(T - T_g)}{C_2 + (T - T_g)} \qquad (5\text{-}11)$$

其中，定义的自由体积 $f_g = 2.5\%$，$\alpha_f = 4.8 \times 10^{-4}\text{K}^{-1}$，$C_1 = 17.44$，$C_2 = 51.6\text{K}$。WLF 方程自由体积分数值与聚合物的种类无关，只适用于非晶态聚合物在温度范围是 $T_g \sim (T_g + 100\text{K})$ 下的各种松弛特性。利用 WLF 方程可以将某温度下测定的力学性质与时间的关系曲线沿时间轴平移一定距离 $\lg \alpha_T$，即可以得到在另一温度下的关系曲线。

另一种自由体积理论西玛博耶（Simha-Boyer）理论中，$T_g = f_{SB}/\alpha_f$，其中，$f_{SB} = 0.113$。

自由体积理论虽可以成功解释很多现象，但它也存在缺陷，主要有以下三点：

（1）玻璃化转变时没有达到真正的热力学平衡，转变温度强烈依赖于加热速度和测量的方法。T_g 对于冷却速度具有依赖性，即冷却速度不同，高分子的 T_g 也不同，此时的比体积不同，自由体积也不同，同时 T_g 以下的自由体积也不同。当对聚合物熔体进行冷却时，分子通过链段运动进行构象调整，腾出多余的自由体积，并使它们逐渐扩散出去，但是由于温度下降快（即使不太慢）时，体系黏度迅速变大，这时位置调整不能及时进行（多余的自由体积不能及时扩散到体系外面），高分子的实际体积总比该温度下最后应具有的平衡体积大，在比体积温度曲线上则偏离平衡线发生拐折。冷却速度越快，体系黏度变大越快，自由体积越难以排出体系之外，聚合物实际体积越大于平衡体积，曲线拐折越早，则对应的 T_g 越高。若冷却速度足够慢到与体系大分子链段调节速度为同一数量级（几乎不可能），则比体积将沿平衡线下降为一条直线而无拐折，因此测不出 T_g。所以玻璃化转变可以看作一种体积松弛过程，而不是热力学平衡过程。

（2）T_g 时聚合物的总体积 V_g 也不一样，因此 T_g 时的自由体积并不相等。

（3）T_g 以下聚合物的自由体积也会变化。对高分子的体积松弛研究表明，把淬火后的高分子在恒温下放置，发现高分子的体积随着放置时间的延长而不断减小，这说明自由体积逐渐减小，但减小的速度越来越慢。

3. 热力学理论

热力学研究表明，相转变过程中自由能是连续的，而与自由能一阶导数有关的性质发生不连续的变化。以温度和压力作为变量，与自由能的一阶导数有关的性质，如体积、熵及焓等在相转变过程中发生突变，则该相转变称为一级相转变，如结晶的熔融过程、液体的蒸发过程等。而与自由能二阶导数有关的性质，如压缩系数 k、膨胀系数 α 及比热容 C_p 等在相转变过程中发生不连续变化，则该相转变称为二级相转变。非晶态聚合物发生玻璃化转变时，其体积、熵及焓是连续变化，但压缩系数 k、膨胀系数 α 及比热容 C_p 等在相转变过程中发生不连续变化。因此，玻璃化转变常被看成是二级相转变，尤其早期文献中常持这种看法。实际上，玻璃化转变温度的测定过程体系不能满足热力学的平衡条件，转变过程是一个松弛过程，所得的玻璃化转变温度依赖于加热速度和测量方法。欲使体系达到热力学平衡，需要无限缓慢的加热速度和无限长的测量时间，这在实验上是做不到的。

W. Kauzmann 发现，将简单的玻璃态物质的熵往外推到低温，当温度达到绝对 0K 之前，熵已经变为 0 了；外推到 0K 时，熵变为负值。J. H. Gibbs 对上述现象进行了解释。他们认为，温度在 0K 以上某一温度，聚合物体系的平衡熵变为 0，这个温度就是真正的二级相转变温度，称为 T_2。而在 T_2 至 0K 之间，构象熵不再改变。具体地说，在高温时，高分子链可以实现的构象数目是很大的，每种构象具有一定的能量。随着温度的降低，高分子链发生构象重排，高能量的构象数越来越少，构象熵越来越低。当温度降至 T_2 时，所有分子链都调整到能量最低的那种构象。但是，高分子链的重排需要一定的时间，随着温度的降低，分子运动速度越来越慢，构象转变所需时间越来越长。为了保证所有的链都处于最低能量的构象，实验必须进行得无限缓慢，这实际上是不能实现的。因此，在正常动力学条件下，观察到的只是具有松弛特征的 T_g。

　　热力学理论的核心问题是关于熵的计算。Gibbs 和 Dimarzio 引入了两个参数 u_0 和 ε_0，其中 u_0 称为空穴能，是指因为引入空穴而破坏相邻链段的范德华作用引起的能量变化，反映了分子间的相互作用；ε_0 称为绕曲能，是指分子内旋转异构状态的能量差，反映了分子的近程作用。因此，可计算出体系处于各种构象时的能量，再由 Flory-Huggins 格子模型理论推导出含有 u_0 和 ε_0 两个变量的构象熵及其他热力学函数，进而得到熵降至零时转变温度 T_2 的表达式。

　　尽管无法用实验证明 T_2 的存在，但是 T_2 和 T_g 是相关的，影响 T_2 和 T_g 的因素应该是平行的，理论上得到的 T_2 与相对分子质量、共聚、交联密度、增塑之间的关系，对 T_g 也是适用的。

　　4. 动力学理论

　　玻璃化具有明显的动力学性质，T_g 与实验的时间尺度（如升降温速度和动态力学测试时所用频率）有关，因此，有人指出玻璃化转变是由动力学方面的原因引起的，已经提出许多种描述玻璃化转变过程的动力学理论。例如，最初的动力学理论认为，当高分子冷却时，链段的热运动降低（温度依赖性）；同时，由于链段运动具有松弛特性（时间依赖性），在降温过程中，当构象重排远远跟不上降温速度时，这种运动就被冻结，因此出现玻璃化转变。而势垒动力学理论认为大分子链构象重排时，主链单键内旋转需克服一定的势垒；当温度在 T_g 以上时，分子运动有足够的能量去克服势垒而达到平衡；但当温度降低时，分子热运动的能量不足以克服势垒，于是便发生分子运动的冻结。再如，A. J. Kovacs 采用单有序参数模型定量地处理玻璃化转变的体积收缩过程，Aklonis 和 Kovacs 对上述理论进行了修正，提出了多有序参数模型。所谓有序参数是由实际体积和平衡体积的偏离量决定的。有了这一参数，就可以建立体积和松弛时间的关系。这些相应的理论在这里不再一一进行介绍。

5.2.3　影响玻璃化转变温度的因素

　　玻璃化转变温度是高分子的链段由冻结到运动（或反之）的一个转变温度，而链段运动是通过主链单键的内旋转来实现的。因此，凡是能影响高分子链柔性的因素，都对 T_g 有影响。减弱高分子链柔性或增加高分子间作用力因素，如引入刚性基团或极性基团、交联和结晶都使 T_g 升高；而增加分子链柔性的因素，如加入增塑剂或溶剂、引进柔性基团等都使 T_g 降低。

　　1. 化学结构

　　1）主链结构

　　主链由饱和单键（如—C—C—、—C—N—、—C—O—、—Si—O—等）构成的聚合物，因为分子链可以围绕单键进行内旋转，所以 T_g 一般都不太高。特别是分子链上没有极性或具有位阻大的取代基团存在，这些高分子都是柔顺的，T_g 就更低。例如，聚乙烯的 T_g 为 $-68\,℃$，聚甲醛的 T_g 为 $-83\,℃$，聚二甲基硅氧烷的 T_g 为 $-123\,℃$，它是目前耐寒性较好的一种橡胶。它们的 T_g 高低与相对分子质量的柔性顺序相一致。

　　当主链中引入苯基、联苯基、萘基等芳杂环后，链上可以内旋转的单键比例减少，链的柔性下降，分子链的刚性增大，因而 T_g 升高。例如，PET 的 T_g 为 69℃，PC 的 T_g 为 150℃。

主链上含有孤立双键的高分子都比较柔顺，所以 T_g 较低。天然橡胶（$T_g = -73$℃）、合成橡胶、顺丁橡胶等属于此类结构。

在共轭二烯烃聚合物中，存在顺反异构体。通常分子链较为刚性的反式异构体具有较高的 T_g。例如，顺式聚 1,4-丁二烯的 T_g 为 -108℃，反式聚 1,4-丁二烯的 T_g 为 -83℃；顺式聚 1,4-异戊二烯的 T_g 为 -73℃，反式聚 1,4-异戊二烯的 T_g 为 -60℃。

2）取代基的空间位阻和侧基的柔性

对于单取代烯类聚合物来说，取代基的体积增大，T_g 将升高。在图 5-6 中可以清楚地看到随着空间位阻的增加，聚乙烯基咔唑的玻璃化转变温度（$T_g = 208$℃）远高于聚乙烯（$T_g = -68$℃）。图 5-7 可以看出取代方式对链柔性的影响。单侧或不对称的取代显著增加空间位阻，而对称取代则降低空间位阻，增加链的柔性，使 T_g 降低。

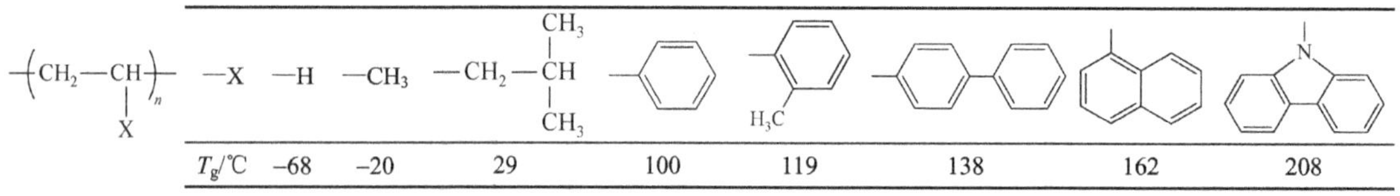

图 5-6 单取代侧基对玻璃化转变温度的影响

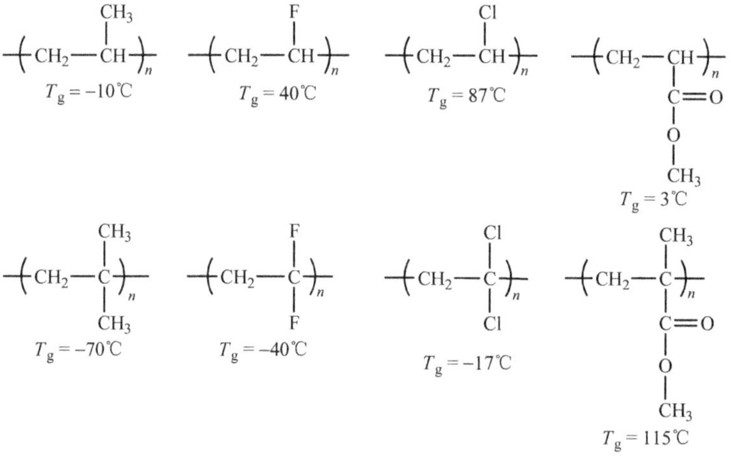

图 5-7 取代方式对玻璃化转变温度的影响

当侧基具有柔性时，更长的侧链相当于加入了更多的增塑剂，这种增塑效应超过了位阻效应。对一些聚合物来说，柔性侧基越长，T_g 越低。图 5-8 显示了不同聚甲基丙烯酸酯的 T_g，可以看出随着侧基碳原子数目增多，T_g 呈现下降趋势。

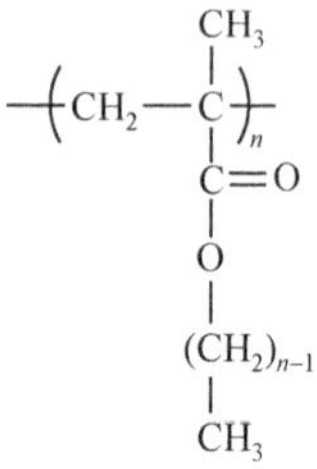

n	1	2	3	4	6	8	12	18
T_g/℃	105	65	35	21	-5	-20	-65	-100

图 5-8 侧基柔性对玻璃化转变温度的影响

3）分子间作用力的影响

分子间作用力越大，高分子的柔性越差，T_g 越高。因此，增加侧基的极性，或者引入氢键的作用能够提高 T_g。此外，含离子聚合物的离子键对 T_g 的影响很大。一般正离子的半径越小，或其电荷量越多，则 T_g 越高。同一聚合物的两个特征温度 T_g 和 T_m 存在一定的关系（T_g 和 T_m 用热力学温标）。对于结构对称的聚合物来说 T_g/T_m 约为 1/2，非对称的聚合物比值约为 2/3。

2. 其他结构因素的影响

1）共聚

共聚物的 T_g 介于两种（或几种）均聚物的 T_g 之间，并随其中某一组分的含量增加而呈线性或非线性变化。如果与第二组分共聚而使 T_g 下降，称为内增塑作用。例如，苯乙烯（聚苯乙烯的 $T_g = 100℃$）与丁二烯共聚后，由于在主链中引入了柔性较大的丁二烯链，所以 T_g 下降。无规共聚物的 T_g 可以用戈登-泰勒（Gordon-Taylor）等式［式（5-12）］计算。当交替共聚单元含量小到可以忽略时，式（5-12）可简化成 Fox 方程式［式（5-13）］。对于非无规共聚物的情况，交替共聚物只有一个 T_g。嵌段和接枝共聚物的 T_g 取决于两个组分均聚物是否相容。如果能够相容，只有一个 T_g；如果不能相容，则分相，具有两个 T_g。

$$T_g = \frac{T_{gA} + (K \cdot T_{gB} - T_{gA})W_B}{1 + (K-1)W_B} \tag{5-12}$$

$$\frac{1}{T_g} = \frac{W_A}{T_{gA}} + \frac{W_B}{T_{gB}} \tag{5-13}$$

式中，W_A、W_B 分别为 A、B 单体组分的质量分数；T_{gA}、T_{gB} 分别为 A、B 单体均聚物的 T_g。

2）交联

T_g 随着交联点密度的增加而增加。因为随着交联点密度的增加，高分子的自由体积减小，分子链的活动受约束的程度也增加，相邻交联点之间的平均链长减小，阻碍了分子链段的运动，使 T_g 升高。它们存在的定量关系为

$$T_{gx} = T_g + K_x \rho \tag{5-14}$$

式中，ρ 为单位体积内的交联度；K_x 为常数；T_g 为未交联的玻璃化转变温度。

3）相对分子质量

相对分子质量的大小对 T_g 的影响如图 5-9 所示。随着相对分子质量的增大，分子间作用力增强，T_g 升高。由图 5-9 可知，当 $M < M_c$，T_g 随 M 增加而升高；当 $M > M_c$，T_g 与 M 无关。该关系可以用式（5-15）表示

$$T_g = T_g(\infty) - \frac{K}{\overline{M}_n} \tag{5-15}$$

式中，$T_g(\infty)$ 为相对分子质量无穷大时的玻璃转化温度；K 为每一种聚合物的特征常数。

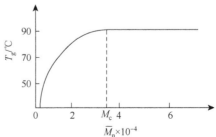

图 5-9　相对分子质量与 T_g 的关系

4）增塑剂或稀释剂的影响

增塑剂或稀释剂的加入可以使 T_g 明显下降。一般增塑剂分子与高分子具有较强的亲和力，会使链分子间作用减弱（屏蔽效应），同时，增塑剂

分子小，活动能力强，可提供链段运动的空间，因此 T_g 下降，同时黏流温度 T_f 也会降低。加入增塑剂后可以降低成型温度，改善制品的耐寒性。

增塑剂的加入使基体 T_g 下降的原因有：当加入非极性体系中时，起稀释作用，使高分子链之间的距离加大，分子间作用力减弱，因此 T_g 下降；当加入极性体系中时，增塑剂起屏蔽效应，结果使高分子链之间物理交联点减少。此外，增塑剂或稀释剂的分子比高分子小得多，它们活动比较容易，可以很方便地提供链段活动时所需要的空间，从而使 T_g 下降。式（5-16）和式（5-17）分别以体积分数 φ 和质量分数 W 描述了增塑剂对 T_g 的影响，即

$$T_g = \varphi_p T_{g,p} + \varphi_d T_{g,d} \tag{5-16}$$

$$\frac{1}{T_g} = \frac{W_d}{T_{g,d}} + \frac{W_p}{T_{g,p}} \tag{5-17}$$

式中，φ_p、φ_d 分别为聚合物与增塑剂的体积分数；W_p、W_d 分别为聚合物与增塑剂的质量分数；$T_{g,p}$、$T_{g,d}$ 分别为聚合物与增塑剂的 T_g。

5）共混

T_g 由共混物质的相容性决定。若相容性极好，则形成均相体系，共混物的 T_g 只有一个，且介于两种物质各自的 T_g 之间。若相容性较好，则形成微观非均相、宏观均相体系，出现相互靠近的两个 T_g（相对原物质的 T_g）。若相容性差，则共混物中各组分仍保持原来各自的 T_g，即有两个不变的 T_g（原物质的 T_g）。

3. 外界条件的影响

1）升温速率

由于玻璃化转变不是热力学平衡过程，所以与外界条件有关：升温速率快，T_g 高，升温速率慢，T_g 低；降温速率快，T_g 高，降温速率慢，T_g 低。提高升温速率和动态实验的频率都可使 T_g 升高。

2）外力

$$T_g = A - Bf$$

式中，A、B 均为常数。单向外力促使链段运动，使 T_g 降低，外力越大，T_g 降低越多。

3）围压力

随着聚合物周围流体静压力的增加，使自由体积下降，链段运动更加困难，T_g 升高。

4）测量频率

由于玻璃化转变是一个松弛过程，外力作用的速度不同将引起转变点的移动。如果外力作用频率高，聚合物形变跟不上环境条件的变化，聚合物就显得比较刚硬，测得的 T_g 偏高。

5.2.4　玻璃化转变的多维性

高分子的玻璃化转变并不限于温度改变的条件下。在压力、外力作用频率、样品相对分子质量等多种维度下同样可以发生玻璃化转变的现象。可将对应维度下的特征值称为玻璃化转变压力（glass transition pressure，P_g）、玻璃化转变频率（glass transition frequence，F_g）和玻璃化转变相对分子质量（glass transition molecular mass，M_g）。相应曲线中，比体积随压力、频率或相对分子质量出现转折的变化或最大值如图 5-10 所示。

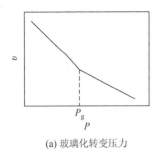
(a) 玻璃化转变压力

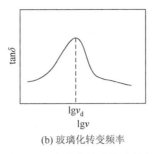
(b) 玻璃化转变频率

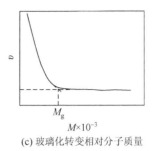
(c) 玻璃化转变相对分子质量

图 5-10　玻璃化转变的多维性

5.2.5　次级松弛过程

高分子具有多重结构。在玻璃化转变温度以下，虽然高分子的整链和链段运动都被冻结，但是多种小尺寸的运动单元由于运动所需的活化能较低，可以在低温下被激发，仍能运动。随着温度的变化，这些小尺寸运动单元也会发生相应的从冻结到运动或从运动到冻结的变化，这些变化也是松弛过程，为了区别于玻璃化转变区的主要松弛过程，通常将其称为高分子的次级松弛过程。

高分子中的小尺寸运动单元包括侧基、支链、主链或支链上的各种基团、个别链节和链段的某一局部。由于它们的大小和运动方式的不同，所需的活化能也不一样，因此各自所对应的转变温度范围也不一样。伴随着这些过程，高分子的某些物理性质也将发生相应的物理变化。不同高分子的次级松弛过程的个数和发生这些松弛过程的温度不一样，因此，对松弛过程的研究是通过分子运动探索高分子结构与性能之间的内在联系的有效途径，具有重要的理论意义。

5.3　高聚物黏性流动

热塑性塑料成型过程一般需经历加热塑化、流动成型和冷却凝固三个基本步骤。所谓加热塑化就是经过加热使固体高分子变成黏性流体；流动成型是借助注射机或挤塑机的柱塞或螺杆的移动，以很高的压力将黏性流体注入温度较低的模具内，或以很高的压力将黏性流体从所需要的口模中挤出，得到连续的型材；冷却凝固是用冷却的方法将制品从黏流态变成玻璃态。

其实不仅是塑料成型，合成纤维的纺丝和橡胶制品的成型也是如此。可以说几乎所有的高分子都是利用其黏流态下的流动行为进行加工成型的，且材料的凝聚态是在加工成型中形成的。凝聚态对材料的性质有重大的影响，所以了解和掌握高分子的黏流温度和黏性流动规律对正确有效地进行加工成型是很重要的。高分子材料易于加工成型的特点（如加工成型温度低）是它比金属材料和其他无机材料优越的一个重要方面。高分子熔体和溶液（简称流体）受外力作用时的性质称为高分子流体的流变性或流变行为。它的流变行为既表现出黏性流动（viscous flow），又表现出弹性形变（elastic deformation）。高分子流变学是流变学的一个分支，着重研究高分子熔体的流变性。它是一门十分年轻的科学，近几十年来才得到重视。由于实际研究中的困难，对其定性的规律还没有取得一致的看法。本节主要讨论高分子流变性的一些基本规律，尽管不够完善，但对于指导高分子成型加工还是有意义的。

5.3.1　高聚物黏性流动的特点

1. 通过链段的协同运动

一般液体的流动可以用简单的模型来说明。低分子液体中存在着许多与分子尺寸相当的孔穴。当没有外力存在时，由于分子的热运动，孔穴周围的分子向孔穴跃迁的概率是相等的。孔穴周围的分子向孔穴跃迁，分子原来占有的位置就成了新的孔穴，又让周围的分子向此孔穴跃迁，所以这时孔穴与分子不断交换位置的结果是分子扩散运动。当外力存在时，外力使分子沿外力方向跃迁的概率大于其他方向。分子向外力方向跃迁后，分子原来占有的位置成了新的孔穴，又让后面的分子沿外力方向跃迁。分子连续沿某一方向进行分子跃入孔穴的移动，形成液体宏观流动。而对于高分子而言，由于它的整个分子庞大，在熔体内虽然也存在自由体积，但是这种孔穴远比整个大分子链小，而与链段大小相当。因此只有链段能扩散到孔穴中，链段原来占的位置成了新的孔穴，又让后面的链段向此孔穴跃迁，最后达到宏观上高分子整链的运动。这个流动过程很像蚯蚓的蠕动，高分子流动是通过链段的协同位移运动来完成的。这里的链段也称流动单元，尺寸大小约为十几个主链原子。

当温度升高，分子热运动能量增加，液体中的孔穴也随着增加和膨胀，使流动的阻力减小。如果以黏度 η 表示流动阻力的大小，则液体的黏度与温度 T 之间的关系如下

$$\eta = Ae^{\Delta E_\eta / RT} \tag{5-18}$$

式中，A 为一个常数；ΔE_η 为流动活化能，是分子向孔穴跃迁时克服周围分子的作用所需要的能量（对于高分子而言，是链段向孔穴跃迁时克服周围分子的作用所需要的能量，即黏流活化能），其值可以由测定不同温度下液体的黏度，然后以 $\ln\eta$ 对 $1/T$ 作图，从所得直线的斜率计算出来。分子向孔穴跃迁的过程与分子从液面向空间飞出的过程相似。因此，流动活化能与蒸发热之间存在如下关系

$$\Delta E_\eta = \beta \Delta H_v \tag{5-19}$$

式中，β 为比例常数。一般低分子 β 为 1/4～1/3。对于烃类化合物，ΔH_v 随相对分子质量而增加，大约每增加一个—CH_2—，ΔH_v 增加 8.4kJ/mol，因而，当相对分子质量增加一个—CH_2—时，ΔE_η 大约要增加 2.1kJ/mol。

但按照低分子活化能变化规律推算，一个含有 1000 个—CH_2—的长链分子，ΔE_η 大约要增加 2.1MJ/mol，而 C—C 键能只有 3.4kJ/mol，早已破坏了。测定一系列烃类同系物的流动活化能的结果表明，当碳原子数量达到 20～30 个以上时，流动活化能达到一极限值；测定不同相对分子质量的高分子的流动活化能也发现与相对分子质量无关，这也证明了高分子的流动不是简单的整个分子的迁移，而是通过链段的协同位移运动来完成的。

2. 高分子流动不符合牛顿流体的流动规律

低分子液体的流动可看成是层流，流速越大，流动阻力越大，剪切应力 σ_s 与剪切速率 $d\gamma/dt = \dot\gamma$ 成正比

$$\sigma_s = \eta \frac{d\gamma}{dt} = \eta\dot\gamma \tag{5-20}$$

式（5-20）称为牛顿流体公式，比例常数 η 称为黏度，单位为 Pa·s。黏度 η 不随剪切应力和剪切速率的大小而变化，始终保持常数的流体，通称为牛顿流体，低分子液体和高分子的稀溶液属于这一类。

凡是不符合牛顿流体公式的流体统称为非牛顿流体，其中流变行为与时间无关的有假塑性流体（pseudoplastic fluid）、膨胀性流体（dilatable fluid）和宾汉流体（Bingham fluid），它们的流动曲线如图 5-11 所示。

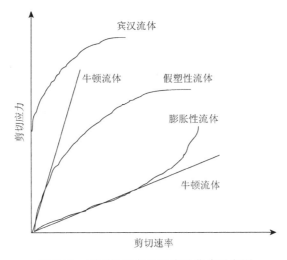

图 5-11　不同类型高分子流动曲线示意图

大多数高分子熔体和浓溶液属于假塑性流体，其黏度随剪切速率的增大而减小，即所谓的剪切变稀。这是因为高分子在流动中各液层间总存在一定的速度梯度。若细而长的大分子同时穿过几个流速不等的液层时，同一大分子的各个部分就要以不同的速度前进，这种情况显然是不能持久的。因此，在流动时，每个长链分子总是力图使自己全部进入同一流速的流层。不同流速液层的平行分布就导致了大分子在流动方向上的取向。这种现象就如河流中随同流水一起流动的绳子（细而长）一样，它们总是自然地顺着水流方向纵向排列。高分子在流动过程中随剪切速率或剪切应力的增加，由于分子的取向，黏度降低。速度梯度越大，即剪切速率越大，聚合物分子则越易进行取向，黏度就变小，因此黏度不是常数，而是与剪切速率有关。

膨胀性流体与假塑性流体相反，随着剪切速率的增加，黏度增大，即发生剪切变稠。这类流动行为在高分子熔体和浓溶液中是罕见的，但常发生于各种分散体系，如高分子悬浮液、胶乳和高分子-填料体系等。

假塑性和膨胀性流体的流动曲线都是非线性的，一般用指数关系来描述其剪切应力和剪切速率的关系，即幂律公式

$$\sigma_s = k\dot{\gamma}^n$$

或

$$\eta_\alpha = \sigma/\dot{\gamma} = k\dot{\gamma}^{n-1} \tag{5-21}$$

式中，k 为与温度有关的黏性参数，是常数；n 为表征偏离牛顿流体程度的指数，$n = \mathrm{d}\ln\sigma/\mathrm{d}\ln\dot{\gamma}$，称为非牛顿性指数，等于 $\ln\sigma$-$\ln\dot{\gamma}$ 双对数坐标图中曲线的斜率。假塑性流体 $n<1$，而膨胀性流体 $n>1$，牛顿流体可看成是 $n=1$ 的特殊情况，此时 $k=\eta_\alpha$，n 与 1 相差越大，偏离牛顿流体的程度越强，n 与 1 的差反映了材料非线性性质的强弱。另外，对于同一种材料，在不同的剪切速率范围内，n 值也不是常数。通常剪切速率越大，材料的非牛顿性越显著，n 值越小。所有影响材料非线性性质的因素也必对 n 值有影响。例如，温度下降、相对分子质量增大、填料量增多等，都会使材料非线性性质增强，从而使 n 值下降，但填入软化剂、增塑剂则使 n 值上升。

由于公式简单，幂律方程在工程上有较大的实用价值。许多描述材料假塑性行为的软件设计程序采用幂律方程作为材料的本构方程。

另一种非牛顿流体是宾汉流体，或称塑性流体，具有名副其实的塑性行为，即在受到剪

切应力小于某一临界值 σ_r 时不发生流动。流体相当于胡克固体，而超过 σ_r 后，则可向牛顿流体一样流动

$$\sigma_s = G\gamma \, (\sigma_s < \sigma_y) \tag{5-22}$$

$$\sigma_s - \sigma_y = \eta_p \dot{\gamma} \, (\sigma_s \geqslant \sigma_y) \tag{5-23}$$

式中，σ_y 为屈服应力；η_p 为宾汉黏度或塑性黏度；G 为剪切模量（shear modulus）。

宾汉流体的塑性行为或流动临界应力的存在，一般解释为与分子缔和或某种结构的破坏有关，呈现这种行为的物质有泥浆、牙膏和油脂等，涂料特别需要这种性质。

还有一些非牛顿流体的黏度与时间有关，其中在恒定剪切速率下黏度随时间增加而降低的液体称为触变液体，而黏度随时间增加而增加的液体称为摇凝液体（或反触变液体）。摇凝或摇溶现象均有可逆和不可逆两种情况，视具体体系而定。一般而言，黏度的改变总与液体内部的某种结构有关，变稀是某种结构瓦解的结果，而变稠总与某种结构的生成有关。冻胶是最常见的典型触变物质，未受外力时，由于分子间物理交联点的存在（由静电吸引或物理缠结等引起）不易流动，外力使物理交联点逐渐破坏，流动性逐渐增加，但静置后物理交联又可逐渐形成，黏度又随时间逐渐增大。对许多高分子熔体也观察到不同程度的触变性，同时，随着相对分子质量的增加，黏度下降到某一平均值所需的时间延长。这显然与分子链的缠结有关。在含炭黑的塑炼橡胶中也观察到明显的触变现象，而且炭黑含量越高、活性越大，此种现象越明显。

3. 高分子流动时伴有高弹形变

低分子液体流动所产生的形变是完全不可逆的，而高分子在流动过程中所产生的形变中一部分是可逆的。因为高分子的流动并不是高分子链间简单的相对滑移的结果，而是各个链段分段运动的结果，在外力作用下，高分子链不可避免地要顺外力的方向有所伸展（取向）。这就是说，在高分子进行黏性流动的同时，必然会伴随一定量的高弹形变（high elastic deformation），这部分高弹形变显然是可逆的，当外力撤除后，高分子链又会卷曲（解取向），因而整个形变要回复一部分，表现出高弹形变的特性。

高弹形变的回复过程也是一个松弛过程，回复的快慢一方面与高分子链的柔性有关，柔性好，回复得快，柔性差，回复得慢。另一方面与高分子所处的温度有关，温度高，回复得快，温度低，回复得慢。

在高分子的挤出成型时，型材的截面尺寸与口模的尺寸往往有差别。一般型材的截面尺寸比口模的大。这种截面膨胀的现象就是由外力消失后高分子流动过程中发生的高弹形变回缩引起的，因此矩形口模往往得不到矩形截面的挤出物，而是变形或近似圆形。在熔融纺丝时，出口膨胀必须注意，对于喷丝板上相邻两孔间的距离就必须预计到出口膨胀的强度和剪切速率对膨胀的影响，否则就可能产生喷头并丝现象。另一方面，由于出口膨胀部分截面积大，单位面积受力小，形变速率低，并且它的高弹形变已基本回复，拉伸黏度较低，因而形变容易在这一处发生。可趁其在冷却固化之前进行拉伸比较方便，使整个成纤过程得以顺利进行。再如，聚苯乙烯于 175～200℃下较快挤出时，棒材直径膨胀甚至可达 2.8 倍。膨胀的程度与聚合物的性质和流动条件有关，一般相对分子质量越大、流速越快、挤出机机头越短、温度越低，则膨胀程度越大。

高分子流动的这个特点在成型加工过程中必须予以充分的重视，否则不可能得到合格的产品。例如，要设计一个制品，应尽量使各部分的厚薄相差不要过于悬殊，因为薄的部分冷

却得快，其中链段运动很快就被冻结了，高弹形变来不及回复就已冻结了，各个分子链之间的相对位置来不及充分地调整，而制品中厚的部分冷却得较慢，链段运动冻结得也较慢，高弹形变就回复得较多，高分子链之间的相对位置调整得较充分。所以，制品厚薄两部分的内在结构很不一致，在它们的交接处存在很大的内应力，其结果不是制品变形就是引起开裂。

显然制件各部分厚薄过于悬殊的现象在产品设计时可以避免，但是制件各部分厚薄不同是正常现象，而且加工工艺条件的波动，制品各部分受热的不均等现象也在所难免，所以制品内部总会存在或多或少的内应力。为了消除这些内应力，可以对制件进行热处理。

5.3.2　影响黏流温度的因素

1. 分子结构的影响

黏性流动是分子与分子间的相对位置发生显著改变的过程。分子链柔性好，链内旋转的势垒低，流动单元链段就短。按照高分子流动的分段移动机理，柔性分子链流动所需要的孔穴就小，流动活化能也较低，因而在较低的温度下即可发生黏性流动。反之，分子链柔性较差的，需要较高的温度才能流动。因为在较高的温度下，分子链的热运动的能量才大到足以克服刚性分子的较大内旋转势垒。所以分子链越柔顺，黏流温度越低，而分子链越刚性，黏流温度越高。例如，聚苯醚、聚丙烯腈、聚碳酸酯、聚砜等，由于大分子间极性较大，分子之间的相互作用力很大，则必须在较高的温度下才能克服分子间的相互作用而产生相对位移，它们的黏流温度就较高。有时甚至会出现 $T_f > T_d$（分解温度）的情形，即流动前高分子就已开始分解，这对高分子成型来说是极其不利的。对于这类比较刚性的高分子，成型时不能用熔融法，只能用相应的溶液法。若要用熔融法，则可在加工过程中加入增塑剂降低高分子的黏流温度，或加入稳定剂提高它的分解温度。如果分子间的相互作用力较小，则在较低的温度下就能产生分子之间的相对位移，发生黏性流动。例如，对于柔性的非极性高分子聚乙烯、聚丙烯等，尽管因为结晶其黏流温度被熔点所掩盖，但是从它们不高的熔点可以想象，如果它们不结晶，将可在更低的温度下流动。

2. 相对分子质量的影响

按照高分子链两种运动单元的概念，玻璃化转变温度是高分子链段开始运动的温度，因此玻璃化转变温度只与分子的结构有关，而与相对分子质量关系不大。而黏流温度 T_f 是整个高分子链开始运动的温度，因此两种运动单元都运动了。这种运动不仅与聚合物的结构有关，而且与聚合物相对分子质量的大小有关，相对分子质量越大，则黏流温度越高。因为分子运动时，相对分子质量越大内摩擦阻力越大，而且分子链越长，分子链本身的热运动阻碍着整个分子向某一方向运动。所以相对分子质量越大，位移运动越不易进行，黏流温度就越高。从加工成型角度来看，成型温度越高越不利。在不影响制品基本性能要求的前提下，适当减小相对分子质量是很有必要的。但应指出，由于聚合物相对分子质量分布的多分散性，非晶高分子实际上没有明晰的黏流温度，而往往是一个较宽的软化区域，在此温度区域内，均易于流动，可进行加工。

3. 外力大小及外力作用的时间

外力增大实际上是更多地抵消着分子链沿与外力相反方向的热运动，提高链段沿外力方向向前跃迁的概率，使分子链的重心有效地发生位移。因此有外力时，在较低的温度下，聚合物即可发生流动，即外力越大，黏流温度越低。外力作用频率越大，黏流温度越高。了解外力对黏流温度的影响，对于选择成型压力是很有意义的。聚砜、聚碳酸酯等比较刚性的分子，它们的黏流温度较高，一般也都采用较大的注射压力来降低黏流温度，以便于成型。但不能过分增大压力，如果超过临界压力将导致材料的表面不光洁或表面破裂。

延长外力作用的时间也有助于高分子链产生黏性流动，因此增加外力作用的时间就相当于降低黏流温度。了解这些情况对于选择合适的成型工艺是有指导意义的。

高分子的黏流温度是成型加工的下限温度。实际上，为了提高高分子的流动性和减少弹性形变，通常选择的成型加工温度比黏流温度高，但温度过高可能引起树脂的分解，将直接影响成型工艺和制品的质量。高分子的分解温度是成型加工的上限温度。成型加工温度必须选在黏流温度和分解温度之间，适宜的成型温度要通过经验反复实践来确定。黏流温度和分解温度相距越远，越有利于成型加工。

5.3.3　聚合物的流动性表征

大部分聚合物是利用其黏流态下的流动行为进行加工成型，因此必须在聚合物的流动温度以上进行加工，但是究竟选择高于流动温度以上多少才能进行加工呢？这要由 T_f 以上黏流聚合物的流动行为决定。如果流动性能好，则选择略高于 T_f 的温度即可，所施加的压力也可小一些。相反，如果聚合物流动性能差，就需要温度适当提高一些，施加的压力也要大一些，以便改善聚合物的流动性能。不同加工方法对流动性程度的要求也不同。一般来说，注射对流动性要求高，以能注满模腔各个位置；挤出对流动性要求较低；吹塑对流动性要求介于二者之间。

1. 剪切黏度

之前已经提到，高分子熔体和浓溶液都属非牛顿流体，其剪切应力对剪切速率作图得不到直线，其黏度有剪切速率依赖性。因此，在实际工作中除了牛顿黏度外，还定义了几种黏度概念。

在低剪切速率时，非牛顿流体可以表现出牛顿性。由 σ_0-$\dot{\gamma}$ 曲线的初始斜率可得到牛顿黏度，也称零剪切速率黏度，用 η_0 来表示，即剪切速率趋于零的黏度。在 σ_s-$\dot{\gamma}$ 曲线的非直线部分，非牛顿流体某一剪切速率下的黏度可以采用另外两种黏度的定义。最常用的是表观黏度 η_a，为 σ_s 和 $\dot{\gamma}$ 的比值，即

$$\eta_\mathrm{a} = \eta(\dot{\gamma}) = \sigma_\mathrm{s}(\dot{\gamma})/\dot{\gamma} \tag{5-24}$$

高分子的流动过程中同时含有不可逆的黏性流动和可逆的高弹形变两部分，使总形变增大。牛顿黏度是对不可逆形变而言的，所以高分子的表观黏度值比牛顿黏度来得小。高分子的表观黏度包括了可逆的高弹形变，并不完全反映高分子材料不可逆形变的难易程度，因而一般小于真正黏度。但是，表观黏度作为判断流动性好坏的一个相对指标还是很实用的。表观黏度大则流动性差，而表观黏度小则流动性好。

另一方法定义黏度 η_c 为

$$\eta_\mathrm{c} = \mathrm{d}\sigma_\mathrm{s}/\mathrm{d}\dot{\gamma} \tag{5-25}$$

根据这一定义，η_c 又称为微分黏度（稠度）。

显然，给定剪切速率下的表观黏度就是曲线上该剪切速率对应与坐标原点连线的斜率。对于通常表现为假塑性流体的高分子熔体和浓溶液来说，表观黏度大于微分黏度。

如果剪切速率不是常数，而以正弦函数的方式变化，则得到的是复数黏度 η^*

$$\eta^* = \eta' - i\eta'' \tag{5-26}$$

式中，$i = (-1)^{-1/2}$；实数部分 η' 为动态黏度，与稳态黏度有关，代表能量耗散部分；虚数黏度 η'' 为弹性或储能的量度。它们与剪切模量 G' 和 G'' 的关系是

$$\eta' = G'/\omega，\quad \eta'' = G''/\omega \tag{5-27}$$

式中，ω 为振动角频率。绝对复数黏度为

$$|\eta^*| = (\eta'^2 + \eta''^2)^{1/2} \tag{5-28}$$

2. 拉伸黏度

前面讨论的剪切黏度是对应于剪切流动而言的，这种流动产生的速度梯度场是横向速度梯度场，即速度梯度的方向与流动的方向相垂直。高分子熔体或浓溶液在挤出机或注射机的管道中或喷丝板的孔道中流动场均属此类。在另一些情况下，液体流动可产生纵向的速度梯度场，其速度梯度的方向与流动的方向一致，这种流动称为拉伸流动。纺丝时离开喷丝孔后的牵伸，是拉伸流动的典型例子。注射机加工中熔体在口模入口处的流动，喷丝板入口处的流动和混炼或压延时滚筒间隙的入口区的流动，以及一切具有截面积逐渐缩小的管道或孔道中的收敛流动，都含有拉伸流动的成分。在这类情况下可相应地定义拉伸黏度为

$$\eta_t = \sigma/\dot{\varepsilon} \tag{5-29}$$

式中，σ 为拉伸应力；$\dot{\varepsilon} = d\varepsilon/dt$，为拉伸应变率，其中 ε 为拉伸应变，$\varepsilon = \ln(l/l_0)$，l_0 和 l 分别为拉伸试样的起始和 t 时间的长度，因此 $\dot{\varepsilon}$ 很小时，η_t 才是常数，式（5-29）成立。此外，一般拉伸黏度均有应变速率依赖性，这与剪切黏度相似，但它们的依赖关系不同。

3. 熔融指数

熔融指数是指熔融状态的聚合物在一定负荷下，在 10min 内从规定直径和长度的标准毛细管中流出的质量（克数），用 g/10min 来表示。熔融指数越大，则流动性越好。熔融指数的测定用标准的熔融指数仪进行。对于各种具体高分子，统一规定了若干个适当的温度和负荷条件，以便对在相同条件下测定的结果进行比较。同一高分子在不同条件下测得的熔融指数可以通过经验公式进行换算。但是不同的高分子，由于结构的不同，聚合物在测定时选择的温度和压力各不相同，黏度与相对分子质量的关系也不一样，因而笼统地比较它们的流动性好坏是没有意义的。因此用熔融指数法比较聚合物黏度时，只能在同种结构聚合物之间进行相对分子质量的相对比较，而不能在结构不同的聚合物之间进行比较。

通常对熔融指数并不探究其含义，而只是把它作为一种流动性好坏的指标。由于概念和测量方法很简单，在工业上已被普遍采用，作为高分子树脂产品的一个质量指标。应用时可根据所用加工方法和制件的要求，选择熔融指数值适用的牌号，或者根据原料的熔融指数，选定加工条件。

需要注意的是，熔体黏稠的聚合物一般属于非牛顿流体（假塑体），η 不是常数，而低的剪切速率下高分子熔体比较接近牛顿流体。从熔融指数仪中得到的流动性能数据，是在低的剪切速率情况下获得的，而实际成型加工过程往往是在较高的切变速率下进行。因此，实际加工中还要研究熔体黏度与温度和切变应力的依赖关系，即前面提到的 η 与 T 的关系：$\eta = A e^{\Delta E_\eta / RT}$。

5.3.4 剪切黏度的测量方法

1. 毛细管挤出黏度计

毛细管挤出黏度计是研究高分子熔体流变行为非常通用的仪器。仪器由一活塞加压，造成毛细管两端的压力差 $\Delta P = P - P_0$，将桶内的流体通过半径为 R、长为 L 的毛细管挤出。如果假定流体是不可压缩体，管长无限长，则在达到稳定流动时，毛细管内半径为 r 处的圆柱面上的黏滞阻力（$2\pi r L \sigma_s$）和流动推力（$\Delta P \pi r^2$）相抵消，即

$$2\pi r L \sigma_s = \Delta P \pi r^2 \tag{5-30}$$

此处的剪切应力为

$$\sigma_s = \Delta P \cdot r / 2L \tag{5-31}$$

在毛细管壁处，$r = R$，剪切应力为

$$\sigma_{sw} = \Delta P \cdot R / 2L \tag{5-32}$$

由以上各式联合可以得

$$\dot{\gamma} = -\frac{dv}{dr} = \frac{\sigma_s}{\eta} = \frac{\Delta P \cdot r / 2L}{\eta} \tag{5-33}$$

式中，v 为毛细管内半径为 r 处的线流速，取边界条件 $r = R$ 时 $v = 0$。式（5-33）对 r 积分，则

$$v(r) = -\int_r^R dv = \int_r^R \frac{\Delta P \cdot r}{2\eta L} dr = (\Delta P R^2 / 4\eta L) \left[1 - \left(\frac{r}{R} \right)^2 \right] \tag{5-34}$$

此结果表明，牛顿液体在毛细管内流动时，线速度沿径向是一个抛物线形分布。式（5-34）对毛细管截面积积分，求出体积流速

$$Q = \int_0^R v(r) 2\pi r dr = \pi R^4 \Delta P / 8\eta L$$

或

$$\eta = \Delta P \pi R^4 / 8QL \tag{5-35}$$

这就是哈根-泊肃叶（Hagen-Poiseuille）方程。在毛细管壁处 $r = R$，将式（5-34）代入式（5-32）中，可得到管壁处的剪切速率

$$\dot{\gamma} = -[dv(r)/dr]_w = \Delta P R / 2\eta L = 4Q / \pi R^3 \tag{5-36}$$

对于非牛顿流体，由式（5-35）得到的只是表观黏度，正确的黏度计算需要进行下面两项修正。

1）非牛顿性修正

式（5-35）对非牛顿流体不适用，因而对上面得到的毛细管壁处的剪切速率必须进行修正。修正后式（5-36）变为

$$\dot{\gamma}_w = 4Q / \pi R^3 (3n + 1 / 4n) \tag{5-37}$$

式中，n 为非牛顿指数，即

$$n = d\lg \sigma_s / d\lg \dot{\gamma} \tag{5-38}$$

可以从 $\lg \sigma_s$ 对 $\lg \dot{\gamma}$ 作图求得。对符合幂律公式的非牛顿流体，n 是常数，即 $\lg \sigma_s$ 对 $\lg \dot{\gamma}$ 作图的直线斜率，否则 n 是 $\dot{\gamma}$ 的函数。应用修正后的剪切速率可以定义一个表观黏度

$$\eta_m = \sigma_{sm} / \dot{\gamma}_m \tag{5-39}$$

以便研究 η_m 对 $\dot{\gamma}_m$ 的依赖性。

2）入口的修正

在实验中毛细管都不是无限长的，必须对式（5-32）进行修正。考虑活塞筒和毛细管连接处，由于液体的流动和流速发生变化，引起黏性摩擦损耗和黏性变形，这两项能量损失作用在毛细管壁的实际剪切应力减小，它等价于毛细管的长度变长。修正后的毛细管壁处的剪切应力为

$$\sigma'_{sm} = 1/(1 + B'R/L)\sigma_{sm} = \Delta P/2[(L/R) + B'] \qquad (5\text{-}40)$$

式中，B' 为巴格利（Bagley）修正因子，可以这样求得：在给定剪切速率下测定不同长径比毛细管的压力 ΔP，ΔP 对 L/R 作图，按式（5-40）推理，应得一条直线，它在 L/R 轴上的截距即为 $-B'$。

毛细管黏度计有很多优点，因为大部分高分子材料的成型都包含熔体在压力下被挤出的过程，用毛细管流变可以得到十分接近加工条件的流变学物理量。除了可以测定 σ 和 $\dot{\gamma}$ 之间的关系，还可以从挤出物胀大的数据中粗略估计高分子熔体的弹性，研究不稳定流体现象。主要缺点是剪切速率沿毛细管径向发生变化，不均一，为得到正确的黏度值必须进行一些修正。低剪切速率下测定低黏度试样时，由于自重流出，剪切应力偏低。

2. 同轴圆筒黏度计

同轴圆筒黏度计又称埃普雷希特（Epprecht）黏度计，是测定低黏度流体黏度的一种基本仪器，如图 5-12 所示。仪器由一对同轴圆筒组成，待测液体装入两个同轴圆筒间的缝隙中，半径为 R_2 的外筒以角速度 ω 匀速旋转，半径为 R_1 的可转动内筒由弹簧钢丝悬挂进入液体部分，深度为 L，则

$$v = r \cdot \omega \qquad (5\text{-}41)$$

$$\sigma_s = \eta \frac{dv}{dr} = \eta r \frac{d\omega}{dr} \qquad (5\text{-}42)$$

$$M = 2\pi r L \sigma_s r = 2\pi r^3 L \eta \frac{d\omega}{dr} \qquad (5\text{-}43)$$

$$d\omega = \frac{M}{2\pi L \eta} \frac{dr}{r^3} \qquad (5\text{-}44)$$

$$\int_0^\omega d\omega = \frac{M}{2\pi L \eta} \int_{R_1}^{R_2} \frac{dr}{r^3} \qquad (5\text{-}45)$$

$$\eta = \frac{M}{4\pi L \omega}\left(\frac{1}{R_1^2} - \frac{1}{R_2^2}\right) \qquad (5\text{-}46)$$

$$\dot{\gamma} = \frac{dv}{dr} = \frac{\sigma_s}{\eta} = \frac{M/2\pi r^2 L}{\dfrac{M}{4\pi L \omega}\left(\dfrac{1}{R_1^2} - \dfrac{1}{R_2^2}\right)} = \frac{2\omega}{r^2}\frac{R_1^2 R_2^2}{R_2^2 - R_1^2} = A\omega/r^2 \qquad (5\text{-}47)$$

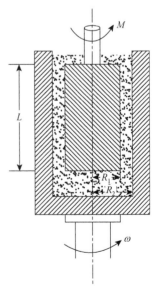

图 5-12　同轴圆筒黏度计

同轴圆筒黏度计的主要优点是当内筒间隙很小时，被测流体的剪切速率接近均一，仪器校准容易，改正量也较小；缺点是高黏度试样装填困难，较高转速时，试样会沿内筒往上爬，因而限于低黏度流体使用。在较低剪切速率下使用，其可适用于高分子浓溶液、溶胶或胶乳的黏度测定。

3. 锥板黏度计

锥板黏度计是用来测量高分子熔体黏度的常用仪器。它由一块

直径为 R 的圆形平板和一个线型同心锥体组成。平板和锥体之间的间隙充填被测流体，平板以角速度 ω 匀速旋转，检测锥体所受到的转矩 M，在距离（试样的厚度）$h = r \tan \alpha = r\alpha$，当锥形夹角 α 很小（$\alpha < 4°$）时，$h \backsimeq r\alpha$，其剪切速率为

$$\dot{\gamma} = \frac{\mathrm{d}v}{\mathrm{d}h} = \frac{r\omega}{r\alpha} = \frac{\omega}{\alpha} \tag{5-48}$$

所得的 $\dot{\gamma}$ 近似与 r 无关，即锥板间剪切速率是近似均一的。剪切应力可以从转矩求得

$$\sigma_s = 3M/2\pi R^3 \tag{5-49}$$

因而，被测流体的黏度为

$$\eta = \sigma_s/\dot{\gamma} = 3\alpha M/2\pi\omega R^3 = M/b\omega \tag{5-50}$$

式中，$b = 2\pi R^3/3\alpha$，为仪器常数。此式对牛顿流体和非牛顿流体均适用。

锥板黏度计的主要优点是剪切速率均一，试样用量少，装填和清理容易，可用于较黏试样的测量，数据处理简单；缺点是转速较高时试样有溢出和破坏倾向，得不到正确数据。

同轴圆筒黏度计和锥板黏度计都属于旋转黏度计。这类仪器还有许多其他形式，如平行板式、环板式和板筒式等，近年来还发展了一系列偏心、倾斜的仪器。

4. 落球黏度计

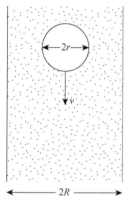

图 5-13　落球黏度计

落球黏度计是最简单的黏度计，如图 5-13 所示。只需要测量已知尺寸和质量的圆球在被测液体中自由下落的速度，便可计算出密度为 ρ 的被测液体的黏度 η，即

$$f_1 = 6\pi\eta rv \tag{5-51}$$

$$f_2 = \frac{4}{3}\pi r^3(\rho_s - \rho)g \tag{5-52}$$

$$\frac{4}{3}\pi r^3(\rho_s - \rho)g - 6\pi\eta rv = \frac{4}{3}\pi r^3 \rho_s \frac{\mathrm{d}v}{\mathrm{d}t} \tag{5-53}$$

当达到稳态时，圆球下落速度不变，$\mathrm{d}v/\mathrm{d}t = 0$，则

$$\eta = 2(\rho_s - \rho)gr^2/9v \tag{5-54}$$

落球黏度计的优点是仪器简单，操作方便，不需要特殊的设备和技术；缺点是不能得到剪切应力和剪切速率等基本流变参数，而且剪切速率不均一，不能用来研究流体的黏度和剪切速率依赖性。

5.3.5　高分子熔体的流动曲线

在较宽的剪切应力和剪切速率变化范围观察高分子熔体的流变行为时，由于两个变量都可能有几个数量级的变化，通常将 σ_s-$\dot{\gamma}$ 关系改写成对数式，并用双对数坐标表示。对于牛顿流体有

$$\lg\sigma_s = \lg\eta + \lg\dot{\gamma} \tag{5-55}$$

对于高分子熔体，在低剪切速率范围内，σ_s 和 $\dot{\gamma}$ 基本上成正比，黏度保持不变，因而在这个区域，高分子流体表现出牛顿流体的流动行为。剪切速率增加到某一定值后，黏度开始随剪切速率的增加而降低，熔体发生剪切变稀，表现出假塑性行为。到达很高的剪切速率时，高分子的黏度不再随着剪切速率而改变，重新表现出牛顿流体的行为。因此在上述剪切速率变化范围内，可将高分子熔体的流动行为分成三个区域：第一牛顿区、假塑性区、第二牛顿区。

剪切应力和剪切速率存在如下关系：

$$\lg \sigma_s = \lg K + n \lg \dot{\gamma} \tag{5-56}$$

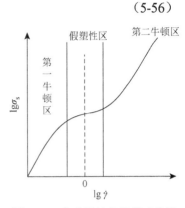

以 $\lg \sigma_s$ 对 $\lg \dot{\gamma}$ 作图，所得曲线称为流动曲线，如图 5-14 所示。可以看到曲线包含三段：低剪切速率区是斜率为 1 的直线，即第一牛顿区，式中 $n = 1$，$\lg K = \lg \eta_0$，η_0 为零剪切速率黏度，可从这一段直线外推到 $\lg \dot{\gamma} = 0$ 的直线相交处得到；中等剪切速率区是一段 S 曲线，曲线斜率 $\mathrm{d}\lg \sigma_s / \mathrm{d}\lg \dot{\gamma} = n < 0$，在这个假塑性区域内，高分子熔体的黏度由表观黏度 η_a 表示，从曲线上任意点引斜率为 1 的直线与 $\lg \dot{\gamma} = 0$ 的直线相交点，得到的就是曲线上那一点对应的剪切速率下的表观黏度；高剪切速率区又是一条斜率为 1 的直线，即第二牛顿区，由这段直线外推到 $\lg \dot{\gamma} = 0$ 的直线相交处的黏度 η_∞，称为无穷剪切速率黏度，也将此黏度看作剪切速率趋于无穷大时的极限值。

图 5-14　高分子熔体的流动曲线

高分子熔体黏度随剪切速率变化的规律可以用链缠结的观点来解释。关于高分子在熔体中或浓溶液中存在链缠结的观点，一般认为高分子相对分子质量超过某一临界值后，分子链间可能由于相互缠绕或范德华相互作用形成链间物理交联点。这些物理交联点在分子热运动作用下处于不断解体和重建的动态平衡中，结果使整个熔体或浓溶液具有瞬变的交联空间网状结构，也称为拟网状结构。在低剪切速率区，被剪切破坏的缠结来得及重建，拟网状结构密度不变，因而黏度保持不变，熔体或浓溶液处于第一牛顿区；当剪切速率逐渐增加到达某一数值后，缠结点破坏速度大于重建速度，黏度开始下降，结果是整个熔体或浓溶液出现假塑性。在假塑性区中黏度下降的程度可以看作剪切作用下的缠结结构破坏程度的反映。如果剪切速率进一步增大，拟网状结构完全破坏，高分子链沿剪切方向高度取向排列，则黏度可能再次升高，因而导致膨胀性的出现，直到出现不稳定流动。

5.3.6　影响高分子熔体黏度和流动的因素

1. 温度

在黏流温度以上，高分子的黏度与温度的关系与低分子液体一样，符合式 $\eta = A \mathrm{e}^{\Delta E_\eta / RT}$ 的关系，即随着温度的升高，熔体的自由体积增加，链段的活动能力增加，分子间的相互作用力减弱，高分子的流动性增大，熔体黏度随温度升高以指数方式降低。因而在高分子加工中，温度是进行黏度调节的首要手段。如果把 $\eta = A \mathrm{e}^{\Delta E_\eta / RT}$ 的指数形式改写为对数形式，则

$$\ln \eta = \ln A + \Delta E_\eta / RT \tag{5-57}$$

即熔融黏度的对数与温度的倒数之间存在线性关系。然而，各种高分子的表观黏度表现出不同的温度敏感性。直线斜率 $\Delta E_\eta / R$ 较大，则流动活化能 ΔE_η 较高，即黏度对温度变化较敏感。一般分子链越刚性，或分子间作用力越大，则流动活化能越高，这类高分子的黏度对温度有较大的敏感性。

当温度降低到黏流温度以下时，高分子的表观黏度的对数与温度倒数之间的线性关系不再保持有效，式（5-57）的 Arrhenius 方程不再适用，或者说，表观流动活化能不再是一常数，而是随温度的降低急剧增大。例如，在 217℃时，聚苯乙烯 ΔE_η 为 24kcal/mol，而在 80℃时为 80kcal/mol；聚甲基丙烯酸甲酯在 $T_g + 10$℃时，ΔE_η 甚至达 250kcal/mol。分子位移需要链段协

同跃迁，受两个因素影响：链段跃迁的能力和跃迁链段周围接纳它跃入的空位。在较高的温度下，高分子内部的自由体积较大，后一条件是充分的。链段跃迁的速率仅取决于前一因素。这类似于一般的活化过程，因而符合描述一般速率过程的 Arrhenius 方程，ΔE_η 为恒值。当温度较低时，自由体积随温度降低而减小，第二个条件变得不充分。这时链段的跃迁过程不再是一般的活化过程，而出现了自由体积依赖性。

WLF 方程很好地描述了高分子在 T_g 到 $T_g + 100℃$ 范围内黏度与温度的关系

$$\lg\left[\frac{\eta(T)}{\eta(T_g)}\right] = -\frac{17.44(T - T_g)}{51.6 + (T - T_g)} \tag{5-58}$$

对于大多数非晶态高分子，T_g 时的黏度为 $10^{12}Pa\cdot s$（$= 10^{13}P$），由式（5-58）可以估算高分子在 $T_g < T < (T_g + 100℃)$ 范围内的黏度。

2. 剪切应力和剪切速率

关于剪切速率的影响，为了讨论方便，采用对数形式

$$\lg\eta = \lg K + (n-1)\lg\dot\gamma \tag{5-59}$$

以 $\lg\eta$ 对 $\lg\dot\gamma$ 作图，所得曲线头尾两段水平直线分别是第一牛顿区和第二牛顿区，即在低和高剪切速率区高分子熔体的剪切黏度不随剪切速率而改变，而在中间剪切速率区黏度随剪切速率增加而降低，形成一段反 S 曲线，这是假塑性区。

在指定的剪切速率范围内，各种高分子熔体的剪切黏度随剪切速率的变化情况并不相同，剪切速率增加，各种高分子的剪切黏度降低程度不同。例如，柔性链的聚氧醚和聚乙烯的表观黏度随剪切速率的增加明显下降，而刚性链的聚碳酸酯和醋酸纤维则下降不多。这是因为柔性链分子容易通过链段运动而取向，而刚性高分子链段较长，极限情况下只能有整个分子链的取向。而在黏度很大的熔体中要使整个分子取向，内摩擦阻力是很大的，因而在流动过程中取向作用很小，随着剪切速率的增加，黏度变化很小。聚碳酸酯的曲线几乎是水平的直线，相当于牛顿流体的行为。

剪切应力对高分子黏度的影响也源自高分子熔体的非牛顿流动行为。与剪切速率对黏度的影响类似，这种影响也因高分子链的柔性不同而产生差异。柔性链高分子（如聚甲醛和聚乙烯等）比刚性链高分子（如聚碳酸酯和聚甲基丙烯酸甲酯等）表现出更大的敏感性。聚甲醛加工时，当柱塞上载荷增加 $60kg/cm^2$ 时，表观黏度可下降一个数量级。

在高分子的加工中，不同的加工方法和制件的形状，要求不同的熔体黏度与之适应。除了选择适当牌号的原料外，还要靠控制适当的加工工艺条件，以获得合理的流动性。然而不同的物料各有自身的特性，其黏度随加工条件的变化而变化规律不同。盲目地改变某一加工条件很难奏效。例如，对刚性链高分子，盲目地通过增加螺杆的转速提高剪切速率，或者加大柱塞的载荷提高剪切应力，以达到提高物料流动性的目的是行不通的。同样，对柔性链高分子，盲目地提高料筒温度，不仅不能有效地提高物料的流动性，反而可能引起物料的分解而使制件质量降低。

对于一种具体的高分子，选择正确合理的加工工艺条件有着重要意义。例如，注射加工薄壁长流程制件，要求高分子熔体有较好的流动性，以保证物料充满模腔。为此，对于不同的物料必须采取不同的方法。对分子链较柔性的聚乙烯、聚甲醛等，主要是提高柱塞压力或螺杆转速，因为这类高分子流动时较易取向，它们的黏度对剪切应力和剪切速率的变化较为敏感。而对于聚碳酸酯、聚甲基丙烯酸甲酯等分子链较刚性的高分子，则主要应提高料筒的温度，因为刚性高分子都具有较大的流动活化能，它们的黏度对温度的变化较为敏感。

3. 压力

高分子在挤出和注射成型加工过程中，或在毛细管流变仪中进行测定时，常需要承受相当高的流体静压力，这促使人们研究压力对高分子熔体剪切黏度的影响。根据自由体积的概念，液体的黏度是自由体积决定的，压力增加，自由体积减小，分子间的相互作用增大，自然导致黏度升高。

4. 相对分子质量

高分子的黏性流动是分子链重心沿流动方向发生位移和链间相互滑移的结果。虽然它们都是通过链段运动来实现的，但是相对分子质量越大，一个分子链包含的链段数目就越多，为实现重心的位移，需要完成的链段协同位移的次数就越多。因此，高分子熔体的剪切黏度随相对分子质量的升高而增加。相对分子质量大的流动性就差，表观黏度就高，熔融指数就小。而且相对分子质量的缓慢增大，将导致表观黏度的急剧增高和熔融指数的迅速下降。

熔融指数 MI 与相对分子质量 M 之间有如下关系

$$\lg(\text{MI}) = A - B\lg M \tag{5-60}$$

式中，A 和 B 为高分子的特征常数。因此，在工业上常用熔融指数作为衡量高分子相对分子质量大小的一种相对指标。但是支化度和支链的长短等因素对熔融指数也有影响，只有在结构相似的情况下，才能用熔融指数对同一高分子的不同试样做相对分子质量大小的相对比较。

研究发现，许多高分子熔体的剪切黏度具有相同的相对分子质量依赖性。各种高分子有各自特征的某一临界相对分子质量 M_c，相对分子质量小于等于 M_c 时，高分子熔体的零剪切速率黏度与重均相对分子质量成正比。而当相对分子质量大于 M_c 时，零剪切速率黏度随相对分子质量的增加急剧地增大，一般与重均相对分子质量的 3.4 次方成正比，即

$$\eta_0 = K_1 \bar{M}_w \quad (\bar{M}_w \leqslant M_c) \tag{5-61}$$

$$\eta_0 = K_2 \bar{M}_w^{3.4} \quad (\bar{M}_w > M_c) \tag{5-62}$$

式中，K_1、K_2 和 3.4 为经验常数，对于不同高分子式（5-61）和式（6-62）的指数值不同，K_1、K_2 的变化范围为 1～1.6，3.4 的变化范围为 2.5～5.0。

上述讨论均限于剪切应力和剪切速率很小的情况。如果剪切应力和剪切速率增大，到达假塑性区，高分子熔体的剪切黏度和相对分子质量的关系便变得更为复杂。

从高分子成型加工角度考虑，希望高分子的流动性能要好一些，这样可以使高分子与配合剂混合均匀，制品表面光洁。降低相对分子质量可以增加流动性，改善其加工性能。但是过多降低相对分子质量会影响制品的机械强度，所以在三大合成材料的生产中要恰当地调节相对分子质量的大小。在满足加工要求的前提下尽可能提高其相对分子质量。

不同用途和不同加工方法对相对分子质量有不同的要求。合成橡胶的相对分子质量一般控制在 20 万左右。合成纤维的相对分子质量一般控制得比较低〔尼龙 6 $(1.5\sim2.3)\times10^4$；尼龙 66 $(2.2\sim2.7)\times10^4$；聚酯 2×10^4 以上；聚丙烯腈 $(2.5\sim8)\times10^3$；聚丙烯 1.2×10^4〕，否则高分子难以通过毫米级直径的喷丝小孔。塑料的相对分子质量一般控制在纤维和橡胶之间。

5. 相对分子质量的分布

在高分子的加工中，常常发现平均相对分子质量相同的高分子原料，由于流动性不同，产

品性质发生波动的情况。研究结果表明,这是相对分子质量分布不同影响了高分子的流动行为。

大量研究证明,相对分子质量分布较窄或单分散的高分子,熔体的剪切黏度主要由重均相对分子质量决定。而相对分子质量分布较宽的高分子,熔体的剪切黏度可能与重均相对分子质量没有严格的关系。相对分子质量分布曲线上的高相对分子质量尾端对熔体的零剪切速率黏度及其流变行为有特别重要的影响。

从相对分子质量对剪切黏度影响的讨论中可以看到,临界相对分子质量以上,零剪切速率黏度一般与重均相对分子质量的3.4次方成正比。对于相对分子质量分布较宽的高分子,其高相对分子质量部分对零剪切速率黏度的贡献比低相对分子质量部分肯定大得多。这样,两个重均相对分子质量相同的同种高分子试样,相对分子质量分布较宽的可能比单分散试样具有更高的零剪切速率黏度。

相对分子质量不同,对剪切速率的反映也不同。相对分子质量越大,对剪切速率越敏感,剪切引起的黏度降低越大,从第一牛顿区进入假塑性区也越早,即在更低的剪切速率下便发生黏度随剪切速率的增加而降低。因此,在重均相对分子质量相同时,随着相对分子质量分布变宽,其熔体的流动更容易出现非牛顿性的剪切速率值降低。

近年来,理论研究从相对分子质量分布预测黏度与剪切速率的关系上已经取得了一定的进展。这一理论采用了一个简单的模型,把剪切速率增加下的黏度降低看作流动引起的链解缠结。

相对分子质量分布对高分子熔体黏度和流动行为的影响,对于高分子加工有重要的意义。一般的纺丝、塑料的注射和挤出加工中,剪切速率都比较高。在这样的情况下,相对分子质量分布的宽窄对熔体黏度的剪切速率依赖性影响很大。

从以上分析不难看出,通常在低剪切速率下测量的熔融指数值,有时不能反映高剪切速率下的流动行为。低剪切速率下黏度相近的试样,在高剪切速率下加工时,单分散或相对分子质量分布很窄的高分子的黏度,比宽分布的同种高分子要高些。因此,在试样的注射或挤出加工条件下,一般宽分布比窄分布试样(相对分子质量相同)流动性更好。

橡胶加工中确实希望相对分子质量分布宽些,其中低相对分子质量部分是相当优良的增塑剂,对高相对分子质量部分起增塑作用。这样,橡胶与其他配合剂混炼捏合时,比较容易吃料。由于流动性较好,可减少动力消耗,提高产品的外观光洁度。而高相对分子质量部分则可以保证产品物理力学性能的要求。当然也不是相对分子质量越宽越好,相对于橡胶而言,塑料和纤维的相对分子质量分布更是不宜过宽的。因为塑料和纤维的平均相对分子质量一般都较低,相对分子质量分布过宽势必含有相当数量的小分量部分,它们对产品的物理机械性能将带来不良的影响。

6. 链支化的影响

链支化对高分子熔体黏度和流动行为影响的研究由于问题的复杂性和支化结构表征的困难,开展得比较晚,所得的结果也常有互相矛盾的情况。近年来由于链支化结构中星形、梳形等规则结构的合成和表征技术的进展,研究正在逐渐深入。一般,当支链不太长时,链支化对熔体黏度的影响不大,因为支化分子比同相对分子质量的线型分子在结构上更为紧凑,使短支链高分子的零剪切速率黏度比同相对分子质量的线型高分子略低一些。均方回转半径相同时,两者的零剪切速率黏度近似相等。然而,若支链长到足以相互缠结,则其影响是显著的。一般高分子的非线型结构是在聚合反应期间由某种无规支化化学反应造成的,这种无规支化常常造成很宽的结构分布，而要把结构分布和非线型的链结构两种影响清楚地分开来是极其困难的。因此，无规支化影响的研究难以得到一致的结果。深入的研究一般从规则支化结构入手。

7. 其他结构因素

凡是能使玻璃化转变温度升高的因素，往往也使黏度升高。对相对分子质量相近的不同高分子来说，柔性链的黏度比刚性链低。对于化学组成相同，但分子结构和凝聚态不同的高分子，其在熔体黏度上可以有很大差别。例如，无规共聚的丁苯橡胶和 S-B-S 嵌段共聚的热塑性橡胶相比，在总的平均相对分子质量相近和丁二烯-苯乙烯比例相似的情况下，嵌段共聚体的熔体黏度要高得多，因为在嵌段共聚体中，聚丁二烯不易穿过聚苯乙烯链所形成的微区，所以熔体黏度显著增高。又如，聚有机硅氧烷和含有醚键的高分子的黏度比刚性很强的高分子低得多；再如，聚酰亚胺和其他主链含有芳环的高分子的黏度都很高，加工也较困难。

除了上述影响分子链刚性的因素外，分子的极性、氢键和离子键等对高分子的熔融黏度也有很大的影响。例如，氢键能使尼龙、聚乙烯醇、聚丙烯酸等高分子的黏度增加。离子键能把分子链互相联结在一起，犹如发生交联，因而高分子的离子键能使黏度大幅度升高。聚丙烯腈等极性高分子的分子间作用力很强，因而熔融黏度也较大。

乳液法制备的聚氯乙烯在 160～200℃ 加工时，其黏度比相对分子质量相同的悬浮法制备的聚氯乙烯小好几倍。研究发现，在 200℃ 以下的熔体中，乳液法聚氯乙烯的乳胶颗粒尚未完全消失，它作为刚性的流动单元，相互间作用较小，能相互滑移，因而产品黏度很小，温度升到 200℃ 以上后，乳胶颗粒被破坏，乳液法聚氯乙烯与悬浮法的差别随即消失。这种现象在乳液法聚苯乙烯中也存在。另外，等规聚丙烯在 208℃ 时仍具有螺旋分子构象，当剪切速率增加到一定值时，分子链伸展，黏度可突然升高一个数最级，甚至可导致流动的突然停止。研究发现在这种情况下固化结晶，聚丙烯的分子链是高度单轴取向的。这说明黏度的突然升高与结晶的形成有关。因此，降低剪切速率并不能使聚丙烯的黏度重新下降，而只有加热至 280℃ 以上方可回复。

5.3.7　高聚物流动的几种特殊现象

由于法向应力差的存在，高分子熔体流动时会引起一系列在牛顿流体活动中所不曾见到的特殊现象，这些现象大致可以分为三类，以下分别进行讨论。

1. 韦森堡效应

当高分子熔体或浓溶液在各种旋转黏度计中或在容器中进行电动搅拌时，受到旋转剪切作用，流体会沿内筒壁或轴上升，发生包轴或爬竿现象，在锥板黏度计中则产生使锥体和板分开的力，如果在锥体或板上有与轴平行的小孔，流体会涌入小孔，并沿孔上所接的管子上升，这类现象统称为韦森堡效应（图 5-15）。

尽管韦森堡效应有许多不同的表现形式，但它们都是法向应力效应的反映。在这类现象中，流体流动的流

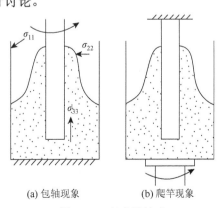

(a) 包轴现象　　(b) 爬竿现象

图 5-15　韦森堡效应

线是轴向对称的封闭圆环。弹性液体沿圆环流动时，沿流动方向的法向应力 σ_{11} 在封闭圆环上产生拉力，对流体的运动起了限制作用，迫使液体在垂直于流层（同心圆筒形）方向上的法向应力 σ_{22} 作用下，沿半径方向反抗离心力的作用向轴心运动直至平衡，同时在与轴平行方向的法向应力分量 σ_{33} 的作用下反抗重力，垂直向上运动直至平衡。这三个法向应力分量的共同作用使外层液体向内层液体挤压并向上运动，从而造成上述种种现象。

2. 挤出物胀大

当高分子熔体从小孔、毛细管或夹缝中挤出时，挤出物的直径或厚度会明显大于模口的尺寸，这种现象称为挤出物胀大，或称为离模膨胀，也称为巴勒斯（Barus）效应（图 5-16）。

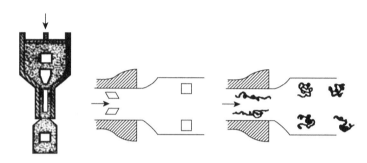

图 5-16　挤出物胀大效应

如果考察流动过程中一个熔体体积元的变化，在进入模孔时，体积元发生变形，由于熔体的弹性效应，离开模口后除去了孔壁的束缚，体积元倾向于回复到进入模孔前的形状，仿佛有"记忆"一样，因而这种现象也称为弹性记忆效应。

高分子熔体的挤出物胀大现象时通常很显著。通常定义挤出物的最大直径 D 与模口直径 D_0 的比值来表征胀大比 $B = D/D_0$。等规聚丙烯和高密度聚乙烯的 B 可高达 $3.0 \sim 4.5$。

高分子熔体的挤出物胀大是熔体弹性的一种表现。一方面，当熔体进入模孔时，由于流线收缩，在流动方向上产生纵向速度梯度，即流动含有拉伸流动成分。熔体沿流动方向受到拉伸，发生弹性形变，而在模口中停留的时间又较短，来不及完全松弛掉，出模口后继续发生回缩。另一方面，熔体在模孔内流动时，由于剪切应力和法向应力的作用（σ_{11} 沿着流动方向对流体产生拉力），也要发生弹性形变，出模口后要回复。当模孔的长径比 $L/R > 16$ 时，由拉伸流动引起的形变在模孔内已得到充分的松弛回复，因而挤出物胀大主要由剪切流动引起。

当采用大长径比的毛细管时，拉伸流动的贡献可以忽略，挤出物的胀大比与剪切速率有关。在低 $\dot{\gamma}$ 时，B 趋于 1.1，随着剪切速率的增大 B 增大，挤出物胀大开始明显，增加的剪切速率也与流体黏度开始出现非牛顿的剪切速率相对应。

3. 不稳定流动和熔体破裂

当剪切速率不大时，高分子熔体挤出物的表面光滑。然而剪切速率超过某一临界值后，随着剪切速率的继续增大，挤出物的外观依次出现表面粗糙（如鲨鱼皮状或橘子皮状）、尺寸周期性起伏（如波浪状、竹节状或螺旋状），直至破裂成碎块等种种畸变现象（图 5-17），这些现象一般统称为不稳定流动或弹性湍流，熔体破裂则指其中最严重的情况。

对于这些现象已经提出了许多流动机理进行解释，但是至今仍未完全弄清。一般认为它们与熔体的弹性效应有关。引起缺陷的原因大致可归纳为两种。一种是滑黏现象，就是高剪切速率条件下，在高分子熔体与毛细管壁间的滑移现象。其原因是高分子熔体在剪切速率最大的毛细管壁处的表观黏度最低。另外有人认为流动分级效应会使低相对分子质量部分较多地集中于毛细管壁处，也使管壁处熔体的黏度最低。总体来说，熔体沿管壁发生整体滑移，从而导致不稳定流动，流速不再均匀，而是出现脉动，因此表现为挤出物表面粗糙或横截面积的脉动变化。另一种是熔体破裂，就是熔体受到过大的应力作用，发生类似于橡胶断裂方式的破裂。熔体发生破裂时，取向的分子链急速回缩解取向，随后熔体流动又逐渐重新建立起这种取

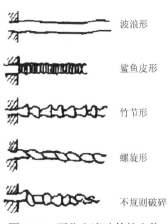

图 5-17　不稳定流动的挤出物外观示意图

向，直至发生下一次破裂，从而使挤出物外观发生周期性的变化，甚至发生不规则的扭曲或破裂成碎片。一般认为熔体破裂是拉伸应力造成的，而不是剪切应力。因此这种过程往往发生在靠近毛细管入口处，由于那里管道的截面积有较大的变化，流线收敛，熔体流动受到很大的拉伸应力。而滑黏现象则往往出现在毛细管内或出口端附近。上述两种原因也可能同时存在，视具体情况而定。

关于不稳定流动起因的粗略分析，还可以说明一些其他因素的影响。例如，温度升高可提高发生熔体破裂的临界剪切速率，这与温度提高分子链松弛速度有关。又如，减小模孔入口角能使熔体破裂出现在剪切速率更高值处，这是减小熔体所受拉伸应力的结果。

习　　题

1. 聚合物的玻璃化转变是否是热力学相变？为什么？
2. 试用玻璃化转变的自由体积理论解释：①非晶态聚合物冷却时体积收缩速率发生变化；②冷却速度越快，测得的 T_g 值越高。
3. 已知某种流体其黏度 η 与切应力 σ 的关系为

$$A\eta = \frac{1+B\sigma^n}{1+C\sigma^n}，\quad 并符合 \frac{d\gamma}{dt} = m\sigma^n$$

式中，n 为流动行为指数；A、B、C、m 均为常数。若已知 $C>B$，此流体属于哪种类型？
4. 实验测定不同相对分子质量的天然橡胶的流动活化能分别为 25.08kJ/mol、40.13kJ/mol、53.50kJ/mol、53.9kJ/mol、54.3kJ/mol（单元），而单体异戊二烯的蒸发热为 25.08kJ/mol。试求：
   （1）上述五种情况下高分子流动时链段各为多长（链段所含的碳原子数）？
   （2）天然橡胶大分子链段至少应包括几个链节？链段相对分子质量约为多少？
5. 已知 PE 和 PMMA 流动活化能 ΔE_η 分别为 41.8kJ/mol 和 192.3kJ/mol，PE 在 473K 时的黏度 $\eta_{(473)} = 91\text{Pa·s}$，而 PMMA 在 513K 时的黏度 $\eta_{(513)} = 200\text{Pa·s}$。试求：
   （1）PE 在 483K 和 463K 时的黏度，PMMA 在 523K 和 503K 时的黏度。
   （2）说明链结构对聚合物黏度的影响。
   （3）说明温度对不同结构聚合物黏度的影响。
6. 如何利用时-温等效原理来测量天然橡胶的低温应力松弛行为？
7. 在高分子的加工中，对于柔性和刚性高分子材料，如何选择合理的加工工艺？
8. 为什么线型高分子与支化高分子常常表现出不同的不稳定流动现象？

超链接知识

塑料成型加工是指由合成树脂制造厂制造的聚合物制成最终塑料制品的过程。加工方法（通常称为塑料的一次加工）包括压塑、挤塑、注塑、吹塑、压延等。

压塑又称模压成型或压制成型，主要用于酚醛树脂、脲醛树脂、不饱和聚酯树脂等热固性塑料的成型。

挤塑又称挤出成型，是使用挤塑机（挤出机）将加热的树脂连续通过模具挤出所需形状制品的方法。挤塑可用于热固性塑料的成型，也可用于泡沫塑料的成型。挤塑的优点是可挤出各种形状的制品，生产效率高，可自动化、连续化生产；缺点是热固性塑料不能广泛采用此法加工，制品尺寸容易产生偏差。

注塑又称注射成型，是使用注塑机（或称注射机）将热塑性塑料熔体在高压下注入到模具内，再经冷却、固化获得产品的方法。注塑也能用于热固性塑料及泡沫塑料的成型。注塑的优点是生产速度快、效率高，操作可自动化，能成型形状复杂的零件，特别适合大规模生产；缺点是设备及模具成本高，注塑机清理较困难等。

吹塑又称中空吹塑或中空成型，是借助压缩空气的压力使闭合在模具中的热的树脂型坯吹胀为空心制品的一种方法。吹塑包括吹塑薄膜及吹塑中空制品两种方法。用吹塑法可生产薄膜制品，如各种瓶、桶、壶类容器及儿童玩具等。

压延是将树脂和各种添加剂经预期处理（捏合、过滤等）后通过压延机的两个或多个转向相反的压延辊的间隙加工成薄膜或片材，随后从压延机辊筒上剥离下来，再经冷却定型的一种成型方法。压延主要用于聚氯乙烯树脂的成型，能制造薄膜、片材、板材、人造革、地板砖等制品。

发泡材料（PVC、PE 和 PS 等）中加入适当的发泡剂，可使塑料产生微孔结构。几乎所有的热固性和热塑性塑料都能制成泡沫塑料。泡沫塑料按泡孔结构分为开孔泡沫塑料（绝大多数气孔互相连通）和闭孔泡沫塑料（绝大多数气孔是互相分隔的），这主要是由制造方法（分为化学发泡、物理发泡和机械发泡）决定的。

第 6 章　高聚物的力学性能

高聚物的力学性能是指其受外力作用时的形变行为和抗破损的性能，包括弹性、塑性（plasticity）、强度、蠕变、松弛（relaxation）和硬度等。材料使用时总是要求高聚物具有必要的力学性能，对于大部分应用而言，力学性能比高聚物的其他物理性能显得更为重要。

高分子材料具有所有已知材料中可变性范围最宽的力学性能，包括从液体、软橡胶到很硬的刚性固体。与金属材料相比，高分子材料力学性能最大的特点就是高弹性和黏弹性。橡胶在室温下就表现出高弹性，塑料高聚物在更高的温度下也会表现出高弹性。其与一般材料的高弹性的根本区别就在于高聚物的高弹性源于它的构象熵的改变。高聚物的黏弹性是指高分子材料不但具有弹性材料的一般特性，还具有黏性流体的一些特性。高聚物的黏弹性表现在它具有突出的力学松弛现象（如蠕变及其回复、应力松弛和动态力学行为等），其力学行为强烈依赖于外力作用的时间，同时表现出很大的温度依赖性。因此，描述高聚物的力学行为必须同时考虑应力、应变（strain）、时间和温度四个参数。

高聚物的力学松弛性依赖于温度和形变速率，对破坏过程的影响体现在脆性破坏和韧性破坏的转变。即使同一种高聚物，在不同温度下应力-应变行为也不相同。当温度在玻璃化转变温度以下时，材料呈脆性破坏，当温度在玻璃化转变温度附近或以上时，则呈韧性破坏，而且随温度升高塑性形变（plastic deformation）分量增加。一定的温度下，在低形变速率时，材料呈韧性破坏，在高形变速率时，则呈脆性破坏特征。高分子材料应力-应变曲线的类型如图 6-1 所示。

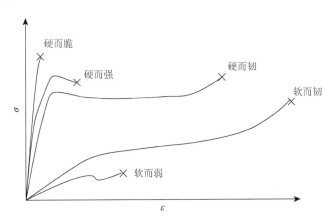

图 6-1　高分子材料应力-应变曲线的类型

6.1　高聚物力学测量

高聚物的力学测量采用静态测试。静态测试是静载作用下进行的力学性能测试。力学性能中的两个基本概念是应力和应变。前者为单位面积上的附加内力，后者为材料几何形状和尺寸的变化。对于各向同性的材料，受力方式不同，发生形变的类型也不同，可发生拉伸、压缩和剪切形变。

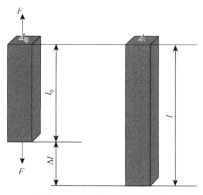

图 6-2　试样的简单拉伸

6.1.1　简单拉伸

图 6-2 示意了简单拉伸状态下的应力和应变，计算可用式（6-1）和式（6-2）表示：

应变
$$\varepsilon = \frac{l - l_0}{l_0} = \frac{\Delta l}{l_0} \tag{6-1}$$

应力
$$\sigma = \frac{F}{A_0} \tag{6-2}$$

式中，l_0 为试样的原始长度；Δl 为试样的长度变化量；F 为作用力；A_0 为试样的初始截面积。试样变形过程中通过传感器测量作用力 F 的大小。测量曲线经常以应力（σ）-应变（ε）曲线进行表达。如果用作用力 F 除以实验中试样的实际截面积 A 可以得到真应力，用 Δl 除以试样实际长度 l 可得到真应变 ε'。由于实验在拉伸过程中截面积不断减小，真应力总是比应力大。假设试样在拉伸过程中体积不变，真应力 σ' 和真应变 ε' 均为拉伸比 l/l_0 的函数，如式（6-3）和式（6-4）所示：

$$A \cdot l = A_0 \cdot l_0, \quad \sigma' = \frac{F}{A} = \frac{F}{A_0 l_0 / l} = \sigma \frac{l}{l_0} \tag{6-3}$$

$$\varepsilon' = \int_{l_0}^{l} \left(\frac{1}{l} \right) \mathrm{d}l = \ln\left(\frac{l}{l_0} \right) \tag{6-4}$$

拉伸过程等体积的假设仅适用处于高弹态下的聚合物，对处于玻璃态下的聚合物来说，体积随拉伸不断增加。ΔV 在应变恒定条件下可通过计算得到。假设 V_0 是初始体积，ε 是真应变，υ 是泊松比（横向真应变 ε_T 与纵向真应变 ε_L 的比值），那么 ΔV 可由式（6-5）表达，即

$$\Delta V = V - V_0 = (1 - 2\upsilon)\varepsilon V_0 \tag{6-5}$$

$$\upsilon = -\frac{\varepsilon_T}{\varepsilon_L} = \frac{1}{2} \left[1 - \frac{1}{V} \left(\frac{\partial V}{\partial \varepsilon} \right) \right] \tag{6-6}$$

对大多数玻璃态聚合物来说，泊松比约为 0.4，如聚苯乙烯、聚甲基丙烯酸甲酯、聚氯乙烯。对于完全不可压缩材料，式（6-6）中的 $\partial V / \partial \varepsilon$ 为 0，泊松比将达到最大值 0.5。例如，天然橡胶和低密度聚乙烯的泊松比为 0.49，非常接近理论数值。描述理想弹性体的胡克定律将应力和应变的比值 E 定义为拉伸（杨氏）模量。也可以反过来，将应变与应力的比值定义为拉伸柔量 D。

$$E = \frac{\sigma}{\varepsilon} = \frac{F/A_0}{\Delta l/l_0}, \quad D = \frac{1}{E} \tag{6-7}$$

由定义可知柔量是模量的倒数。把应力-应变偏离理想线性关系的点称为比例极限，把应力-应变曲线初始部分的斜率称为初始模量。

6.1.2　均匀压缩

均匀压缩状态下测量的参数是体积模量 B 和体积柔量 K。图 6-3 示意了均匀压缩的受力状态，体积模量按式（6-8）计算：

$$B = \frac{P}{\Delta V/V_0} = \frac{PV_0}{\Delta V}, \quad K = \frac{1}{B} \tag{6-8}$$

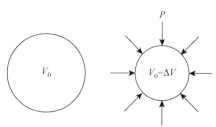

图 6-3　试样的均匀压缩

6.1.3 简单剪切

图 6-4 示意了试样对剪切应力做出的响应,试样变形表现为角度的变化。胡克定律对于剪切变形的描述是剪切模量 G,剪切柔量 J 仍然为剪切模量的倒数,即

$$G = \frac{\sigma_s}{\gamma} = \frac{F}{A_0 \tan \theta}, \quad J = \frac{1}{G} \tag{6-9}$$

式中,σ_s 为剪切应力,定义为力和面积的比值;A_0 为剪切力作用面的面积;剪切应变 γ 为角度的变化量。

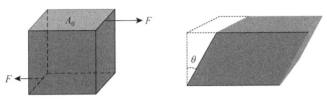

图 6-4 试样的剪切变形

下面对静载荷不同受力状态下材料的弹性模量做一总结。对于理想的弹性固体,应力与应变成正比,比例常数称为弹性模量。它用于衡量材料抵抗变形的能力。三种基本形变类型对应的弹性模量为以下三种。

(1)简单拉伸:杨氏模量(Young's modulus),对应拉伸柔量 D

$$E = \frac{\sigma}{\varepsilon} = \frac{F/A_0}{\Delta l/l_0}, \quad D = \frac{1}{E}$$

(2)均匀压缩:体积模量(volume modulus),对应体积柔量 K

$$B = \frac{P}{\Delta V/V_0} = \frac{PV_0}{\Delta V}, \quad K = \frac{1}{B}$$

(3)简单剪切:剪切模量(shear modulus),对应剪切柔量 J

$$G = \frac{\sigma_s}{\gamma} = \frac{F}{A_0 \tan \theta}, \quad J = \frac{1}{G}$$

对于各向同性的材料,三种模量的关系为

$$E = 2G(1 + \upsilon) = 3B(1 - 2\upsilon) \tag{6-10}$$

理想不可压缩变形时,体积不变:$\Delta V/V_0 = 0$,$B = \infty$,$\upsilon = 0.5$,$E = 3G$。

大多数材料在变形时,有体积变化,拉伸时发生体积膨胀:$\upsilon = 0 \sim 0.5$,$B = E/3 \sim \infty$,$G = E/3 \sim E/2$。

对于各向异性的材料,各个方向上有不同的性质,因而有不止两个独立的弹性模量,其数目取决于体系的对称性。

6.1.4 机械强度

当材料所受外力超过其承载能力时即发生破坏,机械强度是材料抵抗外力破坏的能力。在各种实验应用中,机械强度是材料力学性能的重要指标。对于各种不同的破坏力,有不同的强度指标。常用的机械强度指标有以下五种。

1)拉伸强度

在规定实验温度、湿度和实验速度下,在标准试样上沿轴向施加拉伸负荷,直至试样被拉断。试样断裂前所受的最大负荷 P 与试样横截面积(试样厚度 b 与宽度 d 的乘积)之比即为拉

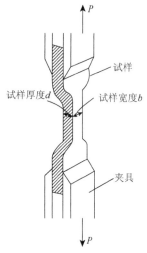

图 6-5 拉伸强度测试试样

伸强度（tensile strength）。拉伸强度是将试片在拉力机上施以静态拉伸负荷，使其破坏（断裂）时的载荷（图 6-5）。其计算公式如下：

拉伸强度
$$\sigma_t = \frac{P}{bd} \tag{6-11}$$

拉伸模量
$$E_t = \frac{\Delta P/bd}{\Delta l/l_0} \tag{6-12}$$

式中，P 为最大破坏载荷；b 为试样宽度；d 为试样厚度；l_0 为试样的有效长度；l 为试样断裂时标线间的距离。拉伸强度越大，说明材料越不易断裂、越结实。

2）压缩强度

在试样上施加压缩载荷至其破裂（脆性材料）或产生屈服现象（非脆性材料）时，原单位横截面上所能承受的载荷称为压缩强度（compressive strength）。其计算公式如下：

压缩强度
$$\sigma_c = \frac{P}{f} \tag{6-13}$$

压缩模量
$$E_c = E_t \tag{6-14}$$

式中，P 为破坏载荷；f 为试样原截面积。压缩实验可在拉力机上进行，放置一对与拉伸方向相反的穿心压板，改变静态应力，对试样施加静态压力，直至试样破裂。试样为圆柱形或正方形。

3）弯曲强度

在两支点间的试样上施加集中载荷，使试样变形直至破裂时的载荷称为弯曲强度（bending strength）。弯曲强度测试时的试样状态如图 6-6 所示。计算公式如下：

弯曲强度
$$\sigma_f = \frac{3Pl_0}{2bd^2} \tag{6-15}$$

弯曲模量
$$E_f = \frac{\Delta Pl_0^3}{4bd^3\delta} \tag{6-16}$$

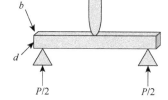

图 6-6 弯曲强度测试试样

式中，P 为破坏载荷；l 为实验时试样跨度，cm；b 为试样宽度；d 为试样厚度。

4）冲击强度

冲击强度（impact strength）是材料抵抗高速冲击破坏的性能指标，它表征材料的韧性，依赖于高聚物本身的结构、测试样品的几何形状、环境条件、冲击实验设备类型和加载频率。测定材料冲击强度经常使用的是摆锤式冲击实验，根据试样夹持方式的不同，又分为悬臂梁式（izod）冲击实验机和简支梁式（Charpy）冲击实验机。图 6-7 为摆锤冲击仪，图 6-8 则示意了试样不同的夹持方式。计算公式如下：

冲击强度
$$\sigma_i = \frac{W}{bd} \tag{6-17}$$

式中，b 和 d 分别为试样冲击断面的宽度和厚度。冲击强度单位为 kJ/m^2，若实验求算的是单位缺口长度所消耗的能量，单位为 kJ/m。

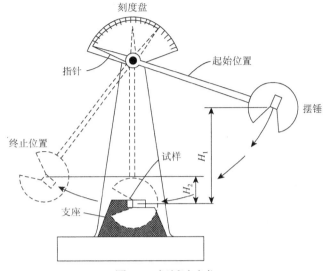

图 6-7　摆锤冲击仪

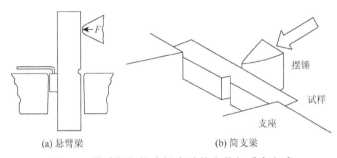

(a) 悬臂梁　　　　　　　　(b) 简支梁

图 6-8　悬臂梁与简支梁实验的安装与受力方式

5）硬度

硬度的大小与材料的拉伸强度和弹性模量有关，是衡量材料表面抵抗机械压力能力的一种指标。布氏硬度是材料常见硬度之一，其硬度值表明了材料表面抵抗外物局部压入的能力。布氏硬度实验原理如图 6-9 所示，以一定大小的载荷 P 把直径为 D 的淬火钢球或硬质合金球压入试样表面，保持规定时间后卸载，测量试样表面的残留压痕直径 d，求压痕的表面积 S。将单位压痕面积承受的平均压力（P/S）定义为布氏硬度，用符号 H_B 表示，即

$$H_B = \frac{P}{\pi D h} = \frac{2P}{\pi D[D-(D^2-d^2)^{1/2}]} \qquad (6\text{-}18)$$

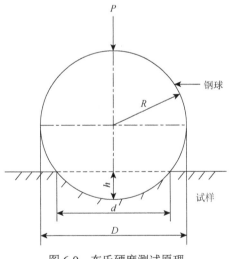

图 6-9　布氏硬度测试原理

式中，h 为压痕深度。硬度值越高，表面材料越硬，硬度值一般不标单位。

6.2　高聚物拉伸行为

应力-应变实验是一种使用极其广泛的力学实验，其方法是在拉力 F 作用下，试样沿纵轴方向以均匀的速率被拉伸，直到断裂为止。从实验测定的应力-应变曲线可以得到对评价材料

力学性能有用的杨氏模量、屈服强度（yield strength）、拉伸强度及断裂伸长等表征参数。在
宽广的温度和形变速率范围内测得的数据可用来判断高聚物材料的强弱、软硬和韧脆，也可

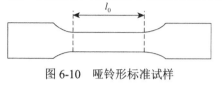

图 6-10　哑铃形标准试样

以粗略地估计高聚物所处的状态及其拉伸取向过程。常
用的哑铃形标准试样如图 6-10 所示，试样中部为测试部
分，标距长度为 l_0，初始截面积为 A_0。不同状态的高聚
物的应力-应变曲线有不同的形状。

6.2.1　玻璃态高聚物的拉伸

当线型玻璃态高聚物在温度低于 T_g 几十摄氏度，以一定速率被单轴拉伸时，其典型的应
力-应变曲线如图 6-11 所示。处于高弹态的橡胶在温度较低、相对分子质量很大时，以及处于
玻璃态的塑料在某一段温度范围内才具有这一典型的应力-应变曲线。

图 6-11 中的曲线有以下几个特征：OA 段，为符
合胡克定律的弹性形变区，应力-应变呈直线关系变
化。直线斜率 $d\sigma/d\varepsilon = E$ 相当于材料的弹性模量，A
点即为弹性极限点（point of elastic limit）。越过 A 点，
应力-应变曲线偏离直线，说明材料开始发生塑性形
变，极大值 Y 点称为材料的屈服点（yielding point）。
Y 点以前是弹性区域，试样被均匀拉伸，除去应力，
试样的应变可以回复，不留下任何永久形变。Y 点以
后，试样呈现塑性行为，此时尚若除去应力，应变不
能回复，留下永久形变。这种塑性形变只有在 T_g 以

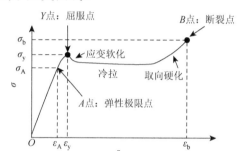

图 6-11　线型玻璃态高聚物典型的拉伸
应力-应变曲线

上将试样进行退火处理，方能回复到未拉伸的状态。到达屈服点时，试样截面突然变得不均
匀，出现"细颈"。该点对应的应力和应变分别称为屈服应力 σ_y（或称屈服强度）和屈服应
变 ε_y（或称屈服伸长率，elongation at yield）。屈服开始后应变增加、应力反而有所降低，称
为应变软化（strain softening）。而后随着应变增加，在一个很大范围内曲线基本平坦，"细颈"
区越来越大，为聚合物特有的"颈缩阶段"。直到拉伸应变很大时，应力急剧增加，称为取向
硬化。在这个阶段，成颈后的试样又被均匀地拉伸。到达 B 点（断裂点，breaking point）发生
断裂，与 B 点对应的应力、应变分别称为材料的拉伸强度 σ_b（或断裂强度）和断裂伸长率 ε_b，
它们是材料发生破坏的极限强度和极限伸长率。

应力-应变曲线下的面积为

$$W = \int_0^{\varepsilon_b} \sigma \, d\varepsilon \qquad (6-19)$$

其相当于拉伸试样直至断裂所消耗的能量，单位为 J/m³，称为断裂能或断裂功（fracture
energy）。它是表征材料韧性的一个物理量。

在拉伸过程中，高分子链的运动经过以下阶段：

（1）弹性形变：试样从拉伸开始至弹性极限点（A 点）之间，应力的增加与伸长率的增
加成正比，曲线在此阶段为直线，其斜率为弹性模量 E。形变的发生主要是由分子链的键长、
键角的变化所引起的普弹形变（instantaneous elastic deformation）。

（2）强迫高弹形变（forced rubber-like deformation）：这是由于 A 点以后应力增加，足以
克服链段运动的势垒，而发生链段运动。对于常温下玻璃态高聚物来说，这是施以外力强迫

其链段运动，所以这种高弹性称为强迫高弹性。若在此时除去外力，则其链段不能运动，因而高弹形变被固定下来，成为永久形变。

（3）塑性形变：过屈服点（Y 点）后，在应力的持续作用下，链段沿外力方向运动，伴随发生分子间滑动。其总趋势是应力几乎不增加，而形变却增加很快，即材料处在塑性区，在应力集中的部位部分链发生断裂，应力急剧增加，并保持均匀拉伸，直至最后断裂。这个阶段的形变是不可逆的，是永久形变。

6.2.2　玻璃态高聚物的强迫高弹形变

玻璃态聚合物在大外力的作用下发生的大形变，其本质与橡胶的高弹形态一样，但表现的形式有差别，为了与普通的高弹形变区别开来，通常称为强迫高弹形变。

玻璃态高聚物在一定条件下会发生强迫高弹形变，强迫高弹形变在脆化温度（T_b）以下无法发生。当温度低于 T_b 时，高聚物由于发生强迫高弹形变的应力大于拉伸强度，因而无法发生大的形变而出现脆性断裂。在不同温度范围内，玻璃态聚合物的拉伸行为如下：

当环境温度处于 $T_b < T < T_g$ 时，在恰当速率下拉伸，高聚物能发生形变百分之几百的强迫高弹形变。这种现象既不同于高弹态下的高弹形变，也不同于黏流态下的黏性流动。这是一种独特的力学行为，其典型拉伸应力-应变曲线及试样形状的变化如图 6-12 所示。由图可见，在拉伸的初始阶段，试样被均匀拉伸。到达屈服点时，试样局部区域出现颈缩。继续拉伸时，缩颈区和未成颈区的截面积基本保持不变，但缩颈段长度不断增加，未成颈段不断减少。直到试样整个全部变成缩颈后，才再度被均匀拉伸至断裂。如果试样在拉断前卸载，或试样因被拉断而自动卸载，则拉伸中产生的大变形除少量可回复之外，大部分都将残留下来。

现象的本质是在高应力下，原来卷曲的分子链段被强迫发生运动、伸展，发生大变形，如同处于高弹态的情形。这种强迫高弹形变在外力撤消后形变不能回复（只有将高聚物加热到 T_g 以上形变才能回复）。发生高弹形变所必须达到的应力称为强迫高弹形变的极限应力。

本来，高聚物在玻璃态时，链段的运动已被冻结了，但在很大的外力作用下，其克服了链段间的内摩擦阻力，从而得以沿外力方向运动，因而产生了相当大的形变（强迫高弹形变）。但高聚物在 T_g 以下，随着温度的升高，

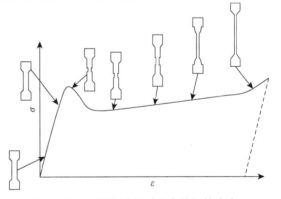

图 6-12　高聚物冷拉过程中的拉伸应力-应变曲线及试样形状变化

链段间的相互作用力增强，因而使其产生强迫高弹形变的极限应力也要增大。由此可见，强迫高弹形变是产生在 T_g 与 T_b 之间的，而 T_b 则是塑料使用的最低温度。在 T_b 以下，玻璃态聚合物不能发展强迫高弹形变，塑料显得很脆，像无机玻璃一样一敲就碎，失去实际应用价值。

强迫高弹形变能够产生，说明提高应力可以促进分子链段在作用力方向上的运动，如同升高温度一样，起到某种"活化"作用。从链段的松弛运动来讲，提高应力降低了链段在作用力方向上的运动活化能，减少了链段运动的松弛时间，使得在玻璃态被冻结的链段能越过势垒而运动。研究表明，链段松弛时间 τ 与外应力 σ 之间有如下关系：

$$\tau = \tau_0 \exp\left[\frac{\Delta E - \gamma\sigma}{RT}\right] \tag{6-20}$$

式中，ΔE 为链段运动活化能；γ 为材料常数；τ_0 为未加应力时链段运动的松弛时间。由式（6-20）可知，σ 越大，τ 越小，σ 降低了链段运动活化能。当应力增加致使链段运动松弛时间减少到与外力作用时间同一数量级时，就可能产生强迫高弹形变。

6.2.3　晶态高聚物的拉伸

典型的晶态高聚物的应力-应变曲线如图 6-13 所示。它比非晶态高聚物的拉伸曲线有更明显的转折，整个曲线可划分为三段：曲线的初始段（OY），应力随应变呈直线增加，试样均匀伸长。达到屈服点（Y 点）后，试样突然在某处变细，出现"细颈"，由此开始拉伸的第二阶段，即细颈的发展阶段。在此阶段试样不均匀伸长，且伸长不断增加，而应力几乎不变，直至整个试样变为细颈为止（D 点）。第三阶段（DB）是成颈变细的试样重新被均匀拉伸，它的弹性模量和强度变大，应力随应变很快增加，直到断裂点 B。

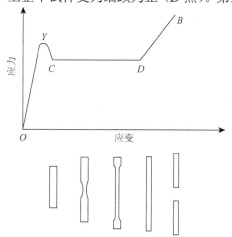

图 6-13　晶态聚合物的应力-应变曲线及试样外形变化示意

拉伸的第二阶段是由于应力增加到 C 点时足以克服其晶格能，结晶区被破坏，同时链段开始运动，并沿外力方向平行排列（取向）。如果在此温度下，聚合物结晶速率足够大，则沿外力方向取向后链段能重新排入晶格而重新结晶。如果结晶速率太慢，则会成为非晶态的取向高聚物。由于取向后分子链间排列紧密，分子间作用力增大，故强度增大。取向后强度增大，致使试样不会迅速变细拉断，而是在细颈两端发展，也就是粗细交接处的分子链继续取向，直至细颈发展完全。此后，必须进一步增加应力，才能破坏晶格能或克服链间作用力，使分子发生位移甚至断裂，从而导致材料破坏。

6.2.4　硬弹高聚物的拉伸

易结晶的高聚物熔体在较高的拉伸应力场中结晶时，可得到很高弹性的纤维或薄膜材料，其弹性模量比一般弹性体高得多，称为硬弹高聚物。其应力-应变曲线有起始高模量，屈服不太典型，但有明显转折，屈服后应力会缓慢上升。达到一定形变量后，移去载荷形变会自发回复（对于上述晶态或非晶态高聚物的典型情况下，移去载荷后必须加热才能使形变完全回复），如图 6-14 所示。

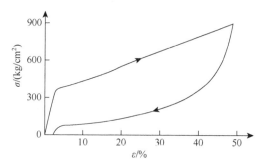

图 6-14　硬弹性聚丙烯的硬弹性行为

6.2.5　应变诱发塑料-橡胶转变

这是某些嵌段共聚物及其与相应均聚物组成的共混物所表现出来的一种特有的应变软化现象。以苯乙烯-丁二烯-苯乙烯三嵌段共聚物（SBS）为例，当其中的塑料相和橡胶相的组成比接近 1∶1 时，材料在室温下像塑料，其拉伸行为起先与一般塑料的冷拉现象相似。在应变约 5% 处发生屈服成颈，随后细颈逐渐发展，应力几乎不变而应变不断增加，直到细颈发展完成，此时应变约达 200%（图 6-15），进一步拉伸，细颈被均匀拉伸，应力可进一步升高，最大应变可高达 500%，甚至更高。可是如果移去外力，这种大形变却能迅速基本回复，而不像一般塑料强迫高弹性需要加热到 T_g 或 T_m 附近才能回复。而且，如果接着进行第二次拉伸，则开始发生大形变所需的外力比第一次拉伸要小得多，试样也不再发生屈服和成颈过程，而与一般交联橡胶的拉伸过程相似，材料呈现高弹性。图 6-16 是这种试样拉伸的应力-应变曲线。两次拉伸的应力-应变曲线分别为非常典型的塑料冷拉和橡胶的拉伸曲线。从以上现象可以判断，在第一次拉伸超过屈服点后，试样从塑料逐渐转变成橡胶，因而这种现象被称为应变诱发塑料-橡胶转变（strain-induced plastics-to-rubber transition）。

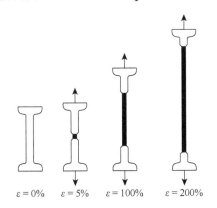

图 6-15　SBS 嵌段共聚物（组成比约为 1∶1）的
拉伸试样示意

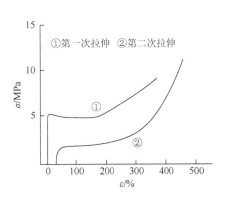

图 6-16　SBS 嵌段共聚物拉伸行为

6.2.6　高聚物的屈服

屈服强度是材料在卸除载荷后基本不产生永久形变的最大应力。超过屈服点，材料便开始屈服，同时发生塑性形变。在实际应用中，材料产生塑性形变就丧失了使用价值。这一点对塑料材料尤为重要，其使用极限是屈服强度。

实验发现，高分子材料发生脆性断裂时，试样没有明显的变化，断裂面一般与拉伸方向垂直 [图 6-17（a）]，断裂面很光洁；而韧性破坏过程中，当拉伸至屈服点时，试样常出现与拉伸方向约呈 45° 倾斜的剪切滑移变形带 [图 6-17（b）]。图 6-18 是聚对苯二甲酸乙二酯试样剪切带的显微镜照片。

1. 高聚物单轴拉伸的应力分析

考虑横截面积为 A_0 的试样，受到轴向拉力 F 的作用（图 6-19），这时，横截面上的应力 $\sigma_0 = F/A_0$。如果在试样上任意取一倾斜的截面，设其与横截面的夹角为 α，则其面积 $A_\alpha = A_0/\cos\alpha$，作用在 A_α 上的拉力 F 可以分解为沿平面法线方向和沿平面切线方向的两个分

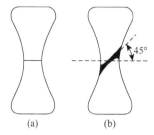

图 6-17　脆性断裂（a）与韧性断裂（b）

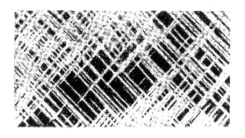

图 6-18　聚对苯二甲酸乙二酯试样剪切带

力，这两个分力互相垂直，分别记为 F_n 和 F_s ，显然，$F_n = F\cos\alpha$ ，$F_s = F\sin\alpha$ 。因此，这个斜截面上的法应力 σ_{α_n} 和切应力 σ_{α_s} 分别为

$$\sigma_{\alpha_n} = F_n/A_\alpha = \sigma_0\cos^2\alpha \qquad (6\text{-}21)$$

$$\sigma_{\alpha_s} = F_s/A_\alpha = (\sigma_0\sin 2\alpha)/2 \qquad (6\text{-}22)$$

即试样受到拉力时，试样内部任意截面上的法应力和切应力只与试样的正应力 σ_0 和截面的倾角 α 有关，拉力一旦选定，σ_{α_n} 和 σ_{α_s} 只随截面的倾角而变化。

当 $\alpha = 0$ 时，则 $\sigma_{\alpha_n} = \sigma_0$ ，$\sigma_{\alpha_s} = 0$ ；当 $\alpha = 45°$ 时，则 $\sigma_{\alpha_n} = \sigma_0/2$ ，$\sigma_{\alpha_s} = \sigma_0/2$ ；当 $\alpha = 90°$ 时，则 $\sigma_{\alpha_n} = 0$ ，$\sigma_{\alpha_s} = 0$ 。以 σ_{α_n} 和 σ_{α_s} 对 α 作图，可以得到如图 6-20 的曲线。就切应力而言，当截面倾角等于 45°时，达到了最大值。法向应力则以横截面上为最大。

对于倾角为 $\beta = \alpha + \pi/2$ 的另一截面（图 6-21），同样可以有

$$\sigma_{\beta_n} = \sigma_0\cos^2\beta = \sigma_0\sin^2\alpha \qquad (6\text{-}23)$$

$$\sigma_{\beta_s} = (\sigma_0\sin 2\beta)/2 = -(\sigma_0\sin 2\alpha)/2 \qquad (6\text{-}24)$$

由式（6-21）和式（6-23）可得

$$\sigma_{\alpha_n} + \sigma_{\beta_n} = \sigma_0 \qquad (6\text{-}25)$$

即两个互相垂直的斜截面上的法应力之和是一定值，等于正应力，如图 6-21 所示。而由式（6-22）和式（6-24）可得

$$\sigma_{\alpha_s} = -\sigma_{\beta_s} \qquad (6\text{-}26)$$

即两个互相垂直的斜截面上的剪应力的数值相等，方向相反，它们是不能单独存在的，总是同时出现，这种性质称为切应力双生互等定律。

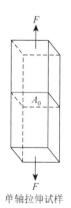

单轴拉伸试样　　任意截面上力的分解

图 6-19　拉伸状态下试样受力分析

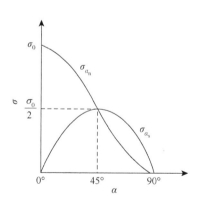

图 6-20　任意截面上正应力和
法应力与截面倾角的关系

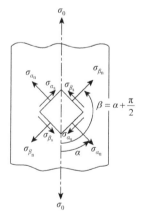

图 6-21　相互垂直截面上
正应力和剪应力的关系

2. 真应力-应变曲线及其屈服判据

研究高分子材料屈服时，由于屈服点以后形变很大，试样截面变化很大，真应力明显不同于工程应力，一般用真应力-应变曲线描述屈服行为。可以通过工程应力 σ 和工程应变 ε 计算形变时的真应力。图 6-22 是真应力-应变曲线示意图，表明拉伸过程中有两种类型的曲线。一种曲线出现峰值，然后出现应变软化和应变硬化现象；另一种曲线没有明显的峰值变化和应变软化，随着应变增大存在应变硬化。

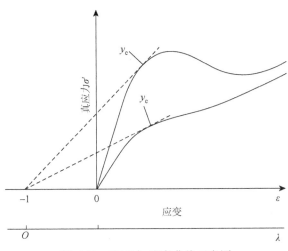

图 6-22　真应力-应变曲线示意图

拉伸形变中屈服点的确定可用 Considere 作图法。在工程应力-应变曲线中，如果在弹性极限之后出现峰值，便将该峰值定义为屈服点，已知真应力和表观应力的关系为 $\sigma' = \sigma(1+\varepsilon)$，显然在峰值处 $\dfrac{\mathrm{d}\sigma}{\mathrm{d}\varepsilon} = 0$，则

$$\sigma = \sigma'/(1+\varepsilon)$$

$$\frac{\mathrm{d}\sigma}{\mathrm{d}\varepsilon} = \frac{1}{(1+\varepsilon)^2}\left[(1+\varepsilon)\frac{\mathrm{d}\sigma'}{\mathrm{d}\varepsilon} - \sigma'\right] = 0$$

$$\frac{\mathrm{d}\sigma'}{\mathrm{d}\varepsilon} = \frac{\sigma'}{1+\varepsilon}$$

$$\frac{\mathrm{d}\sigma'}{\mathrm{d}\lambda} = \frac{\mathrm{d}\sigma'}{\mathrm{d}\varepsilon} = \frac{\sigma'}{1+\varepsilon} = \frac{\sigma'}{\lambda} \tag{6-27}$$

由图 6-22 可知，根据式（6-27）在应变 $\varepsilon = -1$ 处向应力-应变曲线作切线，其切点便是屈服点，该方法称为 Considere 作图法。

真应力-应变曲线有三种类型，如图 6-23 所示。图 6-23（a）中，在 $\varepsilon = -1$ 处，不可能向真应力-应变曲线作切线，这种高聚物在冷拉时不能成颈，高聚物随拉力的增大而均匀伸长。图 6-23（b）中，在 $\varepsilon = -1$ 处，可以向真应力-应变曲线作切线，这种高聚物有屈服和成颈，高聚物均匀伸长到这点成颈，细颈逐渐变细负荷下降，直至断裂。图 6-23（c）中，在 $\varepsilon = -1$ 处，可以向真应力-应变曲线作两条切线，A 点为屈服点，B 点之后高聚物出现冷拉现象。

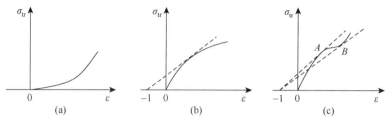

图 6-23　真应力-应变曲线的三种类型

6.2.7　高聚物的破坏和理论强度

当材料所受的应力达到某个临界值时，材料分裂成两部分或几部分，称为断裂（fracture）。然而这种宏观断裂绝不是偶然发生的，而是材料内部微观裂纹发展的必然结果。所以从广义上说，断裂是材料内部产生新表面。

1. 高聚物的破坏

高聚物的断裂（破坏）无非是其主链上化学键的断裂或分子间相互作用力的破坏。高聚物抵抗断裂的能力称为高聚物的强度。从分子结构的角度来看，高聚物之所以具有抵抗外力破坏的能力，主要依靠分子内的化学键合力及分子间的范德华力和氢键。除去其他各种复杂的影响因素，可以由微观角度计算出高聚物的理论强度，这种考虑方法是很有意义的。把理论计算得到的结果与实际高聚物的强度相比较，就可以了解它们之间的差距，这个差距将引导人们进行提高高聚物实际强度的研究和探索。

为了简化问题，可以把高聚物断裂的微观过程归结为如下三种（图 6-24）。如果高分子键的排列方向是平行于受力方向的，则断裂时可能是化学键的断裂或分子间的滑脱，如果高分子链的排列方向是垂直于受力方向的，则断裂时可能是范德华力或氢键的破坏。先从理论上来分析以上三种情况的拉伸强度（或断裂强度）。

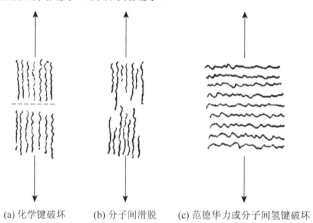

(a) 化学键破坏　　　(b) 分子间滑脱　　　(c) 范德华力或分子间氢键破坏

图 6-24　高聚物微观断裂的三种模型示意图

2. 高聚物的理论强度

如果是第一种情况，高聚物的断裂必须破坏所有的键。先计算破坏一根化学键所需要的力。较严格地计算化学键的强度应从共价键的势能曲线出发。为了简单起见，下面只从键能数据出发进行粗略估算。大多数高分子主链共价键的键能约为 350kJ/mol，或 5.8×10^{-19}erg/键（1erg = 10^{-7}J）。在这里，键能 E 可看作将成键的原子从平衡位置移开一段距离 d 克服其相互

吸引力 f 所需要做的功。对共价键来说，d 不应超过 0.15nm，超过了 0.15nm 共价键就会遭到破坏。因此，可根据 $E = fd$ 算出破坏一根这样的共价键所需要的力 f

$$f = \frac{E}{d} = \frac{5.8 \times 10^{-19}}{1.5 \times 10^{-10}} = 3.9 \times 10^{-9}(\text{N/键})$$

根据聚乙烯晶胞数据推算，每根高分子链的截面积约为 0.2nm^2，每平方米的截面上将有 5×10^{18} 根高分子链。因此，理想的拉伸强度为

$$\sigma = 3.9 \times 10^{-9} \times 5 \times 10^{18} = 2 \times 10^{10}(\text{N/m}^2)$$

实际上，即使高度取向的晶态高聚物，它的拉伸强度也要比这个理想值小几十倍。这是因为没有一个试样的结构能使它在受力时，所有链在同一截面上同时被拉断。

如果是第二种情况，分子间滑脱的断裂必须使分子间的氢键或范德华力全部被破坏。分子间有氢键的高聚物，如聚乙烯醇、纤维素和聚酰胺等，它们每 0.5nm 链段的摩尔内聚能如果以 20kJ/mol 计算，并假定高分子链总长为 100nm，则总的摩尔内聚能为 4000kJ/mol，比共价链的键能大 10 倍以上。即使分子间没有氢键，只有范德华力，如聚乙烯、聚丁二烯等，每 0.5nm 链段的摩尔内聚能以 5kJ/mol 计算，假定高分子链总长为 100nm，总的摩尔内聚能为 1000kJ/mol，也比共价键的键能大好几倍，所以断裂完全是由分子间滑脱引起是不可能的。

如果是第三种情况，分子是垂直于受力方向排列的，断裂时是部分氢键或范德华力的破坏。氢键的解离能以 20kJ/mol 计算，作用范围约为 0.3nm，范德华力的解离能以 8kJ/mol 计算，作用范围约为 0.4nm，则拉断一个氢键和范德华力所需要的力分别约为 1×10^{-10}N 和 3×10^{-11}N。如果假定每 0.25nm^2 上有一个氢键或范德华力，便可以估算出拉伸强度分别为 400MPa（约 4000kg/cm^2）和 120MPa（约 1200kg/cm^2）。这个数值与实际测得的高度取向纤维的强度同数量级。

高聚物的实际强度一般只有理论强度的 1/100。其原因是高聚物的分子链不是像假设的那样整齐排列的，每根分子链受力也不可能是均匀的，断裂时不是每根分子链都同时达到其理论强度值。实际上，材料的破坏往往是从最薄弱处开始的，并引起该处应力集中，继而使破坏进一步发展，最后材料远达不到其理论强度值就断裂了。至于材料的薄弱部位，一般是复杂的质点（如杂质、填料），有的是材料内部的缺陷（如裂纹、缺口、空隙、气泡等），当有应力集中时，受力材料的这个小体积中作用的应力比材料所受的平均应力大得多，材料就在此处开裂而引起宏观断裂。例如，脆性断裂通常是以裂纹发展的形式表现出来。在拉伸过程中材料表面的许多微小裂纹在垂直于拉伸应力的方向上由表及里迅速发展，最后使材料破碎成两块或几块。高聚物总是含有许多缺陷和裂纹的，裂纹有的很小，分布在材料的各部分。例如，有机玻璃和聚苯乙烯等透明塑料中有一些闪闪发光的细丝般的裂纹（或称银纹）。银纹通常会使材料透明度下降，拉伸强度下降。当有溶剂侵入，加速老化后，银纹进一步开裂成为裂纹造成材料的破坏。材料表面的裂纹对强度影响最大，是试样中最致命的缺陷。因为在较大试样中发现这种致命缺陷和裂纹的概率比小试样大得多，即试样尺寸大，测得的强度降低。这就是测定材料强度时应对试样尺寸有标准规定的原因。由于高聚物的实际强度和理论强度相差很大，往往满足不了使用上的要求，因此要对高聚物进行增强。

6.2.8　影响高聚物机械强度的因素

高分子材料的机械强度与其分子主链的化学键作用力、分子间作用力及大分子链的柔性

都有密切关系。有些材料的强度取决于分子主链的断裂，有些材料的强度取决于分子间作用力的破坏（如大分子间的相对滑动）。

线型非晶态高聚物通常在玻璃态下是硬而脆的，拉伸强度中等。晶态高聚物通常是坚韧的，结晶加大了分子间作用力，因而提高了拉伸强度。体型高聚物的拉伸强度则取决于主链化学键强度，也取决于交联程度，适度交联可以加固分子结构。在外力作用下，分子链仍能排列成行，共同承担外力，因而提高了拉伸强度。但高度交联使分子链不易活动，因而不能均匀承担外力，反而降低了拉伸强度。

1. 分子结构本身的影响

高分子材料的化学结构是影响其强度的根本因素，主要影响有：

（1）增加高分子的极性或产生氢键可使强度提高，极性基团或氢键的密度越大，则强度越高。

（2）主链含有芳杂环的高聚物：其强度和模量都比脂肪族高，引入芳环侧基时，强度和模量也会提高。

（3）分子链有支化的高聚物：支化使分子间距离增加，支化程度增大，高聚物的拉伸强度降低，冲击强度升高。

（4）适度交联的高聚物：适度交联可以提高拉伸强度。

（5）高聚物相对分子质量的影响：强度随相对分子质量的增大而升高，但当相对分子质量足够大时，拉伸强度与相对分子质量无关，冲击强度继续增大。

（6）高聚物相对分子质量分布的影响：其中低相对分子质量部分使强度降低。

2. 结晶和取向

结晶对高分子材料力学性能的影响也十分显著，主要影响因素有结晶度、晶粒尺寸和晶体结构。分子取向使分子主链的全部或部分沿一个方向或两个方向排列，在取向方向上材料性能增加，使材料产生各向异性。结晶和取向的影响归纳如下：

（1）结晶度的影响：结晶度增加，对提高拉伸强度、弯曲强度和弹性模量有利；但如果结晶度太高，则会使冲击强度和断裂伸长率降低。

（2）球晶结构的影响：大球晶通常使冲击强度和断裂伸长率降低；小球晶通常使拉伸强度、弹性模量和断裂伸长率提高。

（3）晶形态的影响：由伸直链组成的纤维状晶体，其拉伸性能较由折叠链组成的晶体优越得多。

（4）取向的影响：取向使聚合物材料产生各向异性和在取向方向上的强度增加。在取向方向上，拉伸强度、屈服应力和模量是未取向时的 $2\sim5$ 倍，垂直方向的强度却是未取向时的 $1/3\sim1/2$。

3. 应力集中的影响

材料在加工过程中存在的缺陷使其在受力时内部应力分布不平均，缺陷附近范围内的应力急剧增加，远远大于平均值，将这一现象称为应力集中。这些缺陷包括裂缝、空隙、缺口、银纹和杂质等。缺陷可造成应力集中，是材料破坏的薄弱环节。它的存在严重降低了材料强度，使高聚物实际强度与理论强度产生很大差别。

缺陷形状不同，其应力集中程度也不同。锐口的小裂缝甚至比钝口的较大缺陷更加有害，因为它造成更大的应力集中，致使材料从小裂缝开始产生破坏。很多热塑性塑料在储存及使用过程中，由于应力和环境的影响，往往表面会出现裂纹。例如，有机玻璃、聚苯乙烯、聚碳酸酯之类的透明塑料会出现一些发亮的银纹。裂纹或银纹在较大的外力作用下进一步发展成裂缝，最后使材料发生断裂而破坏。引起高聚物产生裂纹的原因之一是应力的存在，应力越大，裂纹的产生和发展越快，但产生裂纹有一临界应力和最低伸长率。

4. 增塑剂的影响

增塑剂的加入对聚合物起到了稀释作用，使高分子链之间的作用力减小，带来强度的降低。一般加入增塑剂会使材料的拉伸强度、模量等降低，而断裂伸长率和冲击强度却随之升高。

5. 填料的影响

填料的种类繁多，有的填料能使高聚物的性能明显提高，称为活性填料（增强剂）；有的填料主要起增大体积、降低成本的作用，称为惰性填料（填充剂）。活性填料的增强程度与填料本身的强度及其与高聚物的亲和力大小有关。根据填料的形状，填料可分为粉状填料和纤维状填料。前者包括炭黑、石墨，后者包括天然纤维（如棉、麻、丝）、碳纤维、玻璃纤维、硼纤维等。

6. 共聚和共混的影响

共聚可以综合两种以上均聚物的性能，共混也是一种很好的改性方法，通过共聚和共混可以改善聚合物的性能。共混材料有两相存在：即塑料相和橡胶相。两相相容性过分好，形成均相体系，便基本保持塑料的模量和硬度。两相相容性太差，结合力太差，受冲击时界面易发生分离，起不到增韧作用。无论是用接枝共聚得到的高抗冲聚苯乙烯和 ABS 树脂，还是用共混得到的改性聚苯乙烯和 ABS，它们都具有两相结构。橡胶以微粒分散在连续的塑料相中，塑料连续相的存在使材料的弹性模量和硬度不致过分降低；而分散的橡胶微粒作为大量应力集中物，当材料受到冲击时，它们引发大量裂纹，从而吸收冲击能量。同时，大量裂纹之间应力场互相干扰，阻止裂纹进一步发展。

7. 外力作用速度和温度的影响

高聚物是黏弹性材料，其破坏过程是一种松弛过程，因此，外力作用速度和温度对高聚物的强度也有影响。通常，在低温和高形变速率下发生脆性破坏。提高拉伸速率与降低温度对应力-应变曲线的影响效果相似，在图 6-25 中都使材料从韧性断裂向脆性断裂转化。

图 6-26 为拉伸强度 σ_b 和屈服应力 σ_y 与温度和形变速率的关系。图中显示 σ_b 和 σ_y 均随温度升高而下降，其中 σ_y 下降得快些，两条曲线交点所对应的温度 T_b 是韧-脆转变温度。当 $T<T_b$ 时，温度较低，$\sigma_b<\sigma_y$，材料在外力作用下发生脆性破坏；当 $T>T_b$ 时，温度较高，$\sigma_b>\sigma_y$，材料发生延性破坏。T_b 低于 T_g 越远，不同品种之间的差别越大，由韧-脆转变温度决定。

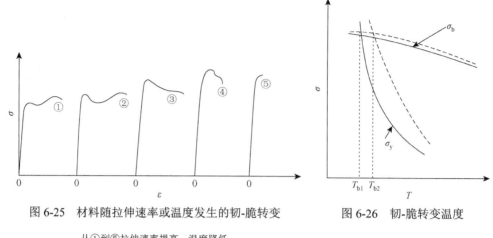

图 6-25 材料随拉伸速率或温度发生的韧-脆转变
图 6-26 韧-脆转变温度

从①到⑤拉伸速率提高，温度降低

6.3 高弹态聚合物力学性质

迄今为止，所有材料中只有高分子材料具有高弹性。处于高弹态的橡胶类材料在小外力作用下就能发生 100%～1000% 的大变形，而且形变可逆，这种宝贵性质使橡胶材料成为国防和民用工业的重要战略物资。高弹性源自柔性大分子链中单键内旋转引起的构象熵的改变，又称熵弹性（entropy elasticity）。

6.3.1 橡胶的使用温度

高聚物作为橡胶材料使用，其使用温度必须在玻璃化转变温度以上，且作为有机物的橡胶，普遍存在耐热性差的缺点。为此，一方面应努力改善其耐高温老化性，提高耐热性；另一方面则应设法降低其玻璃化转变温度，改善其耐寒性。

1. 提高耐热性

无论是硫化的天然橡胶，还是硫化的合成橡胶，在高温下都会很快发生臭氧龟裂、氧化裂解、交联或其他物理因素的破坏，很少能在 120℃ 以上长期保持其物理机械性能。为了提高橡胶的耐热性，可改变橡胶的化学结构或选择合适的配方。

1）改变橡胶的主链结构

天然橡胶和大多数合成橡胶都是双烯烃的聚合物或共聚物，其主链结构中含有大量双键。双键很容易被臭氧破坏，导致裂解。双键旁的 α 次甲基上的氢易被氧化，导致降解或交联，因此天然橡胶和顺丁橡胶等都容易出现高温老化。而不含双键的乙丙橡胶、丙烯腈-丙烯酸酯橡胶及含双键较少的丁基橡胶，耐高温老化性较好。此外分子主链中含有硫原子的聚硫胶和含氧原子的聚醚或氯醇胶也有很好的耐高温老化性能。如果主链均为非碳原子构成，如二甲基硅橡胶，由于 Si—O 键的键能大于 C—C 键的键能，主链中又没有双键，可在 200℃ 以上长期使用。

2）改变取代基的结构

如果主链的结构相同，双键或单键的数量相近，则橡胶的耐高温老化性受取代基性质的影响很大。带有供电取代基者容易被氧化，而带吸电取代基者较难被氧化。例如，天然橡胶和丁苯橡胶，取代基是供电的甲基和苯基，耐高温老化性较差；而取代基为吸电的氯丁橡胶，由于氯原子对双键和 α 氢都有保护作用，因此它是双烯类橡胶中耐热性最好的。和天然橡胶相比，乙丙橡胶的侧基虽然也是供电的甲基，但是由于乙丙橡胶主链是饱和的，因此耐氧化性优于天然橡胶。乙丙橡胶和同样是带吸电取代基的饱和主链的氟橡胶相比，耐高温老化性则差很多，后者耐热可达 300℃。

3）改变交联链的结构

橡胶的耐热性和强度与交联链的结构和长短有关。例如，天然橡胶用硫黄和促进剂进行交联。由于加硫量、所用促进剂及硫化条件的不同，可形成不同形式的硫桥。又如，氯丁橡胶采用 ZnO 硫化，交联链为—C—O—C—；天然橡胶用过氧化物硫化或辐射交联，可形成 C—C 交联键。

除了聚合物的结构外，配合剂的用量及其性质和老化环境等对橡胶的耐老化性能也有很大的影响。在相同的老化条件下，丁基橡胶等饱和橡胶在高温氧化老化时，常以交联为主而发生硬化；而聚氨酯类橡胶，由于主链中含—OCONH—基，虽然耐高温老化，但在潮湿条件下特别容易水解而老化。表 6-1 为几种主要橡胶的使用温度范围。

表 6-1　几种主要橡胶的使用温度范围

橡胶名称	T_g/℃	使用温度范围/℃
顺 1,4-聚异戊二烯	−60	−50～120
顺 1,4-聚丁二烯	−105	−60～140
丁苯共聚物（65/25）	−60	−50～140
聚异丁烯	−60	−50～150
聚 2-氯丁二烯	−45	−35～180
丁腈共聚物（60/30）	−41	−35～165
乙烯丙烯共聚物（50/50）	−60	−40～150
聚二甲基硅氧烷	−120	−60～265
偏氟乙烯全氟乙烯共聚物	−55	−50～300

2. 改善耐寒性

玻璃化转变温度是橡胶类聚合物使用的最低温度，耐寒性不足的原因是在低温下橡胶会发生玻璃化转变或发生结晶，从而导致橡胶变硬、变脆或丧失弹性。

1）加入增塑剂

造成聚合物玻璃化的原因是分子相互接近，分子之间相互作用力加强，以致链段运动被冻结。因此任何增加分子链活动性、削弱分子间相互作用的措施，都会使 T_g 下降。结晶时，高分子链或链段的规整排列会大大增加分子间的相互作用力，使聚合物强度和硬度增加，弹性下降。因此，任何降低聚合物结晶能力和结晶速率的措施，均会增加聚合物的弹性，提高耐寒性。

由于发生结晶，橡胶制品甚至在温度远高于 T_g 时就已不能使用。例如，天然橡胶制品的 T_g 是−63℃，但是由于它常在−40～−10℃就发生结晶，丧失弹性，从而无法使用。在聚合物中加入增塑剂削弱分子间作用力，虽然可以降低 T_g，但它使分子链的活动性增加，也为形成结晶创造了有利条件。因此，用增塑剂降低 T_g 时，必须考虑结晶速率增大和结晶形成的可能性。

2）采用共聚的方法

用共聚法也能降低聚合物的 T_g。例如，聚苯乙烯的主链上带有体积庞大的苯基，聚丙烯腈有极性氰基的存在，都增加了主链内旋转的困难，其 T_g 都在室温以上，只能作为塑料和纤维使用。如果用丁二烯分别与苯乙烯和丙烯腈共聚使分子链的柔性增加，T_g 下降，共聚物可由塑料或纤维转变成橡胶。用共聚法降低 T_g 改善耐寒性时，各单体链节在分子链中的分布极为重要。例如，普通丁腈橡胶虽然 T_g 随丙烯腈含量的增多而升高，但由于丙烯腈链节在丁腈分子链中是无规分布的，相邻氰基之间的相互作用增加了主链内旋转的阻力，致使链的柔性下降。所以，丁腈 40 的 T_g 高达 $-32℃$，而用新型催化剂制得的丁腈 50 交替共聚物，由于两个氰基之间隔一个丁二烯链节，氰基之间的相互作用大为减弱，提高了链的柔性，因此交替的丁腈 50 比一般的丁腈 40 的 T_g 低。

乙丙橡胶是降低聚合物结晶能力获得弹性的典型例子。线型聚乙烯分子链是柔性的，T_g 很低，但由于它的高度结晶性，聚乙烯用作橡胶遇到困难。人们曾想以增加链的不规整性，如把聚乙烯氯化来克服这一困难。但是，要破坏聚乙烯的结晶性，所需要的含氯量较高（28%～30%），这种氯化聚乙烯虽在缓慢变形条件下具有弹性性能，可是它的含氯量过高、密度很大、链柔性低，而且链间极性基的作用力较强，结果力学性能不好。后来改用体积较小的非极性取代基甲基来破坏其结晶性，使乙烯与丙烯共聚得到乙丙橡胶的弹性和力学性质都比氯化乙烯好，而且 T_g 约 $-60℃$，也较低，其耐热氧化性和耐臭氧龟裂均优于天然橡胶。

3. 高弹性的特点

高弹性是高分子处于高弹态表现出的特殊力学性质，主要有以下表现。

1）弹性模量小，弹性形变大

橡胶类物质的弹性模量随温度的增加而增加。分子拉直后力图回复卷曲状态，形成回缩力，促使自发回复。

2）形变需要时间

橡胶的形变需要时间，整链分子运动或链段运动需要克服分子间作用力和内摩擦力。形变落后于外力，其过程是蠕变和应力松弛过程。

3）变形时有热效应

橡胶在伸长时会放热，在回缩时会吸热。伸长的热效应随伸长率而增加，称为热弹效应。橡胶伸长变形时，熵值减小，分子间内摩擦产生热量，分子规则排列而结晶放热。

6.3.2　橡胶弹性的热力学分析

形变可以分为平衡态形变（可逆过程形变）和非平衡态形变（松弛过程形变）两种。所谓平衡态是指热力学的平衡状态，在平衡态时高聚物分子链具有平衡态构象。

取原长为 l_0 的轻度交联橡胶试样，恒温条件下施以定力 f，缓慢拉伸至 l_0+dl。所谓缓慢拉伸指的是拉伸过程中橡胶试样始终具有热力学平衡构象，形变为平衡态形变。

按照热力学第一定律，拉伸过程中体系内能（internal energy）的变化 dU 为

$$dU = dQ - dW \tag{6-28}$$

式中，dQ 为体系吸收的热量。对恒温可逆过程，根据热力学第二定律有

$$dQ = TdS \tag{6-29}$$

式中，dS 为体系的熵变；dW 为体系对外所做的功，它包括拉伸过程中体积变化的膨胀功 pdV 和拉伸变形的伸长功 $-fdl$，即

$$dW = pdV - fdl \tag{6-30}$$

注意伸长功是外界对体系做功，故为负值。将式（6-29）和式（6-30）代入式（6-28）中得

$$dU = TdS - pdV + fdl \tag{6-31}$$

设拉伸过程中材料体积不变，$pdV = 0$，则

$$dU = TdS + fdl \tag{6-32}$$

恒温恒容条件下，对 l 求偏微商得到

$$\left(\frac{\partial U}{\partial l}\right)_{T,V} = T\left(\frac{\partial S}{\partial l}\right)_{T,V} + f \tag{6-33}$$

即

$$f = \left(\frac{\partial U}{\partial l}\right)_{T,V} - T\left(\frac{\partial S}{\partial l}\right)_{T,V} \tag{6-34}$$

式（6-34）称为橡胶等温拉伸的热力学方程（thermodynamic equation of state），表明拉伸形变时，材料中的平衡应力由两项组成，分别由材料的内能变化 ΔU 和熵变化 ΔS 提供。

从分子运动机理来看，高聚物的高弹形变是链段相对迁移的结果，链段运动又取决于单键内旋转。在理想条件下，假设内旋转是完全自由的，即分子链所有的构象都具有相同的能量，又即假设不存在分子内和分子间作用力。弹性形变时，体系内能不变化，则有

$$\left(\frac{\partial U}{\partial l}\right)_{T,V} = 0 \tag{6-35}$$

因此

$$f = -T\left(\frac{\partial S}{\partial l}\right)_{T,V} \tag{6-36}$$

这意味着理想橡胶在等温拉伸过程中，弹性回复力（elastic restoring force）主要是由体系熵变所贡献的。在拉力作用下，大分子链由原来卷曲状态变为伸展状态，构象熵减小；而由于热运动，分子链有自发地回复到原来卷曲状态的趋势，由此产生弹性回复力。这种构象熵的回复趋势会由于材料温度的升高而更加强烈，因此温度升高，弹性应力也随之升高。另外构象熵减少，$dS<0$，dQ 是负值。这就是说，在拉伸过程中橡胶会放出热量，橡胶是热的不良导体，放出的热量会使自身温度升高。

按照热力学函数关系，在恒压拉伸过程中，体系 Gibbs 自由能 $G = U + pV - TS$ 的微分为

$$\begin{aligned}
dG &= dU + pdV + Vdp - TdS - SdT \\
&= TdS - pdV + fdl + pdV + Vdp - TdS - SdT \quad (6\text{-}37) \\
&= fdl + Vdp - SdT = fdl - SdT
\end{aligned}$$

所以

$$f = \left(\frac{\partial G}{\partial l}\right)_{T,p}, \quad -S = \left(\frac{\partial G}{\partial T}\right)_{l,p} \tag{6-38}$$

通过代换，得到

$$-\left(\frac{\partial S}{\partial l}\right)_{T,V} = \left[\frac{\partial}{\partial l}\left(\frac{\partial G}{\partial T}\right)_{l,p}\right]_{T,V} = \left[\frac{\partial}{\partial T}\left(\frac{\partial G}{\partial l}\right)_{T,p}\right]_{l,V} = \left(\frac{\partial f}{\partial T}\right)_{l,V} \tag{6-39}$$

代入式（6-34）中，橡胶拉伸的热力学方程可写成

$$f = \left(\frac{\partial U}{\partial l}\right)_{T,V} + T\left(\frac{\partial f}{\partial T}\right)_{l,V} \tag{6-40}$$

根据式（6-40），测量橡胶试样在不同伸长率下，弹性拉力随实验环境温度的变化关系，结果如图 6-27 所示。分析得知，图中直线的斜率代表确定的伸长率下体系熵变对

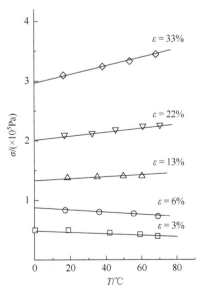

图 6-27　确定伸长率下橡胶弹力与温度的关系

弹性力的贡献（熵弹性），直线截距为体系内能变化对弹性力的贡献（能弹性）。由图可知，伸长率越大，直线斜率越大，表明熵变的贡献越大；外推到 $T = 0K$，所有直线的截距几乎都等于零，说明橡胶拉伸过程中，能弹性的成分很小。

6.4　高聚物力学松弛-黏弹性

高聚物在特殊条件下能够表现出弹性体或者黏性体的特征，也就是说高分子是一种黏弹体。这种黏性、弹性行为同时存在的现象是高分子材料的另一重要特点，简称黏弹性。黏弹性是高聚物重要的力学特征。黏弹性在 Silly Putty® （一种硅橡胶）表现得非常明显，它具有很低的玻璃化转变温度。Silly Putty® 橡胶球扔在地上能够弹起，表明其在快速变形速率下具有弹性。如果将这个橡胶球静置数天，球体将逐渐变成扁平饼状物质，在低速变形速率下，橡胶球表现出黏性的特征。如果用中等速率拉伸橡胶球，它会发生很大变形并最终断裂，表现出黏弹性。

6.4.1　高聚物的力学松弛现象

高聚物尤其是未交联的聚合物，其分子间有内摩擦，分子链运动时损耗能量，发生变形时，除弹性形变外，还有黏性形变和损耗。应力和形变也不能立即建立平衡对应关系，而有一个松弛过程。对于理想弹性体，平衡形变与时间无关。对于理想黏性体，形变随时间线性发展。图 6-28 比较了不同类型材料对应力的响应。高聚物的形变性质与时间有关，其介于理想弹性体和理想黏性体之间。高聚物的性质随时间的变化统称为力学松弛。高聚物受到外部作用的情况不同，有不同的力学松弛现象。

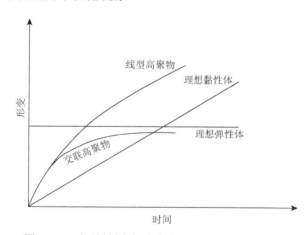

图 6-28　不同材料在恒应力作用下的应力-应变关系

1. 蠕变

蠕变是在较小的恒定应力作用下，物体的形变随时间逐渐发展，最后达到平衡的现象。如果在一定时间后将应力除去，形变随时间而变化，称为蠕变回复。

对于理想弹性体（胡克弹体），在恒定应力作用下它的响应是瞬时的，称为普弹形变。除去外力后，应变马上消失，物体回复原状。高聚物是黏弹性材料，它的蠕变曲线分为三段：如图 6-29 所示，一旦加上应力，应变马上发生并且应变服从胡克定律，属普弹形变（AB 段）；开始时蠕变发展很快，然后逐渐变慢（BC 段），最后达到平衡（CD 段）。应变随应力增加，

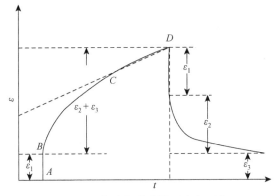

图 6-29　高聚物黏弹性形变与回复

但与时间有关。以上形变滞后于作用力，当外力撤去，形变只能回复其大部分，即使经过较长时间也仍保留一定的残余形变，而不能完全回复。上述 BC 段是链段的舒展，因而是可逆的，而 CD 段表明有部分大分子链发生了位移（塑性形变），因而产生永久形变。从分子运动和变化的角度来看，蠕变过程包括下面三种形变。

（1）当高分子材料受外力作用时，分子链的内部键长和键角立刻发生变化，这种形变量是很小并瞬间回复，称为普弹形变，用 ε_1 表示，即

$$\varepsilon_1 = \frac{\sigma}{E_1} \tag{6-41}$$

式中，E_1 为普弹形变的弹性模量。外力除去时，普弹形变能立刻完全回复，如图 6-30 所示。

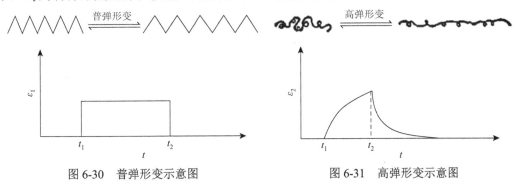

图 6-30　普弹形变示意图　　　　图 6-31　高弹形变示意图

（2）高弹形变是分子链通过链段运动逐渐伸展的过程，形变量比普弹形变要大得多，但形变与时间呈指数关系，即

$$\varepsilon_2 = \frac{\sigma}{E_2}(1 - \mathrm{e}^{-t/\tau}) \tag{6-42}$$

式中，ε_2 为高弹形变；τ 为松弛时间，它与链段运动的黏度 η_2 和高弹模量（high elastic modulus）E_2 有关，$\tau = \eta_2/E_2$。外力除去后，高弹形变逐渐回复，如图 6-31 所示。

（3）分子间没有化学交联的线型高聚物，还会产生分子间的相对滑移，称为黏性流动，用 ε_3 表示，即

$$\varepsilon_3 = \frac{\sigma}{\eta_3}t \tag{6-43}$$

式中，η_3 为本体黏度。外力除去后黏性流动是不能回复的，因此普弹形变 ε_1 和高弹形变 ε_2 称

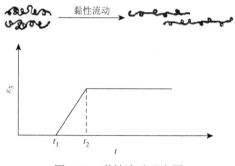

图 6-32　黏性流动示意图

为可逆形变，而黏性流动 ε_3 称为不可逆形变或永久形变，如图 6-32 所示。

高聚物受到外力作用时，上述三种形变是同时发生的，材料的总形变为

$$\varepsilon = \varepsilon_1 + \varepsilon_2 + \varepsilon_3 = \frac{\sigma}{E_1} + \frac{\sigma}{E_2}\left(1 - e^{-\frac{t}{\tau}}\right) + \frac{\sigma}{\eta_3}t \quad (6\text{-}44)$$

三种形变的相对比例依具体条件不同而有差异。在玻璃化转变温度以下，链段运动的松弛时间很长（τ 很大），所以 ε_2 很小，分子间的内摩擦阻力很大（η_3 很大），ε_3 也很小，主要是 ε_1，因此形变很小。在玻璃化转变温度以上，τ 随着温度升高而变小，所以 ε_2 相当大，主要是 ε_1 和 ε_2，而 ε_3 比较小。温度升到黏流温度以上时，不但 τ 变小，而且体系的黏度也减小，ε_1、ε_2 和 ε_3 都比较显著。由于黏性流动是不能回复的，因此对线型高聚物来说，当外力除去后总会留下一部分不能回复的形变，即永久形变。

蠕变与温度高低、外力大小有关。温度过低或外力太小，则蠕变很小而且很慢，在短时间内不易觉察；温度过高、外力过大，则形变发展过快，也觉察不出蠕变现象；在适当的外力作用下，通常在高聚物的 T_g 以上不远，链段在外力作用下可以运动，而运动时受到的内摩擦力较大，所以只能缓慢运动，这时可观察到较明显的蠕变现象。

不同结构的高聚物其蠕变行为也不同：

（1）线型非晶态高聚物，在远小于 T_g 的温度下，蠕变很小，在 T_g 以上其行为如橡胶。蠕变主要由黏度所决定，而黏度又依赖于相对分子质量，所以蠕变速率也依赖于相对分子质量。

（2）少量交联的高聚物，由于有交联桥的存在，故蠕变大大减小；高度交联的高聚物（如硬质橡胶），因已失去弹性，其行为服从胡克定律。但高度交联高聚物，如酚醛塑料、硬质橡胶等，因蠕变很小，所以能支持很大的负荷，虽经多年，尺寸仍然稳定。

（3）在轻度结晶的高聚物中，微晶起着与交联相似的作用。例如，结晶度约为 15%时，其行为相当于中等交联的橡胶。当结晶度大于 40%时，微晶彼此相连，形成连续的结晶相而聚合物的柔性明显降低。因此，结晶聚合物的蠕变能力一般说来是较小的。晶态高聚物的蠕变不但随温度改变，而且在同一温度时，也由于发生再结晶现象或微晶的转动、晶面滑动等引起较大的蠕变。

图 6-33 为几种高聚物在 23℃时蠕变性能的比较。从它们的蠕变曲线可以看出，主链含芳杂环的刚性链高聚物，具有较好的抗蠕变性能，因而广泛应用于工程塑料，可用来代替金属材料加工成机械零件。对于蠕变比较严重的材料，使用时则需要采取必要的补救措施。例如，硬聚氯乙烯有良好的抗腐蚀性能，可用来加工制造化工管道、容器或塔等设备，但它容易蠕变，使用时必须增加支架以防止蠕变。

由于蠕变和应力松弛都与温度有关，它们又都反映高聚物内部分子运动情况，因而可利用蠕变和应力松弛对温度的依赖性来研究高聚物的分子运动和转变。

各种高聚物制品由于材料结构不同、加工条件不同或使用环境条件不同，蠕变或应力松弛行为可能有很大的差别。就同一种高聚物的蠕变和应力松弛而言，由于两者的分子运动本质相同，一切影响蠕变的因素也必将影响应力松弛。高聚物的蠕变柔量、应力松弛模量、蠕

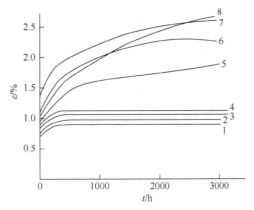

图 6-33　几种高聚物在 23℃时的蠕变性能比较

1. 聚砜；2. 聚苯醚；3. 聚碳酸酯；4. 改性聚苯醚；5. ABS(耐热级)；6. 聚甲醛；7. 尼龙；8. ABS

变速率与应力松弛速率既是时间的函数，又是温度的函数。因此在进行比较时，应在同一温度（或温度范围内）下比较不同观察时间的蠕变或应力松弛行为，或在同一观察时间比较不同温度下的行为。

2. 应力松弛

使一高弹体迅速产生一形变，物体内产生一定的应力，在保持形变不变的情况下，此应力则随时间而逐渐衰减。这种在固定形变下应力随时间衰减的现象称为应力松弛。此时，应力与应变呈指数关系，即

$$\sigma = \sigma_0 e^{-t/\tau} \tag{6-45}$$

式中，σ_0 为起始应力；τ 为松弛时间。

应力松弛现象在橡胶中最为明显。如图 6-34 所示，未硫化的天然橡胶到一定时间后应力衰减到零，此时即为流动形变。而经过硫化的天然橡胶因有交联点的存在，所以有一应力极限值。应力松弛是大分子在力（开始造成形变的力）的长时间作用下发生构象改变或位移，使原来的应力衰减或消失。当高聚物一开始被拉长时，其分子会从不平衡的构象逐渐过渡到平衡的构象，也就是链段顺着外力的方向运动，以减少或消除内部应力。如果温度很高，远远超过 T_g，高聚物链段运动时内摩擦力很小，应力很快就发生松弛，甚至觉察不到其变化。如果温度太低，比 T_g 低很多，虽然链段受到很大的应力，但由于内摩擦力很大，链段运动的能力很弱，所以应力松弛极慢，也不易觉察。只有在 T_g 附近几十摄氏度范围内，应力松弛现象比较明显。例如，用含有增塑剂的聚氯乙烯丝，开始扎得很紧，后来会变松，就是应力松弛

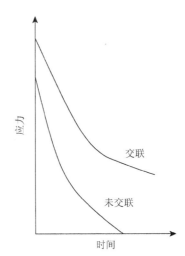

图 6-34　天然橡胶的应力松弛

现象比较明显的例子。对于交联高聚物，由于交联限制了分子间的滑动，所以应力不会衰减到零，只能松弛到某一数值，正因为如此，橡胶制品都经过交联才能显示出其橡胶弹性。

对密封件来说，应力松弛行为决定它们的使用寿命：密封件的应力松弛速率越小，维持良好密封效果的时间就越长。对高聚物制品的加工来说，应力松弛决定制品内残余应力的大小。加工中应力松弛速率越快，制品内残余应力越小，所得制品的尺寸稳定性也就越高。

3. 滞后现象

当聚合物所受应力为时间的函数时，应力与应变间的关系就会表现出滞后（hysteresis），

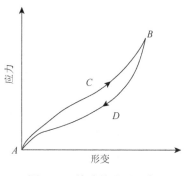

图 6-35 橡胶的滞后现象

即应变随时间的变化一直跟不上应力随时间的变化。由交变应力所引起的滞后效应统称为动态黏弹现象。橡胶制品在很多情况下是在动态下使用的，如滚动的轮胎、回转着的传送带和轴承、吸收震动波的减震器等，这时橡胶所受的力是周期性变化的。以转动的轮胎来说，其上任一点受力情况可简化成下面情形：当一橡胶单元转到与地面接触时，由于受到轮胎转动与地面摩擦给予的两个作用力，此时橡胶分子受到拉伸，当离开地面后（摩擦力消失），分子链逐渐回缩。轮子每转一圈，橡胶分子就经受一次拉伸-回缩循环。这一拉伸-回缩过程的应力-形变曲线如图 6-35 所示。从图中可以看出，拉伸时，应力与形变沿 *ACB* 线增长；回缩时则沿 *BDA* 线进行。这是由于拉伸中形变滞后于应力，没有达到平衡位置。对应于同一应力，回缩时形变值较拉伸时为大，即形变滞后于应力。

许多高聚物材料做成的产品都是在交变作用的条件下使用。例如汽车轮胎，当车辆行驶时，选择轮胎面上的某一部位观察，轮胎每滚动一周，就要着地一次。如果把这一部位所受应力和形变随时间的变化记录下来，可以得到两条波形曲线，如图 6-36 所示。

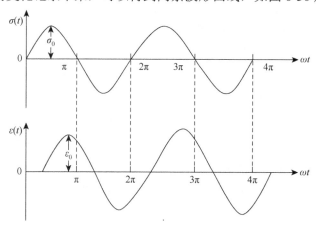

图 6-36 应力和应变的相位关系

上面一条波形曲线用数学式可表示为

$$\sigma(t) = \sigma_0 \sin(\omega t) \tag{6-46}$$

式中，$\sigma(t)$ 为轮胎某处所受应力随时间的变化；σ_0 为该处受到的最大应力；ω 为外力变化的角频率，$\omega = 2\pi v$（v 为频率）；t 为时间。

下面一条波形曲线用数学式可表示为

$$\varepsilon(t) = \varepsilon_0 \sin(\omega t - \delta) \tag{6-47}$$

式中，$\varepsilon(t)$ 为轮胎某处的形变随时间的变化；ε_0 为形变的最大值；δ 为形变发展落后于应力的相位差。

高聚物在交变应力作用下，形变落后于应力变化的现象就称为滞后现象。滞后现象的发生是由于在交变应力的作用下，链段的运动跟不上外力的变化，所以形变落后于应力，有一相位差。δ 越大说明链段运动越困难。橡胶的滞后，分子链也可能产生部分滑移。

高聚物的滞后现象与其本身的化学结构有关。一般刚性分子的滞后现象小，柔性分子的滞后现象严重。同时，滞后现象还受外界条件的影响。如果外力作用的频率低，链段来得及运动，滞后现象很小；若外力作用的频率很高，链段根本来不及运动，聚合物好像一块刚硬的材料，滞后现象也很小。只有外力作用的频率不太高时，链段可以运动，但又跟不上作用力的变化，才出现较明显的滞后现象。改变温度也会发生类似的影响，在外力作用频率不变的情况下，提高温度，会使链段运动加快，当温度很高时，形变几乎不滞后于应力的变化；温度很低时，链段运动速度很慢，在应力增加的时间内形变来不及发展，因而也不显现滞后；只有在某一温度，约 T_g 上下几十摄氏度范围内，链段能充分运动，但又跟不上应力的变化时，才能表现出明显的甚至严重的滞后现象。由此可见，增加外力频率和降低温度对滞后现象有着相同的影响。

4. 力学损耗

由于形变的变化落后于应力的变化而发生滞后现象，因此橡胶的拉伸与回缩不是沿同一曲线进行的，高聚物在一次拉伸与回缩的循环过程中能量的收支不平衡，即每一循环变化中要消耗功，称为力学损耗，也称内耗。

在高聚物拉伸-回缩过程中所损耗的功是用于克服分子间（或链段间）内摩擦力的，并且损耗的功转变成热能。内摩擦越大，滞后现象越严重，消耗的功也就越大，即内耗越大。拉伸和回缩时，外力对橡胶所做的功和橡胶所做的回缩功，分别相当于拉伸曲线和回缩曲线下所包括的面积，所以一次拉伸-回缩循环中所损耗的能量即为这两个面积之差。拉伸、回缩两条曲线构成的闭合曲线常称为"滞后圈"（图 6-37）。滞后圈的大小恰为单位体积的橡胶在每一次拉伸-回缩循环中所损耗的功，即

$$\Delta W = \oint \sigma(t) \mathrm{d}\varepsilon(t) = \int \sigma(t) \frac{\mathrm{d}\varepsilon(t)}{\mathrm{d}t} \mathrm{d}t \tag{6-48}$$

即

$$\Delta W = \sigma_0 \varepsilon_0 \omega \int_0^{2\pi/\omega} \sin \omega t \cos(\omega t - \delta) \mathrm{d}t \tag{6-49}$$

将上式展开，积分便得

$$\Delta W = \pi \sigma_0 \varepsilon_0 \sin \delta \tag{6-50}$$

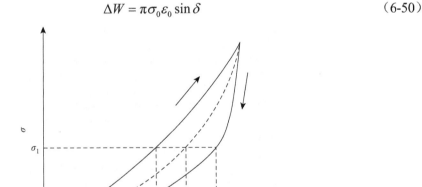

图 6-37　橡胶拉伸-回缩的应力-应变曲线

这就是说，每一循环中，单位体积试样损耗的能量正比于最大应力 σ_0、最大应变 ε_0 及应力和应变之间相位差的正弦。因此，δ 又称为力学损耗角，通常可用力学损耗角的正切 $\tan\delta$ 来表示内耗的大小。

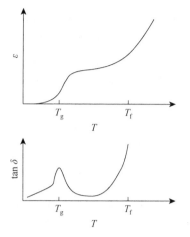

图 6-38　高聚物的形变和
内耗与温度的关系

内耗的大小与高聚物本身的结构有关。顺丁橡胶的内耗较小，因为其结构简单，分子链上没有取代基，链段和分子链间的运动内摩擦阻力较小。丁苯橡胶和丁腈橡胶的内耗比较大，因为丁苯橡胶有庞大的刚性侧基（苯基），而丁腈橡胶有极性较强的侧氰基，因而它们的链段运动所受内摩擦阻力较大。丁基橡胶的侧基体积虽然不大，极性也不那么强，但由于侧基数目多，因此其内耗比丁苯橡胶、丁腈橡胶还要大。内耗较大的橡胶，吸收冲击能量较大，回弹性就较差。

高聚物的形变和内耗与温度的关系如图 6-38 所示。在 T_g 以下，高聚物受外力作用形变很小，这种形变主要是由键长和键角的变化引起的，速度很快，几乎完全跟得上应力的变化，δ 很小，所以内耗也很小。温度升高，在向高弹态过渡时，由于链段开始运动，旧体系的黏度还很大，链段运动时受到摩擦阻力比较大，因此高弹形变明显落后于应力的变化，δ 较大，内耗也大。当温度进一步升高时，虽然形变大，但链段运动比较自由，δ 变小，内耗也小。因此在玻璃化转变区域会出现一个内耗的极大值，称为内耗峰。向黏流态过渡时，由于分子间互相滑动，因而内耗急剧增加。

高聚物的内耗与频率的关系如图 6-39 所示。频率很低时，高聚物的链段运动完全跟得上外力的变化。内耗很小，高聚物表现出橡胶的高弹性，在频率很高时，链段运动完全跟不上外力的变化，内耗也很小，高聚物呈现刚性，表现出玻璃态的力学性质。只有中间区域，链段运动跟不上外力的变化，内耗在一定的频率范围内出现一个极大值，这个区域中材料的黏弹性表现得很明显。

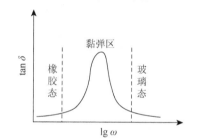

图 6-39　高聚物的内耗与频率的关系

由于内耗能使高聚物材料发热而过早地老化甚至使其热分解而遭到破坏，应用于轮胎的橡胶希望内耗小，硫化可减少橡胶的内耗。但在另一种情况下，由于内耗的存在能使高聚物吸收较多能量，故可作防震隔音材料使用，如高内耗的泡沫塑料和泡沫橡胶等。

高聚物在动态条件下产生内耗的现象是选择材料、进行制品设计的重要依据，不同的制品对内耗的要求是不一样的。对轮胎来说，希望内耗越小越好。因为，轮胎在周期性的拉伸、压缩作用下，特别是在 60km/h 以上高速行驶下，橡胶强烈发热，轮胎温度可达 100℃，从而加速橡胶老化，降低轮胎的使用寿命。作为防震材料使用的共聚物，则要求在常温附近有较大的内耗。作为吸音或隔音材料，则要求在音频范围内有较大的内耗，如泡沫塑料等就具有这种特性。

5. 模量计算

研究不同的力学松弛需要选择不同的条件，模量的计算也有所不同。例如，蠕变是恒定载荷、恒定温度下，试样伸长率的测试；而应力松弛记录的是恒定温度下保持恒定应变所需要的应力。对于蠕变测试来说，拉伸柔量 D 可以表达为

$$D(t) = \frac{\varepsilon(t)}{\sigma_0} \tag{6-51}$$

对于应力松弛，应力松弛模量 E_r 可以表达为

$$E_r(t) = \frac{\sigma(t)}{\varepsilon_0} \tag{6-52}$$

对于力学松弛中的动态黏弹性，模量的计算要复杂一些，因为涉及变化的应力和应变。首先将应变 ε_0 写成正弦变化的形式，其中 ω 为角频率，σ_0 为振幅，δ 为应变落后应力的相位角。相应的应力和应变可以写成如下形式：

$$\varepsilon(t) = \varepsilon_0 \sin(\omega t) \tag{6-53}$$

$$\sigma(t) = \sigma_0 \sin(\omega t + \delta) \tag{6-54}$$

理想弹性体中，应变和应力同相位，也就是说 $\delta = 0$，应力-应变关系符合胡克定律，即

$$\sigma(t) = E\varepsilon(t) = E\varepsilon_0 \sin(\omega t) = \sigma_0 \sin(\omega t)$$

理想黏性体中，应变总是落后应力 90°的相位角，也就是说 $\delta = \pi/2$。应力-应变关系符合牛顿流体表达式，即

$$\sigma(t) = \eta\left(\frac{\mathrm{d}\varepsilon}{\mathrm{d}t}\right) \tag{6-55}$$

把应力-应变的相位关系代入上式，并将应变 ε 对时间求导可以得到

$$\sigma(t) = \eta\omega\varepsilon_0 \cos(\omega t) = \sigma_0 \sin\left(\omega t + \frac{\pi}{2}\right) \tag{6-56}$$

$$\sigma_0 = \eta\omega\varepsilon_0$$

低于玻璃化转变温度 T_g 时，聚合物形变小、模量大，表现出普弹性。在玻璃化转变温度附近，所有聚合物表现出黏弹性，并且，相位角 δ 随温度在 0°～90°发生变化。讨论黏弹性模量时，变化的应力和应变用复数表达更为方便。此时

$$\varepsilon^* = \varepsilon_0 \exp(\mathrm{i}\omega t) \tag{6-57}$$

式中，$\mathrm{i} = (-1)^{1/2}$。

复数应力 σ^* 可以写成

$$\sigma^* = \sigma_0 \exp[\mathrm{i}(\omega t + \delta)] \tag{6-58}$$

复数应力和复数应变符合胡克定律，复数应力和复数应变的比值定义为复数模量 E^*，可以写成

$$E^* = \frac{\sigma^*}{\varepsilon^*} = \left(\frac{\sigma_0}{\varepsilon_0}\right) \exp(\mathrm{i}\delta) \tag{6-59}$$

复数模量可以表达成与应力同相位的部分（实部）和落后应力 90°相位角的部分（虚部）。根据欧拉公式可以得到

$$E^* = \left(\frac{\sigma_0}{\varepsilon_0}\right)\cos\delta + \mathrm{i}\left(\frac{\sigma_0}{\varepsilon_0}\right)\sin\delta \tag{6-60}$$

式（6-60）可以改写成

$$E^* = E' + \mathrm{i}E'' \tag{6-61}$$

式中，$E' = \left(\dfrac{\sigma_0}{\varepsilon_0}\right)\cos\delta$，为储能模量；$E'' = \left(\dfrac{\sigma_0}{\varepsilon_0}\right)\sin\delta$，为损耗模量。损耗模量和储能模量的比值 $\tan\delta$ 是动态黏弹性的重要参数，称为力学损耗，即

$$\tan\delta = \frac{\sin\delta}{\cos\delta} = \frac{E''}{E'} \tag{6-62}$$

复数柔量 D^* 可以写成

$$D^* = \frac{1}{E^*} = \frac{\overline{E^*}}{(E')^2 + (E'')^2} = \frac{E'}{(E')^2 + (E'')^2} - \mathrm{i}\left[\frac{E''}{(E')^2 + (E'')^2}\right] \tag{6-63}$$

比较复数模量和复数柔量的表达式，可以得到储能柔量 D' 和损耗柔量 D'' 的表达式

$$D' = \frac{E'}{(E')^2 + (E'')^2} \qquad (6\text{-}64)$$

$$D'' = \frac{E''}{(E')^2 + (E'')^2} \qquad (6\text{-}65)$$

在交变的应力、应变作用下发生的滞后现象和力学损耗称为动态力学松弛。当应力和应变都是时间的函数，弹性模量的计算：

$$\varepsilon(t) = \varepsilon_0 \sin(\omega t) \qquad \sigma(t) = \sigma_0 \sin(\omega t + \delta)$$

$$\sigma(t) = \sigma_0 \sin(\omega t)\cos\delta + \sigma_0 \cos(\omega t)\sin\delta$$

$$E' = \left(\frac{\sigma_0}{\varepsilon_0}\right)\cos\delta \qquad E'' = \left(\frac{\sigma_0}{\varepsilon_0}\right)\sin\delta$$

$$\sigma(t) = \varepsilon_0 E' \sin(\omega t) + \varepsilon_0 E'' \cos(\omega t)$$

复数模量：　　　　　　　　　　$$E^* = E' + \mathrm{i}E''$$

内耗：　　　　　　　　　　　　$$\tan\delta = \frac{E''}{E'}$$

动态模量：　　　　　　　　　　$$E = |E^*| = \sqrt{E'^2 + E''^2}$$

黏弹性固体的 E' 和 E'' 与频率的关系如图 6-40 所示，频率过低或者过高，损耗模量 E'' 都很小。在玻璃化转变区，高分子材料的黏弹性明显，表现为内耗 $\tan\delta$ 达到最大值。

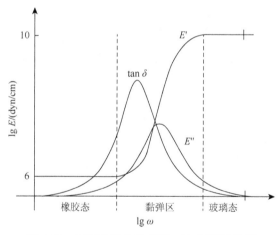

图 6-40　黏弹性固体的 E' 和 E'' 与频率的关系

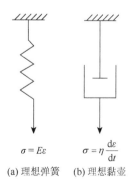

$\sigma = E\varepsilon$　　　$\sigma = \eta\dfrac{\mathrm{d}\varepsilon}{\mathrm{d}t}$

(a) 理想弹簧　(b) 理想黏壶

图 6-41　弹性与黏性
　　　　模拟元件

6.4.2　黏弹性的力学模型

理想弹性体的弹性服从胡克定律，即应力正比于应变 $\sigma = E\varepsilon$。这一力学行为通常以一根弹簧来模拟，如图 6-41（a）所示。应变速率表达为

$$\frac{\mathrm{d}\varepsilon}{\mathrm{d}t} = \left(\frac{1}{E}\right)\frac{\mathrm{d}\sigma}{\mathrm{d}t} \qquad (6\text{-}66)$$

理想液体的黏性服从牛顿定律，可以用一个黏壶来模拟，如图 6-41（b）所示。应变速率正比于应力，可表示为

$$\frac{\mathrm{d}\varepsilon}{\mathrm{d}t} = \frac{\sigma}{\eta} \qquad (6\text{-}67)$$

大量的研究表明，高聚物在外力作用下的力学行为往往既不服从胡克定律，又不服从牛顿定律，而是介于弹性与黏性之间，应力同时依赖于应变和应变速率。可以用弹簧和黏壶进行组合来描述不同的黏弹性。如果黏弹性是理想弹性和理想黏性的组合，则称为线性黏弹性；否则称为非线性黏弹性。

1. Maxwell 模型

应力松弛现象可以用简单的机械模型形象地说明。模型由一个胡克弹簧（弹性模量为 E）和一个装有牛顿液体（黏度为 η）的黏壶串联组成，称为麦克斯韦（Maxwell）模型（图 6-42）。

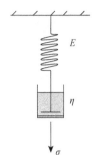

图 6-42 Maxwell
模型

受到外应力时，胡克弹簧瞬时变形，弹性力按胡克定律计算，$\sigma_{\text{ela.}} = E \cdot \varepsilon_{\text{ela.}}$。同时黏壶中活塞开始移动，黏性力按黏性流体的牛顿定律计算，$\sigma_{\text{plas.}} = \eta \cdot \dfrac{\mathrm{d}\varepsilon_{\text{plas.}}}{\mathrm{d}t}$。

弹簧和黏壶串联，其所受的应力应相同：$\sigma = \sigma_{\text{ela.}} = \sigma_{\text{plas.}}$，而总应变应为两者应变之和：$\varepsilon = \varepsilon_{\text{ela.}} + \varepsilon_{\text{plas.}}$。将应变对时间求微商，得

$$\frac{\mathrm{d}\varepsilon}{\mathrm{d}t} = \frac{\mathrm{d}\varepsilon_{\text{ela.}}}{\mathrm{d}t} + \frac{\mathrm{d}\varepsilon_{\text{plas.}}}{\mathrm{d}t} = \frac{1}{E} \cdot \frac{\mathrm{d}\sigma}{\mathrm{d}t} + \frac{\sigma}{\eta} \tag{6-68}$$

该公式称为 Maxwell 模型的运动方程式。应力松弛时，应变为 0，$\varepsilon = \varepsilon_0 = 0$，令 $\tau = \dfrac{\eta}{E}$，有

$$\left(\frac{1}{E}\right)\frac{\mathrm{d}\sigma}{\mathrm{d}t} + \frac{\sigma}{\eta} = 0 \qquad \frac{\mathrm{d}\sigma}{\sigma} = -\left(\frac{1}{\tau}\right)\mathrm{d}t \tag{6-69}$$

$$\sigma = \sigma_0 \exp\left(\frac{-t}{\tau}\right) \tag{6-70}$$

式中，σ_0 为模型受力变形时的起始应力；σ 为在时间 t 所观测到的内应力。式（6-70）表明，在恒温、恒应变条件下，材料内应力随时间 t 以 e 指数形式衰减。当 $t = \tau$ 时，$\sigma/\sigma_0 = 1/\text{e}$，即松弛时间 τ 等于内应力衰减到起始应力 σ_0 的 $1/\text{e}$ 所需的时间。松弛时间 τ 由模型的黏性系数和弹性模量决定，恰好反映了松弛现象是材料黏、弹性共同作用的结果。对于一种确定的材料，若黏度 η 和弹性模量 E 都是常数，则 τ 也是常数，τ 具有时间的量纲。$\sigma(t)$ 除以应变 ε_0，得到 t 时刻材料的弹性模量 $E(t)$：

$$E(t) = \frac{\sigma(t)}{\varepsilon_0} = \left(\frac{\sigma_0}{\varepsilon_0}\right)\exp\left(\frac{-t}{\tau}\right) = E_0 \exp\left(\frac{-t}{\tau}\right) \tag{6-71}$$

式中，$E(t)$ 为应力松弛模量，它随时间 t 以 e 指数形式衰减；E_0 为弹簧模量，也称为初始模量。应力松弛曲线如图 6-43 所示。

为了得到动态黏弹性的关系式（复数柔量或者复数模量），可以用 $\sigma = \sigma_0 \text{e}^{\text{i}\omega t}$ 代入 Maxwell 等式得到：

$$\frac{\mathrm{d}\varepsilon(t)}{\mathrm{d}t} = \left(\frac{\sigma_0}{E}\right)\text{i}\omega\text{e}^{\text{i}\omega t} + \left(\frac{\sigma_0}{\eta}\right)\text{e}^{\text{i}\omega t} \tag{6-72}$$

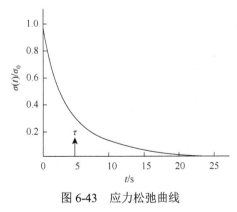

图 6-43 应力松弛曲线

将式（6-72）左边在时间区间（t_1, t_2）进行积分可以得到动态黏弹性各参数的表达式

$$\varepsilon(t_2) - \varepsilon(t_1) = \left(\frac{\sigma_0}{E}\right)(e^{i\omega t_2} - e^{i\omega t_1}) + \left(\frac{\sigma_0}{\eta i\omega}\right)(e^{i\omega t_2} - e^{i\omega t_1}) \tag{6-73}$$

$$D^* = \frac{\varepsilon(t_2) - \varepsilon(t_1)}{\sigma(t_2) - \sigma(t_1)} = \frac{1}{E} + \frac{1}{i\omega\eta} = D - i\frac{D}{\omega\tau} \tag{6-74}$$

$$D' = D, \quad D'' = \frac{D}{\omega\tau}$$

$$E^* = \frac{1}{D^*} = \frac{1}{D - i\dfrac{D}{\omega\tau}} \times \frac{D + i\dfrac{D}{\omega\tau}}{D + i\dfrac{D}{\omega\tau}} \quad E^* = E' + iE'' = \frac{E(\omega\tau)^2}{1 + (\omega\tau)^2} + i\left[\frac{E\omega\tau}{1 + (\omega\tau)^2}\right]$$

$$E' = \frac{E(\omega\tau)^2}{1 + (\omega\tau)^2} \quad E'' = \frac{E\omega\tau}{1 + (\omega\tau)^2} \quad \tan\delta = \frac{E''}{E'} = \frac{1}{\omega\tau}$$

对于蠕变现象，恒定应力 σ_0 作用在模型上，Maxwell 等式中应力变化率为 0，有 $\dfrac{\mathrm{d}\sigma}{\mathrm{d}t} = 0$。Maxwell 等式变为

$$\frac{\mathrm{d}\varepsilon}{\mathrm{d}t} = \frac{\sigma_0}{\eta} \quad \varepsilon(t) = \left(\frac{\sigma_0}{\eta}\right)t + \varepsilon_0$$

式中，ε_0 为弹簧元件对应力的瞬间响应。Maxwell 模型模拟蠕变过程并不成功，它的蠕变相当于牛顿流体的黏性流动，不能模拟交联高聚物的应力松弛过程。

2. Voigt 模型

交联高聚物的蠕变常用沃伊特（Voigt）模型（图 6-44）描述，它由一个胡克弹簧（弹性模量为 E）和一个牛顿黏壶（黏度为 η）并联组成。当受外力作用时，由于黏壶的阻碍作用，弹簧慢慢拉开，表明变形推迟发生，达到平衡变形要等待一段时间。当外力去掉后，弹簧回缩，同样也受到黏壶的阻碍，弹簧带动黏壶的活塞缓慢回到原状，而不留永久变形。其中，弹簧的弹性模量为 E_∞，黏壶中液体的黏度为 η_2。当该模型受恒定应力 σ 作用时，弹簧和黏壶的应变 ε 相等，弹簧和黏壶上的分力 σ_1 和 σ_2 分别为

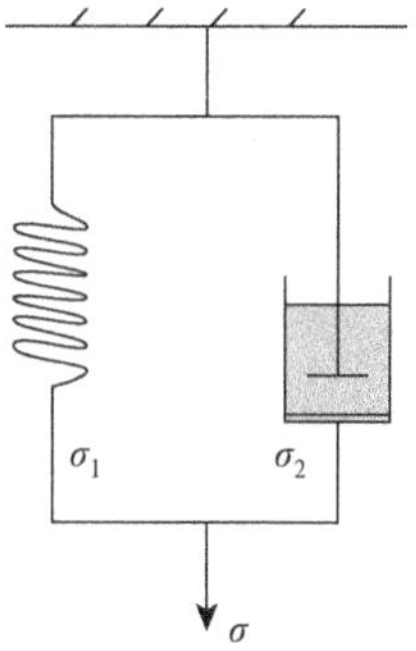

$$\sigma_1 = E_\infty\varepsilon \tag{6-75}$$

$$\sigma_2 = \eta_2\frac{\mathrm{d}\varepsilon}{\mathrm{d}t} \tag{6-76}$$

图 6-44　Voigt 模型

因此有

$$\sigma = \sigma_1 + \sigma_2 = E_\infty\varepsilon + \eta_2\frac{\mathrm{d}\varepsilon}{\mathrm{d}t} \tag{6-77}$$

令 $\sigma = \sigma_0$

$$\frac{\mathrm{d}\varepsilon}{\mathrm{d}t} + \frac{E_\infty}{\eta_2}\varepsilon = \frac{\sigma_0}{\eta_2} \tag{6-78}$$

令 $\dfrac{E_\infty}{\eta_2} = \tau$，解微分方程式（6-78），结合条件 $t = 0$，$\varepsilon = 0$，可得

$$\varepsilon(t) = \frac{\sigma_0}{E_\infty}(1 - e^{-t/\tau}) = \varepsilon_\infty(1 - e^{-t/\tau}) \tag{6-79}$$

等式两边除以应力 σ_0，可得

$$D(t) = D_\infty \left[1 - \exp\left(\frac{-t}{\tau}\right) \right] \qquad (6\text{-}80)$$

式中，$D(t)$ 为时间 t 时材料的蠕变柔量；D_∞ 为材料的最大柔量，也称平衡柔量。柔量也常用作蠕变的度量，它表示单位应力引起材料的变形。

Voigt 模型也可以模拟蠕变的回复过程，此时 $\sigma = 0$，等式写成

$$E\varepsilon + \eta \frac{d\varepsilon}{dt} = 0 \qquad (6\text{-}81)$$

$\dfrac{d\varepsilon}{\varepsilon} = -\dfrac{E}{\eta} dt$，结合条件 $t = 0$，$\varepsilon = \varepsilon_\infty$，可得

$$\varepsilon(t) = \varepsilon(\infty)e^{-t/\tau} \qquad (6\text{-}82)$$

式（6-72）为蠕变过程形变回复规律的等式。

Voigt 模型用于模拟动态黏弹性，可以参考之前的做法，储能柔量和损耗柔量计算如下：

$$\varepsilon(t) = \varepsilon_0 e^{i\omega t} \qquad \sigma(t) = E\varepsilon_0 e^{i\omega t} + i\omega\eta\varepsilon_0 e^{i\omega t}$$

$$E^* = \frac{\sigma(t)}{\varepsilon(t)} = E + i\omega\eta \qquad D^* = \frac{1}{E + i\omega\eta} = \frac{D}{1 + \omega^2\tau^2} - i\frac{D\omega\tau}{1 + \omega^2\tau^2}$$

$$D' = \frac{D}{1 + \omega^2\tau^2} \qquad D'' = \frac{D\omega\tau}{1 + \omega^2\tau^2}$$

3. 四元件模型

考察图 6-29 中典型线型高分子固体的蠕变曲线，材料在受到外力发生形变时，不仅有普弹形变 ε_1，还有高弹形变 ε_2 和黏性流动 ε_3。蠕变回复时，普弹形变 ε_1 瞬间回复，高弹形变也能缓慢回复，而黏性流动 ε_3 不能回复，造成永久形变。这是大多数未交联聚合物的实际蠕变情况。

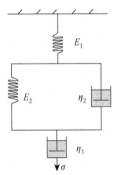

图 6-45　四元件模型

为了描述这种蠕变行为，人们设计了四元件模型（图 6-45）。这实际可看成是一个 Voigt 模型和一个 Maxwell 模型的组合，分为三部分。设弹簧 1 的弹性模量为 E_1；Voigt 模型为第 2 部分，参数分别为 E_2 和 η_2；黏壶 3 的黏度为 η_3。在 $t = 0$ 时加上负荷 σ_0 并保持不变，首先弹簧 E_1 立即被拉长，变形量是 σ_0/E_1，相当于高分子链键长键角改变引起的普弹形变 ε_1。然后是 E_2 和 η_2 开始动作，并逐渐带动黏壶 η_3 一起运动。E_2 和 η_2 的结合体现了高分子链段运动的黏弹性（高弹形变 ε_2），E_2 和 η_2 的移动逐渐趋于平衡值 σ_0/E_2。最后是黏壶 η_3 以恒速移动，相当于高分子链的不可逆相对位移 ε_3，即黏性流动。如果某一时刻后除去负荷，首先弹簧 E_1 立即恢复其原始状态，收缩量为 $\sigma_0/E_1 = \varepsilon_1$；然后弹簧 E_2 也逐渐把黏壶 η_2 的活塞带回到原来状态；而黏壶 η_3 的活塞不能回复，留下永久形变 ε_3。

用模型描写时，材料受外力作用发生的总形变 ε 为三种形变之和，即

$$\varepsilon(t) = \varepsilon_1 + \varepsilon_2 + \varepsilon_3 = \frac{\sigma_0}{E_1} + \frac{\sigma_0}{E_2}(1 - e^{-t/\tau}) + \frac{\sigma_0}{\eta_3}t \qquad (6\text{-}83)$$

式中，τ 为该模型的推迟时间。材料的蠕变柔量则为

$$D(t) = \varepsilon(t)/\sigma_0 = \frac{1}{E_1} + \frac{1}{E_2}\left(1 - e^{-\frac{t}{\tau}}\right) + \frac{t}{\eta_3} = D_1 + D_\infty \psi(t) + \frac{t}{\eta_3} \quad (6\text{-}84)$$

式中，D_1 为普弹柔量；D_∞ 为平衡柔量；$\psi(t)$ 为蠕变函数。四元件模型适合模拟线型高聚物蠕变过程。

Maxwell 模型和 Voigt 模型的特点之一是它们只有单个松弛时间，因此只能描述具有单松弛时间的黏弹性现象。由于运动单元的多重性，真实聚合物实际有多个松弛时间 τ_i，组成松弛时间谱，其黏弹性行为要复杂得多。为了更好地描述实际聚合物的黏弹性行为，人们设计了许多复杂的模型。

1）并联的 Maxwell 模型

将若干个分别具有不同松弛时间的 Maxwell 模型并联连接，形变时，各个 Maxwell 模型的应变相同，应力相加，总应力则为各模型应力之和，如图 6-46 所示。

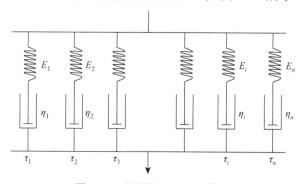

图 6-46　并联的 Maxwell 模型

用并联 Maxwell 模型描述真实高分子材料的应力松弛行为时，材料的松弛模量为各个 Maxwell 模型的模量之和，即

$$E(t) = \sum_{i=0}^{n} E_i \exp\left(\frac{-t}{\tau_i}\right) \quad (6\text{-}85)$$

例如，材料有三个松弛时间，其松弛模量为

$$E(t) = E_1 \exp\left(-\frac{t}{\tau_1}\right) + E_2 \exp\left(-\frac{t}{\tau_2}\right) + E_3 \exp\left(-\frac{t}{\tau_3}\right)$$

式中，E_1、E_2、E_3 分别为三个并联的 Maxwell 模型的弹簧模量；τ_1、τ_2、τ_3 为其松弛时间。当迅速拉伸模型（$t = 0$）时，三个模型的起始应力各不相同，总应力为三个模型应力之和。随着时间的推移，各模型按照各自的松弛时间 τ_i 进行松弛，最后总应力逐渐松弛至零。

2）串联的 Voigt 模型

将若干个具有不同松弛时间的 Voigt 模型串联连接，形变时，各个 Voigt 模型所受的应力相同，总应变为各模型应变之和，如图 6-47 所示。

用串联 Voigt 模型描述真实高分子材料的蠕变行为，得到材料的总蠕变柔量为各个 Voigt 模型的柔量之和，即

$$D(t) = \sum_{i=0}^{n} D_i \left[1 - \exp\left(\frac{-t}{\tau_i}\right)\right] \quad (6\text{-}86)$$

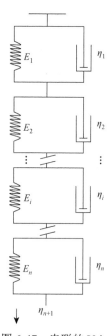

图 6-47　串联的 Voigt 模型

式中，τ_i 为各个 Voigt 模型的推迟时间；D_i 为各自的平衡柔量。

6.4.3 黏弹性与时间、温度的关系

1. 时-温等效性原理

对黏弹性材料的力学松弛性能而言，时间和温度的影响等效，只要改变时间尺度，就能使不同温度下的材料性能相互等价。例如，在两个不同温度下求得的同一材料柔量曲线形状相同，只是位置有偏移。高温下的曲线偏向短时间段，低温下的曲线偏向长时间段。换句话说，一种聚合物在高温短时间内表现的黏弹性质，在低温长时间下也能表现出来，这就是时-温等效的意义。这种等效性在高分子材料的许多其他性质中也同样适用。

时-温等效原理的重要性在于，它使人们可以在有限时间内测量的材料性质，通过时-温等效原理推广得知在更宽的温度和时间范围内材料的性能。借助于转换因子可以将在某一温度下测定的力学数据，变成另一温度下测定的力学数据。平移因子 α_T 如下式所示，其定义为测量温度下模量变化到某一数值的真实时间 τ，与参照温度下发生同样变化所需时间 τ_s 的比值。实际应用中，常将时间取对数进行作图和平移（图 6-48）。

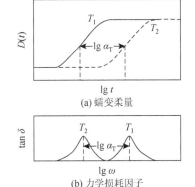

(a) 蠕变柔量

(b) 力学损耗因子

图 6-48　时-温等效作图法示意

$$\alpha_T = \frac{\tau}{\tau_s}$$

平移因子（α_T）与温度（T）、参考温度（T_s）的关系由 WLF 公式求得，即

$$\lg \alpha_T = \frac{-C_1(T - T_s)}{C_2 + (T - T_s)} \tag{6-87}$$

式中，C_1 和 C_2 为常数；T_s 为参考温度，如 $T_s = T_g$。式中两个常数 $C_1 = 16.44$、$C_2 = 51.6$，该式适用的温度范围是 $T_g \sim T_g + 100℃$。若选择 $T_s = T_g + 50℃$，则式中常数 $C_1 = 8.86$、$C_2 = 101.6$。在适用温度范围内，由 WLF 公式计算的平移因子值的精度是很高的。

在绘制叠合曲线时，不同温度下得到实验曲线在时间坐标上的平移量是不同的。由移动量与温度的关系曲线可以找到所需温度下的 $\lg\alpha_T$ 值（图 6-49）。

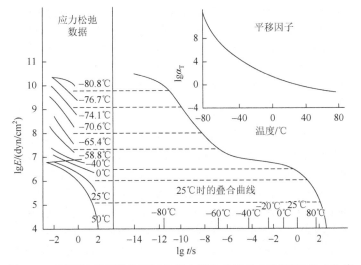

图 6-49　不同温度下聚异丁烯的应力松弛曲线及 25℃时的叠合曲线

2. Boltzmann 叠加原理

Boltzmann 叠加原理是力的叠加原理的一个应用。具体内容为，高聚物的力学松弛行为是其整个历史上诸松弛过程线性加和的结果。对于蠕变过程，总的蠕变是各个负荷引起的蠕变的线性加和。对于应力松弛过程，高聚物的总应力等于历史上诸应变引起的应力松弛过程的线性加和。

对于时间序列中一系列阶跃应变（或应力）的输入，体系在即时 t 的应力（或应变）响应，可以表示为不同时刻 t' （$t' < t$）的一系列个别响应的线性叠加。

按照该原理，聚合物试样中的应力（或应变）是全部形变历史（或受力历史）的函数，每一步形变（或应力）对材料最终应力（或应变）产生独立的贡献，总应力（或应变）为各步独立形变（或应力）贡献之和。

例如，设分别在不同的时刻 t_1、t_2、t_3、t_4、…对试样施加形变 ε_1、ε_2、ε_3、ε_4、…，按照 Boltzmann 叠加原理，试样在 t 时刻的总应力等于

$$\sigma(t) = E(t-t_1)\varepsilon_1 + E(t-t_2)\varepsilon_2 + E(t-t_3)\varepsilon_3 + E(t-t_4)\varepsilon_4 + \cdots \tag{6-88}$$

式中，$E(t-t_i)$ 为材料的松弛模量，它是时间间隔 $(t-t_i)$ 的函数。

6.4.4　动态黏弹性的表征方法

外力对单位体积做的功为

$$\Delta W = \int \left(\frac{f}{V} \right) \mathrm{d}l = \int \left(\frac{f}{A} \right) \frac{\mathrm{d}l}{l} = \int \sigma \mathrm{d}\varepsilon$$

在周期性变化应力的作用下，每循环一个周期（2π 弧度），外力对单位体积做功为

$$\Delta W = \oint \sigma(t) \mathrm{d}\varepsilon(t) = \oint \sigma(t) \frac{\mathrm{d}\varepsilon(t)}{\mathrm{d}t} \mathrm{d}t$$

$$\Delta W = \sigma_0 \varepsilon_0 \omega \int_0^{2\pi/\omega} \sin \omega t \cos(\omega t - \delta) \mathrm{d}t$$

$$\Delta W = \pi \sigma_0 \varepsilon_0 \sin \delta \quad \sin \delta = \left(\frac{\varepsilon_0}{\sigma_0} \right) E'' \quad \Delta W = \pi (\varepsilon_0)^2 E''$$

对于理想弹性体（$\delta = 0$ 和 $\sin\delta = 0$），外力做功为 0，对于理想黏性体（$\delta = \pi/2$，$\sin\delta = 1$），一个循环周期中外力对单位体积做功为 $\pi\sigma_0\varepsilon_0$。单位体积消耗的外力功率等于单位体积功和单位时间内循环次数的乘积。单位时间循环次数 $f = \omega/2\pi$，可得到

$$P = \left(\frac{\omega}{2} \right) \sigma_0 \varepsilon_0 \sin \delta = \left(\frac{\omega}{2} \right) (\varepsilon_0)^2 E''$$

研究聚合物黏弹性的方法通常是将储能模量、损耗模量（或 $\tan\delta$）看成是温度或频率的函数，用半对数坐标作图。一般把温度最高的峰指定为 α 松弛（如非晶态聚合物中的玻璃化转变或半结晶聚合物中的熔融转变），其他转变峰按照温度降低的方向依次指定为 β 松弛、γ 松弛等。动态黏弹性测量方法分为自由振动法（扭摆分析和扭辫分析）和受迫振动法。

自由振动法中，高分子一端固定，另一端与自由振动的惯性体相连。外力使试样发生扭摆后，试样的弹性使惯性体发生逐渐衰减的自由扭转振动。如果将 Δ 定义为两个相继振动振幅比值的对数（力学阻尼），它和 $\tan\delta$ 满足下列等式：

$$\Delta = \pi \tan \delta = \ln \left(\frac{A_1}{A_2} \right)$$

扭辫分析（torsional braid analysis，TBA）与扭摆分析类似，差别在于试样被涂在一根由多股玻璃纤维编成的辫子上。其优点是需要试样很少，可以测量黏液状试样。

习　题

1. 分别画出低密度聚乙烯、轻度交联橡胶的下列曲线，并说明理由。
   (1) 温度形变曲线；
   (2) 蠕变及回复曲线；
   (3) 应力-应变曲线（并标明拉伸强度）。

2. 橡胶弹性理论：①计算交联点间平均相对分子质量为 5000、密度为 $0.925g/cm^3$ 的弹性体在 23℃时的抗伸模量和切变模量 $[R = 8.314J/(K·mol)]$。②若考虑自由末端校正，模量将怎样改变？

3. 硫化橡胶加外力下进行蠕变，当外力作用时间与橡胶的松弛时间近似相等时，形变达到 1.264%。已知该橡胶的弹性模量为 $10^8N/m^2$，本体黏度为 $5×10^8Pa·s$，并假定在蠕变中忽略了普弹和塑性形变。此橡胶所受的最大应力是多少？

4. 某个黏弹体，已知其 η（高弹态）和 E（高弹态）分别为 $5×10^8Pa·s$ 和 $10^8N/m^2$，当原始应力为 $10N/m^2$ 时，求：
   (1) 达到松弛时间的残余应力为多少？松弛 10s 时的残余应力为多少？
   (2) 当起始应力为 $10^9N/m^2$ 时，到达松弛时间的形变率为多少？最大平衡形变率为多少？

5. 由异丁烯的时-温等效组合曲线可知，在 298K 时，其应力松弛到 $10^5N/m^2$ 约需 10h，试计算在 253K 达到同一数值所需的时间。（已知聚异丁烯的玻璃化转变温度为 203K）

6. 1℃/min 的升温速率测得 PS 的 $T_g = 100℃$，试问在升温速率改为 10℃/min 时，PS 的 T_g 是多少？

 **超链接知识**

橡　皮　泥

橡皮泥（silly putty）是一种有机硅聚合物，在 1943 年由通用电器的工程师 James Wright 发明。James 本想通过混合硼酸和硅树脂油，试制出一种用于坦克或者军靴的"便宜橡胶"，却意外地让 20 世纪 50 年代的孩子玩上了新玩具。最初的橡皮泥只有灰白一种颜色，后来加入了各种各样的颜色和香味，还有夜光的。橡皮泥有黏弹性，可以在拉伸、塑形后再被揉回原来的形状，同时它的表观黏度还随所施加外力的增加而增加。橡皮泥是典型的非牛顿黏弹性聚合物，更确切地说，是一种胀塑性流体，其实大力把橡皮泥扔到墙上，它是可以反弹的。

第7章　高聚物的电学性能

高聚物的电学性能指在外加电压或者电场作用下材料所表现出来的介电性能（dielectric properties）、导电性能、电击穿性质，以及与其他材料接触、摩擦时所引起的表面静电性质等。

种类繁多的高分子材料的电学性能是丰富多彩的。根据导电性的不同，高分子材料可分为绝缘体、半导体、导体和超导体。多数高分子材料具有很好的电绝缘性能，其电阻率（resistivity）高、介电损耗小、电击穿强度高，又具有良好的力学性能、耐化学腐蚀性及易成型加工性能，使它比其他绝缘材料具有更大实用价值，已成为电气工业不可或缺的材料。另一方面，导电高分子的研究和应用近年来取得突飞猛进的发展。以 MacDiarmid、Heeger、白川英树等为代表的高分子科学家发现，分子链具有共轭 π 电子结构的聚合物，如聚乙炔、聚噻吩、聚吡咯、聚苯胺等，通过不同的方式掺杂，可以具有半导体［电导率（conductivity）$\sigma = 10^{-10} \sim 10^2 \mathrm{S/cm}$］甚至导体（$\sigma = 10^2 \sim 10^6 \mathrm{S/cm}$）的电导率。通过结构修饰（衍生物、接枝、共聚）、掺杂诱导、乳液聚合、化学复合等方法，人们又克服了导电高分子不溶、不熔的缺点，获得可溶性或水分散性导电高分子，大大改善了加工性，导电高分子进入了实用领域。

高聚物的电学性能非常灵敏地反映材料内部的结构特征和分子运动状况，因此如同力学性质的测量一样，电学性能的测量也成为研究聚合物结构与分子运动关系的一种有效手段。

7.1　高聚物的介电性能

高聚物的介电性能指在外电场作用下出现的对电能的储存和损耗的性质，通常用介电常数和介电损耗来表示。介电性能都是由介质在外电场中极化（polarization）引起的。

7.1.1　分子极化

在外电场作用下，电介质分子中电荷分布发生变化，使材料出现宏观偶极矩，这种现象称为电介质的极化。极化后分子具有了极性，其极性大小可用偶极矩表示。偶极矩 μ（单位为 C·m）是正电中心和负电中心的距离 d 与电荷 q 的乘积，即

$$\mu = q \cdot d \tag{7-1}$$

偶极矩为零的分子为非极性分子，偶极矩大于零的分子为极性分子。

分子的极化方式主要有四种：电子极化、原子极化、取向极化和界面极化。正是这些极化决定了高聚物的介电行为。

电子极化是在外电场作用下，分子中每个原子的价电子云相对原子核的位移。

原子极化则是电场作用下原子核之间的相对位移。这两种极化的结果将使分子的电荷分布变形，因此统称为变形极化或诱导极化，由此产生的偶极矩称为诱导偶极矩 μ_1，它的大小与电场强度 E 成正比，即

$$\mu_1 = \alpha_{\mathrm{d}} E \tag{7-2}$$

$$\alpha_{\mathrm{d}} = \alpha_{\mathrm{e}} + \alpha_{\mathrm{a}} \tag{7-3}$$

式中，α_d 为变形极化率；α_e 和 α_a 分别为电子极化率和原子极化率。α_e 和 α_a 都不随温度而变化，仅取决于分子中电子云的分布情况。

取向极化发生在具有永久偶极矩的极性分子中，在无外电场时，由于分子的热运动，偶极矩的指向是比较混乱的，因此总的偶极矩加和很小，甚至为零。当有外电场时，极性分子除了诱导极化外，还会发生转动而沿电场方向排列，产生分子取向，故称取向极化或偶极极化，如图 7-1 所示。

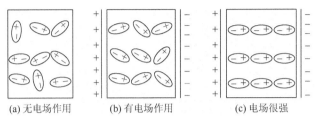

(a) 无电场作用　　　(b) 有电场作用　　　(c) 电场很强

图 7-1　极化分子的取向极化

取向极化产生的偶极矩的大小取决于偶极子的取向程度。分子的永久偶极矩和电场强度越大，偶极子的取向度越大；相反，温度越高，取向度越小。研究表明，取向偶极矩 μ_2 与热力学温度成反比，与极性分子的永久偶极矩 μ_0 的平方成正比，与外电场 E 成正比，即

$$\mu_2 = \frac{\mu_0^2}{3kT} \cdot E = \alpha_0 E \qquad (7\text{-}4)$$

$$\alpha_0 = \frac{\mu_0^2}{3kT} \qquad (7\text{-}5)$$

式中，k 为玻尔兹曼常量；α_0 为取向极化率。

当极性分子沿电场方向转动、排列时，需要克服本身的惯性和旋转阻力，所以完成取向极化过程所需时间比电子极化和原子极化长，约需 10^{-9}s 以上，取决于分子间相互作用力的大小。尤其对大分子，其取向极化可以是不同运动单元的取向，包括小侧基、链段或分子整链，因此完成取向极化所需时间范围也很宽。取向极化时需克服分子间相互作用力，因此也消耗部分能量。一些常见极性基团与碳原子的偶极矩如表 7-1 所示。

表 7-1　碳原子与所示基团间的偶极矩

基团	偶极矩/($\times 10^{-30}$ C·m)		基团	偶极矩/($\times 10^{-30}$ C·m)	
	脂肪族化合物	芳香族化合物		脂肪族化合物	芳香族化合物
—CH$_3$	0	1.3	—NH$_2$	4.0	5.0
—F	6.3	5.3	—COOH	5.7	5.3
—Cl	7.0	5.7	—NO$_2$	12.3	14.0
—Br	6.7	5.7	—CN	13.4	14.7
—I	6.3	5.7	—COOCH$_3$	6.0	6.0
—OH	5.7	4.7	—OCH$_3$	4.0	4.3

非极性分子在外电场中只产生诱导偶极矩，而极性分子在外电场中产生的偶极矩是诱导偶极矩和取向偶极矩之和，即

$$\mu = \mu_1 + \mu_2 = \alpha E \qquad (7\text{-}6)$$

$$\alpha = \alpha_d + \alpha_0 = \alpha_d + \frac{\mu_0^2}{3kT} \qquad (7\text{-}7)$$

高分子链的偶极矩是整个分子链中所有偶极矩的矢量和。对于柔性高分子，整个分子链的偶极矩必须以统计平均值，如均方偶极矩 $\overline{\mu^2}$ 表示。如果不考虑高分子内旋转受阻，则几种常见高分子链的均方偶极矩如下：

$$\text{─(}CR_2\text{─)}_n \text{型} \qquad \overline{\mu^2} = 0$$

$$\text{─(}CH_2\text{─}CR_2\text{─)}_n \text{型} \qquad \overline{\mu^2} = \frac{3}{4}n\mu_0^2$$

$$\text{─(}CH_2\text{─}CHR\text{─)}_n \text{型} \qquad \overline{\mu^2} = \frac{11}{12}n\mu_0^2$$

以上讨论单个分子产生的偶极矩，对各向同性介质，若单位体积含 n_0 个分子，每个分子产生的平均偶极矩为 $\overline{\mu}$，则单位体积内的分子偶极矩的矢量和 P 为

$$P = n_0\overline{\mu} = n_0\alpha E \qquad (7\text{-}8)$$

式中，P 为介质的极化度。

除上述三种极化方式外，还有一种产生于非均相介质界面处的界面极化。由于界面两边的组分可能具有不同的极性或电导率，在电场作用下将引起电荷在两相界面处聚集，从而产生极化。因为这种极化牵扯很大的极化质点，产生极化所需的时间较长，从几分之一秒至几分钟。共混、填充聚合物体系及泡沫聚合物体系有时会发生界面极化。对均质聚合物，在其内部的杂质、缺陷或晶区、非晶区界面上，都有可能产生界面极化。

7.1.2 高聚物的介电常数

1. 介电常数与极化率的关系

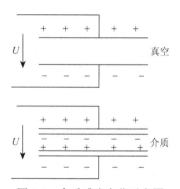

图 7-2 介质感应电荷示意图

已知真空平板电容器的电容 C_0 与施加在电容器上的直流电压 U 及极板上产生的电荷 Q_0 有如下关系

$$C_0 = Q_0/U \qquad (7\text{-}9)$$

当电容器极板间充满均质电介质时，由于电介质分子的极化，极板上将产生感应电荷 Q'，使极板电荷量增加到 $Q_0 + Q'$（图 7-2），电容器电容相应增加到 C，即

$$C = Q/U = (Q_0 + Q')/U > C_0 \qquad (7\text{-}10)$$

含有电介质电容器的电容与该真空电容器的电容之比，称为该电介质的介电常数 ε，即

$$\varepsilon = C/C_0 = 1 + Q'/Q_0 \qquad (7\text{-}11)$$

介电常数反映了电介质储存电荷和电能的能力，从式（7-11）可以看出，介电常数越大，极板上产生的感应电荷 Q' 和储存的电能越多。介电常数在宏观上反映了电介质的极化程度，它与分子极化率 α 有如下关系

$$\tilde{P} = \frac{\varepsilon-1}{\varepsilon+2}\cdot\frac{M}{\rho} = \frac{4}{3}\pi N_A\alpha \qquad (7\text{-}12)$$

式中，$\tilde{P}$、M、ρ 分别为电介质的摩尔极化率、相对分子质量和密度；N_A 为阿伏伽德罗常量。此式称为克劳修斯-莫索提（Clausius-Mossotti）方程。根据式（7-12），可以通过测量电介质的介电常数 ε 求得分子极化率 α。

另外由实验得知，对非极性介质

$$P_0 = \frac{\varepsilon - 1}{\varepsilon + 2} \cdot \frac{M}{\rho} = \frac{4}{3} \pi N_A \alpha_d \tag{7-13}$$

$$R = P_0 = \left(\frac{n^2 - 1}{n^2 + 2} \right) \frac{M}{\rho} \tag{7-14}$$

式中，n 为非极性电介质的折射率；R 为摩尔折射率。比较式（7-13）与式（7-14）可知

$$\varepsilon = n^2 \tag{7-15}$$

此式运用了介质的电学性能和光学性能，对非极性高聚物也是适用的。

对于极性电介质，式（7-12）可改写为

$$\tilde{P} = \frac{\varepsilon - 1}{\varepsilon + 2} \cdot \frac{M}{\rho} = \frac{4}{3} \pi N_A \left(\alpha_d + \frac{\mu_0^2}{3kT} \right) \tag{7-16}$$

此式称为德拜（Debye）方程。这与实验事实是基本相符的，即非极性介质的摩尔极化强度与温度无关，而极性介质的摩尔极化强度随温度升高而减小。

2. 介电常数及其与结构的关系

1）高聚物分子结构

介电常数的数值取决于介质的极化，而介质的极化与介质的分子结构及其所处的物理状态有关，分子极性越大，极化程度越大，介电常数就越大。高聚物分子的极性大小通常可以用其重复结构单元的偶极矩来衡量。按照偶极矩的大小，可将高聚物大致分为以下四类，它们分别对应于介电常数的某一数值范围，随着偶极矩增加，高聚物的介电常数逐渐增大：

非极性聚合物：$\mu = 0D$，$\varepsilon = 2.0 \sim 2.3$

弱极性聚合物：$0 < \mu \leqslant 0.5D$，$\varepsilon = 2.3 \sim 3.0$

中等极性聚合物：$0.5 < \mu \leqslant 0.7D$，$\varepsilon = 3.0 \sim 4.0$

强极性聚合物：$\mu > 0.7D$，$\varepsilon = 4.0 \sim 7.0$

其中，D（德拜）是偶极矩的单位，$1D = 3.33 \times 10^{-30} C \cdot m$。

大分子中极性基团若在主链上，由于活动性小则对介电常数影响较小，若在侧基上则对介电常数影响较大。分子结构对称性越高，介电常数就越小。例如对同一聚合物，全同立构介电常数最高，间同立构最低，无规立构介于两者之间。

交联使分子取向活动困难，降低了介电常数。拉伸使分子排列整齐，增加了分子间作用力，使大分子链活动性减弱，因而介电常数减小。支化可使分子间作用力减弱，介电常数升高。

2）外加电场频率

极化过程需要时间，所以外加电场频率对介质极化影响很大。在不同频率的电场下，可测得不同的介电常数。

在低频电场中，三种极化都跟得上电场的变化，因此介电常数就是静电场下的数值 ε_0，频率增高后，首先取向极化跟不上，当频率超过某一范围时，介电常数也减小。对小分子而言，这个频率范围为 $10^{10} \sim 10^{12} Hz$。原子极化消失于红外线区的频率，而电子极化则在可见光、紫外线和 X 射线区。因而在高频电场下，最后只会发生电子极化，介电常数达到最小值。

3）温度的影响

温度只与取向极化有关，因此，非极性高聚物的介电常数与温度关系不大。温度对于取

向极化有两种相反的作用：一方面，温度升高，分子间作用力减低，黏度减小，有利于取向，极化加强；另一方面，温度升高，分子热运动激烈，不利于取向而使极化减弱。因此，极性高聚物一般在温度不太高时，前者占主导地位，介电常数增加，到超过一定温度范围后，后者占主导地位，介电常数减小。

7.2　高聚物的介电损耗和介电松弛

7.2.1　介电损耗产生原因及其表征

电介质在交变电场中极化时，会因极化方向的变化损耗部分能量而发热，称为介电损耗。介电损耗产生的原因有两方面：一为电导损耗，是指电介质所含的微量导电载流子在电场作用下流动时，因克服电阻所消耗的电能。这部分损耗在交变电场和恒定电场中都会发生。由于通常聚合物导电性很差，故电导损耗一般很小。二为极化损耗，这是由分子偶极子的取向极化造成的。取向极化是一个松弛过程，交变电场使偶极子转向时，转动速率滞后于电场变化速率，使一部分电能损耗于克服介质的内黏滞阻力上，这部分损耗有时是很大的。对非极性聚合物的介电损耗而言，电导损耗可能是主要的。对极性聚合物的介电损耗而言，其主要部分为极化损耗。

已知分子极化速率很快，电子极化所需时间为 $10^{-15} \sim 10^{-13}$s，原子极化需时略大于 10^{-13}s。但取向极化所需时间较长，对小分子约大于 10^{-9}s，对大分子更长一些。极性电介质在交变电场中极化时，如果交变电场频率很低，偶极子转向能跟得上电场的变化，如图 7-3（a）所示，介电损耗就很小。当交变电场频率提高，偶极子转向与电场的变化有时间差，如图 7-3（b）所示，落后于电场的变化，这时由于介质的内黏滞作用，偶极子转向将克服摩擦阻力而损耗能量，电介质发热。若交变电场频率进一步提高，致使偶极子取向完全跟不上电场变化，取向极化将不发生，这时介质损耗也很小。由此可见，只有当电场变化速率与微观运动单元的本征极化速率相当时，介电损耗才较大。实验表明，原子极化损耗多出现于红外光频区，电子极化损耗多出现于紫外光频区，在一般电频区，介质损耗主要是由取向极化引起的。

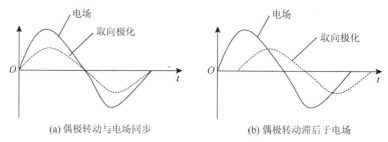

　　（a）偶极转动与电场同步　　　　　　　（b）偶极转动滞后于电场

图 7-3　偶极子取向随电场变化图

为了表征介电损耗，研究在交变电场中介质电容器的能量损耗情况。

首先考虑真空电容器，电容量为 C_0，若在其极板上加一个频率为 ω、幅值为 U_0 的交变电压 $U^*(\mathrm{i}\omega t) = U_0 \mathrm{e}^{\mathrm{i}\omega t}$，则通过真空电容器的电流为

$$I^*(\mathrm{i}\omega t) = C_0 \frac{\mathrm{d}U^*}{\mathrm{d}t} = \mathrm{i}\omega C_0 U^* = \omega C_0 U_0 \mathrm{e}^{\mathrm{i}\left(\omega t + \frac{\pi}{2}\right)} \tag{7-17}$$

式中，$\mathrm{i} = \sqrt{-1}$，为虚数单位。由式（7-17）看出，电流 I^* 的位相比电压 U^* 超前 90°，即电流复矢量与电压复矢量垂直，其损耗的电功功率为 $P_0 = \vec{I}^* \cdot \vec{U}^* \cos 90^\circ = 0$。

对于电介质电容器，在交流电场中，因电介质取向极化跟不上外场的变化，将发生介电损耗。由于介质的存在，通过电容器的电流 I^* 与外加电压 U^* 的相位差不再是 90°，而是 $\varphi = 90° - \delta$（图 7-4）。

用"电阻"电流（I_R）与"电容"电流（I_C）之比表征介质的介电损耗：

$$\tan\delta = \frac{I_R}{I_C} = \frac{\omega\varepsilon''C_0U^*}{\omega\varepsilon'C_0U^*} = \frac{\varepsilon''}{\varepsilon'} \tag{7-18}$$

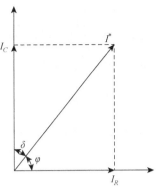

图 7-4　电流与电压的向量关系

式中，δ 为介电损耗角（dielectric loss angle）；$\tan\delta$ 为介电损耗角正切，是表征电介质介电损耗的物理量。$\tan\delta$ 的物理意义是在每个交变电压周期中，介质损耗的能量与储存能量之比。$\tan\delta$ 越小，表示能量损耗越小。理想电容器（真空电容器）$\tan\delta = 0$，无能量损失。ε'' 正比于 $\tan\delta$，故也常用 ε'' 表示材料介电损耗的大小。

7.2.2　影响介电损耗的因素

由于介电性能主要取决于分子的极化状态与程度，与此相关的因素都会影响材料的介电性，内因有高聚物分子的极性、极性基团的密度及活动性等，外因有温度、电场频率、增塑剂、杂质等。

1. 高聚物的分子结构

高分子材料的介电性能首先与材料的极性有关。这是因为在几种介质极化形式中，偶极子的取向极化偶极矩最大，影响最显著。

分子偶极矩等于组成分子的各个化学键偶极矩（也称键矩）的矢量和。对大分子而言，由于构象复杂，难以按构象求整个大分子平均偶极矩，所以用单体单元偶极矩来衡量高分子极性。按单体单元偶极矩的大小，聚合物分极性和非极性两类。一般认为偶极矩在 0～0.5D 范围内的聚合物属非极性的，偶极矩在 0.5D 以上属极性的。聚乙烯分子中 C—H 键的偶极矩为 0.4D，但由于分子对称，偶极矩矢量和为零，故聚乙烯为非极性的。聚四氟乙烯中虽然 C—F 键的偶极矩较大（1.83D），但 C—F 键对称分布，偶极矩矢量和也为零，整个分子也是非极性的。聚氯乙烯中 C—Cl 键（2.05D）和 C—H 键的偶极矩不同，不能相互抵消，故分子是极性的。非极性聚合物具有低介电常数（ε 约为 2）和低介电损耗（$\tan\delta$ 小于 10^{-4}）；极性聚合物具有较高的介电常数和介电损耗。一些常见聚合物的介电常数和介电损耗正切值见表 7-2。

表 7-2　常见聚合物的介电常数（60Hz）和介电损耗角正切

聚合物	ε	$\tan\delta \times 10^4$	聚合物	ε	$\tan\delta \times 10^4$
四氟乙烯	2.0	<2	聚苯乙烯	2.45～3.10	1～3
四氟乙烯-六氟丙烯共聚物	2.1	<3	高抗冲聚苯乙烯	2.45～4.75	—
聚丙烯	2.2	2～3	聚苯醚	2.58	20
聚三氟聚乙烯	2.24	12	聚碳酸酯	2.97～3.71	9
低密度聚乙烯	2.25～2.35	2	聚砜	3.14	6～8
高密度聚乙烯	2.30～2.35	2	聚氯乙烯	3.2～3.6	70～200
ABS 树脂	2.4～5.0	40～300	聚甲基丙烯酸甲酯	3.3～3.9	400～600

续表

聚合物	ε	$\tan\delta \times 10^4$	聚合物	ε	$\tan\delta \times 10^4$
聚甲醛	3.7	40	酚醛树脂	5.0~6.5	600~1000
尼龙 6	3.8	100~400	硝化纤维素	7.0~7.5	900~1200
尼龙 66	4.0	140~600	聚偏氟乙烯	8.4	—

分子链活动能力对偶极子取向有重要影响。例如，在玻璃态时，链段运动被冻结，结构单元上极性基团的取向受链段牵制，取向能力低；而在高弹态时，链段活动能力大，极性基团取向时受链段牵制较小，因此同一聚合物高弹态下的介电常数和介电损耗要比玻璃态下大。例如，聚氯乙烯的介电常数在玻璃态时为 3.5，到高弹态时增加到约 15；聚酰胺的介电常数在玻璃态时为 4.0，到高弹态时增加到近 50。

大分子交联也会妨碍极性基团取向，使介电常数降低。典型例子是酚醛树脂，虽然这种聚合物极性很强，但交联造成其介电常数和介电损耗并不很高。相反，支化结构会使大分子间相互作用力减弱，分子链活动性增强，造成介电常数增大。

2. 温度和交变电场频率的影响

与动态力学性能类似，介电性能也依赖于温度和交变电场频率。

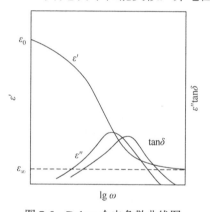

图 7-5 Debye 介电色散曲线图

在低频区（$\omega \to 0$），电子极化、原子极化和取向极化都跟得上电场的变化，因此取向程度高，介电常数最大（$\varepsilon' \to \varepsilon_0$），介电损耗小（$\varepsilon'' \to 0$ 和 $\tan\delta \to 0$）。在高频区（光频区 $\omega \to \infty$），只有电子极化能跟上电场的变化，偶极取向极化来不及进行，介电常数 ε' 降低到只有原子极化、电子极化所贡献的值（$\varepsilon' \to \varepsilon_\infty$），介电损耗 ε'' 也很小。在中等频率范围内，偶极子一方面能跟着电场变化而运动，但运动速度又不能完全适应电场的变化，偶极取向的位相落后于电场变化的位相，一部分电能转化为热能而损耗，此时 ε'' 增大，出现极大值，而介电常数 ε' 随电场频率增高而下降。介电常数下降的频率范围称为反常色散区，可用图 7-5 所示的 Debye 介电色散曲线来表示。

温度升高一方面使材料黏度下降，有利于极性基团取向，另一方面又使分子布朗运动加剧，反而不利于取向。由图 7-6 可知，当温度低时，介质黏度高，偶极子取向程度低且取向速度极慢，完全跟不上电场的变化，因此 ε' 和 ε'' 都很小。随着温度升高，介质黏度降低，偶极子取向能力增大（因而 ε' 增大），但由于取向速度跟不上电场的变化，取向时消耗能量较多，所以 ε'' 也增大。温度进一步升高，偶极子取向能完全跟得上电场变化，ε' 增至最大，但同时取向消耗的能量减少，ε'' 又变小。温度很高时，偶极子布朗运动加剧，又会使取向程度下降，能量损耗增大。上述影响主要是对极性聚合物的取向极化而言。对非极性聚合物，由于温度对电子极化及原子极化的影响不大，因此介电常数随温度的变化可以忽略不计。除去布朗运动的影响外，交变电场频率与温度对介电性能的影响符合时-温等效原理。

3. 增塑剂

加入增塑剂可以降低高聚物的黏度，促进偶极子取向，它与升高温度有相同的效果。因

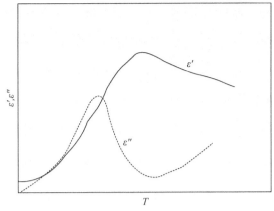

图 7-6　ε' 和 ε'' 与温度的关系

此，增塑剂的加入使介电损耗移向低温（频率固定）或移向高频（温度固定）。图 7-7 中，加入增塑剂使介电损耗 ε'' 的峰值向低温区域移动，介电常数 ε' 也在较低温度下开始上升。聚合物体系中若加入极性增塑剂，还会因为引入新的偶极损耗而使材料介电损耗增加。

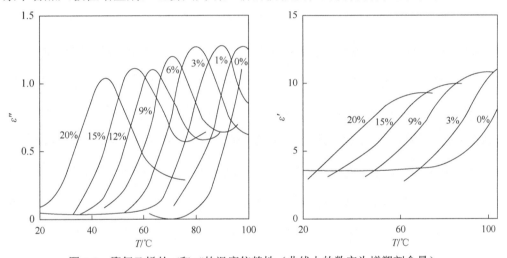

图 7-7　聚氯乙烯的 ε' 和 ε'' 的温度依赖性（曲线上的数字为增塑剂含量）

4. 杂质的影响

杂质对聚合物的介电性能影响很大，尤其导电杂质和极性杂质（如水分）会大大增加聚合物的导电电流和极化度，使介电性能严重恶化。对于非极性聚合物来说，杂质是引起介电损耗的主要原因。例如，低压聚乙烯，当其灰分含量从 1.9% 降至 0.03% 时，$\tan\delta$ 从 14×10^{-4} 降至 3×10^{-4}。因此，对介电性能要求高的聚合物，应尽量避免在成型加工中引入杂质。

5. 孔隙和空洞

孔隙和空洞通常具有极低的真空或空气介电常数。含孔材料特别是蜂窝或泡沫结构材料，因其中存在大量空气，相对介电常数 ε' 可接近于 1，介电损耗也极低。因此，在要求介电常数和介电损耗很小的构件中，常采用蜂窝或泡沫结构。

7.2.3　高聚物介电松弛谱

如果在宽阔的频率或温度范围内测量高分子材料的介电损耗，可以在不同的频率或温度区间观察到多个损耗峰，构成介电松弛谱图。这种谱图反映了大分子多重运动单元在交变电场中的取向极化及松弛情形，如同力学损耗松弛谱图一样，利用介电松弛谱也可以研究分子链多重结构及其运动，甚至比力学松弛谱更灵敏。

根据时-温等效原理，介电松弛谱通常是固定频率下通过改变温度测得的。对于晶态和非晶态聚合物，其介电松弛谱图形不同。

对于极性玻璃态聚合物，介电松弛谱一般有两个损耗峰，一是高温区的 α 峰，一是低温区的 β 峰（图 7-8）。

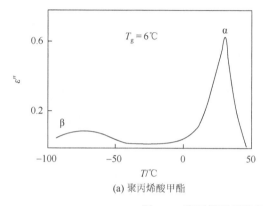

(a) 聚丙烯酸甲酯

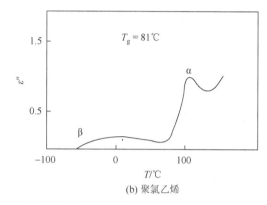

(b) 聚氯乙烯

图 7-8　聚丙烯酸甲酯和聚氯乙烯的介电松弛谱图

研究表明，α 峰与大分子主链链段运动有关，而 β 峰反映了极性侧基的取向运动。假如极性偶极子本身就在主链上，如聚氯乙烯的 C—Cl，则偶极子取向状态与主链构象改变有关，α 峰正是反映了主链链段运动对偶极子取向状态的影响。另一方面，若极性偶极子在侧基上，如聚丙烯酸甲酯的酯基，则极性侧基绕主链的转动将影响偶极子取向，β 峰正是反映了这种运动。

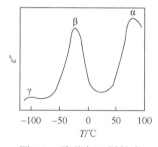

图 7-9　聚偏氟乙烯的介
电松弛谱图

对于晶态聚合物，介电松弛谱一般有 α、β、γ 三个损耗峰，α 峰反映了晶区的分子运动，β 峰与非晶区的链段运动有关，γ 峰可能与侧基旋转或主链的曲轴运动相关。图 7-9 给出聚偏氟乙烯的介电松弛谱图，图中三个损耗峰分别反映了这三种运动。

由介电松弛谱可以测出各运动单元的活化能。已知偶极子在电场中取向，必须具有足够的能量以克服势垒，这种速度过程也服从阿伦尼乌斯方程，即

$$\tau = A\exp\left(\frac{\Delta E}{RT}\right) \tag{7-19}$$

式中，ΔE 为对应的每摩尔弛豫活化能。由于温度提高时，链段更容易参加大范围内的协同运动，因此聚合物弛豫活化能在 $T > T_g$ 时并非常数，而随 T 增加一般会有所下降。

在介电松弛谱图上，ε'' 出现最大值的条件为 $\omega\tau = 1$，由此可得到 $1/\tau = 2\pi f_{max}$，代入式（7-19）后，由各个损耗峰对应的 f_{max} 和 T_{max}，以 $\ln f_{max}$ 对 $1/T_{max}$ 作图，可得一条直线，其斜率为 $\Delta E/R$，由此可求得偶极取向的活化能。

一些高聚物介电弛豫的研究结果列于表 7-3。由表可见，α 弛豫的弛豫活化能较高，β 弛豫的次之，γ 弛豫的更低，这些数值与动力学方法测定的数值较一致，在 $-(CH_2-CHR)-$ 中随着极性取代基 R 体积的增大，取向极化的势垒增大，因而主链弛豫的活化能增加，且对应的弛豫频率降低。

表 7-3 一些高聚物介电弛豫的活化能

高聚物	活化能 $\Delta E/(kJ/mol)$		
	α	β	γ
聚碳酸酯	481	205	84
聚甲基丙烯酸甲酯	460	79	—
聚甲基丙烯酸乙酯	180	79	—
聚乙基丙烯酸甲酯	—	100	42
聚丁基丙烯酸甲酯	—	125	—
聚乙基丙烯酸乙酯	188	30	—
聚氯乙烯	502	63	—

聚合物的介电松弛谱广泛地应用于高分子材料结构研究。即使对非极性聚合物，如聚乙烯、聚四氟乙烯，测量介电损耗谱仍发现有偶极松弛。研究表明，这是由材料中含有杂质（如催化剂、抗氧剂等）和氧化副产物引起的。采用介电损耗可以测出聚乙烯中含量为 0.01% 的羰基，其灵敏度比光谱法还高。

7.3 高聚物的导电性能

7.3.1 导电性的表征

当材料两端施加电压 U 时，材料中有电流 I 通过，这种性能称为导电性。电流 I 的大小可由欧姆定律求出

$$I = \frac{U}{R} \tag{7-20}$$

式中，R 为试样的电阻，其值不仅与材料本身性质有关，还与其长度 L 和截面积 S 有关，即

$$R = \rho \frac{L}{S} \tag{7-21}$$

材料导电性通常用电阻率 ρ 或电导率 σ 表示，两者互为倒数关系，按定义有

$$\rho = R \cdot \frac{S}{L} = 1/\sigma \tag{7-22}$$

从微观导电机理看，物质的导电性是由于物质内部存在传送电流的自由电荷，这些自由电荷通常称为载流子，它们可以是电子、空穴和正负离子等。这些载流子在外加电场作用下，在物质内部做定向迁移运动，便形成电流。设单位体积试样中载流子数目为 n_0，载流子电荷量为 q_0，载流子迁移率（单位电场强度下载流子的迁移速度）为 ν，则材料电导率 σ 为

$$\sigma = n_0 q_0 v \tag{7-23}$$

电阻率 ρ 和电导率 σ 都是表征材料本征特性的物理量，与试样的形状尺寸无关。由式(7-23)可知，决定材料导电性能好坏的本质因素有两个：一是单位体积试样中载流子的数目（载流子的浓度）；二是载流子的迁移率。

但在实际应用中，根据测量方法不同，人们又将试样的电阻区分为体积电阻和表面电阻。将试样放置于两平行电极板之间，施加电压 V，测得流过试样内部的电流（称为体积电流）I_v，按欧姆定律，定义体积电阻为

$$R_v = V/I_v \tag{7-24}$$

若在试样的同一表面上放置两个电极，施加电压 V，测得流过试样表面的电流（称为表面电流）I_s，同理，定义表面电阻为

$$R_s = V/I_s \tag{7-25}$$

根据电极形状不同，表面电流的流动方式不同，表面电阻率的定义也有差别，表面电阻率的测量方法如图 7-10 所示。在图 7-10（a）中，将两个间距为 b、宽度为 L 的平行电极放在一个试样的表面，试样的表面电阻率 ρ_s 为

$$\rho_s = R_s \frac{L}{b} \tag{7-26}$$

采用如图 7-10（b）所示的环型电极装置，外环电极内径和内环电极外径分别为 D_2、D_1，则

$$\rho_s = R_s \frac{2\pi}{\ln(D_2/D_1)} \tag{7-27}$$

注意，表面电阻率 ρ_s 与表面电阻 R_s 同量纲。

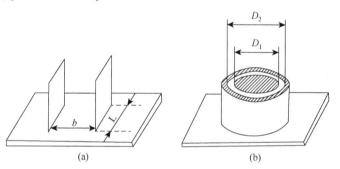

图 7-10　测量表面电阻的不同电极

体积电阻率 ρ_v 的定义见式（7-28），即

$$\rho_v = R_v \frac{S}{h} \tag{7-28}$$

体积电阻率是材料重要的电学性质之一，通常按照 ρ_v 的大小将材料分为导体、半导体和绝缘体三类：$\rho_v = 0 \sim 10^3 \Omega \cdot \text{cm}$，导体；$\rho_v = 10^3 \sim 10^8 \Omega \cdot \text{cm}$，半导体；$\rho_v = 10^8 \sim 10^{18}$（或 $> 10^{18}$）$\Omega \cdot \text{cm}$，绝缘体。表面电阻率与聚合物材料的抗静电性能有关。

高聚物的体积电阻率与高分子的极性和结构有关。非极性或弱极性的高分子，如聚苯乙烯、聚乙烯、聚丙烯、丁基橡胶等，其体积电阻率都在 $10^{14} \Omega \cdot \text{cm}$ 以上，而多数极性高分子，如尼龙、纤维素塑料、酚醛树脂、丁腈橡胶等，则一般在 $10^{14} \Omega \cdot \text{cm}$ 以下。但聚酯（聚对苯二甲酸乙二酯）是例外，它是结晶性高分子，而且耐热性、电击穿强度和体积电阻率等性能方面都较好，所以近年来被用作薄膜电介质的重要材料。

7.3.2　高聚物的导电特点

在高聚物中既存在离子电导（ionic conduction）也存在电子电导（electronic conduction），导电载流子可以由材料本身产生，也可以来自材料外部。

离子电导：大多数高聚物都存在离子电导。例如，带有强极性原子或基团的高聚物，由于本征解离，可以产生导电离子；在没有共轭双键、电导率很低的非极性高聚物中，由于合成、加工和使用过程中进入高聚物材料中的催化剂、添加剂、填料，以及水分和其他杂质的解离，也能提供导电离子。

电子电导：共轭聚合物、聚合物的自由基-离子化合物、电子转移络合物、有机金属聚合物等特殊结构的聚合物导体、半导体则具有强的电子电导。新兴的导电高分子科学认为导电高分子中存在孤子、荷电孤子、极化子和双极化子等多种载流子。这些载流子的不同特性决定了导电高分子的载流子运输、电导率及导电机制与常规的金属和半导体不同。由此提出的高分子载流子的运输方式有多种模型，如一维可变程跃迁模型、受限涨落诱导隧道模型及金属岛模型。

离子的迁移与高聚物内部自由体积的大小密切相关，自由体积越大，离子迁移越易进行，迁移率越大。

电子与空穴的迁移则相反，分子间互相靠近，有利于电子在能带中的跃迁，或者产生交叠的电子轨道，从而造成电子的直接通道。

对聚合物施加静压力使离子电导降低，电子电导升高。当聚合物的相对分子质量增大或结晶度增大时，均使聚合物的电子电导增大，而离子电导减小。

7.3.3　高聚物导电性与分子结构的关系

导电高分子的研究和应用是近年来高分子科学最重要的成就之一。1974 年，日本白川英树等偶然发现一种制备聚乙炔自支撑膜的方法，得到的聚乙炔薄膜不仅力学性能优良，而且有明亮金属光泽。而后 MacDiarmid、Heeger、白川英树等合作发现聚乙炔膜经过 AsF_5、I_2 等掺杂后电导率提高 13 个数量级，达到 $10^3\Omega^{-1}\cdot cm^{-1}$，成为导电材料。这一结果突破了传统的认识，即高分子材料只是良好绝缘体，引起广泛关注。

随后短短几年，人们相继合成得到一大批如聚噻吩、聚吡咯、聚苯胺、聚对苯撑等本征态导电高分子材料，研究了掺杂及掺杂态结构对其导电性能的影响，探讨导电机理。同时，在降低导电高分子材料成本，克服导电高分子加工成型困难等方面也取得可喜进展。目前，导电高分子已开始应用于国防、电子等工业领域，在制备特殊电子材料、电磁屏蔽材料、电磁波吸收材料、舰船防腐、抗静电和新型电池等诸多方面显现出潜在的巨大应用价值。导电机理的研究也在深入开展中。

1）具有共轭双键的共聚物

具有共轭双键的共聚物多为半导体，其典型代表物有聚乙炔 $+CH=CH+_n$、聚对苯

$+\bigcirc+_n$、聚吡咯 $+\bigcirc+_n$、聚噻吩 $+\bigcirc+_n$、聚苯胺 $+\bigcirc-NH+_n$、聚对

亚苯乙烯 $+\bigcirc-CH=CH+_n$ 等，其导电率都可达 $10^0\sim10^3 S/cm$，而且具有较好环境和化学稳定性。

又如，经过牵伸的聚丙烯腈纤维裂解环化、脱氢形成的双键含氮芳香结构称为黑奥纶，其电导率为 $10^{-1}\Omega^{-1}\cdot cm^{-1}$，进一步裂解到氮完全消失可得电导率为 $10^5\Omega^{-1}\cdot cm^{-1}$ 的高强度碳纤维。

更好的例子是聚氮化硫$(SN)_n$ 的单晶体，它们在分子链方向具有金属导电性，室温时电导率为 $2\times10^3\Omega^{-1}\cdot cm^{-1}$。

2）电荷转移复合物

电荷转移复合物是一种分子复合物，通常是由聚合物给体和小分子受体之间靠电荷的部分转移而形成，其中以四氰基对二亚甲基苯醌（TCNQ）等位受体的研究较多。这类复合物中

若给体和受体都是共轭的平面分子，晶体中堆砌成分子柱，π 电子云相互作用于其中，电子运动呈一维周期性势能，形成能带，其带宽视相邻平面分子间 π 电子云的交叠程度而异。当柱中平面分子堆砌间隔均一且有最小面间距时，说明 π 电子云交叠最大，能带最宽，最有利于导电性。

另一类电荷转移型复合物是离子自由基盐聚合物，即以电子给体聚合物与小分子受体（如卤素）经电荷转移组成为正离子自由基盐聚合物；或由正离子型聚合物（包括主链为正离子）与 TCNQ 类受体分子的负离子自由基组成负离子自由基盐聚合物。例如，聚乙烯吡啶体系可示意如下

$$+CH-CH_2+_n$$
$$N^+ TCNQ^-$$

电导率高的聚 2-乙烯基吡啶碘的复合物已用作锂-碘电池的固体电解质。这类聚合物中，给体和受体之间发生了完全的转移。

对共轭结构的高聚物进行"掺杂"也是一种提高其导电性的好方法。掺杂是将像 I_2、AsF_5 等物质加入高分子体系中，使其起到离子作用，形成导电载流子，而共轭双键充当载流子流动的载体通道。例如，聚乙炔共轭聚合物电导率不高，研究发现将聚乙炔暴露在 Cl_2、Br_2 或 I_2 等卤素蒸气中时，其电导率竟然能增加 6～7 个数量级。共轭聚合物掺杂过程的电荷转移是可逆过程，因此，控制其掺杂和脱掺杂作用，为导电聚合物开辟了新的应用前景。例如，利用聚乙炔的掺杂和脱掺杂现象，可以充放有机二次电池。AsF_5 掺杂聚乙炔是目前研究最充分并已商品化的导电高分子薄膜。

3）有机金属聚合物

这种材料是将金属原子引入聚合物主链上，由于有金属原子的存在，聚合物的电导率增加，如聚酞氰铜，其电导率高达 $5\Omega^{-1}\cdot cm^{-1}$。其电导率高的主要原因是金属原子的 d 电子轨道与高分子结构的 π 电子轨道交叠，从而延伸了分子内的电子通道，加上 d 轨道较弥散，更有利于分子间轨道的交叠。

7.3.4　影响高聚物导电性的其他因素

（1）相对分子质量。对于电子电导，相对分子质量增加延长了电子的分子内通道，电导率将增加；而相对分子质量减少造成的链端效应有利于分子链段的运动，使离子迁移率增加，离子电导率增加。

（2）结晶与取向。结晶与取向使分子堆砌紧密，自由体积减小，因而离子迁移率下降，绝缘高聚物的离子电导率下降。例如，聚三氟氯乙烯结晶度从 10%增加至 50%时，电导率将下降至 1/1000～1/10。但是对于以电子电导为主的高聚物，结晶中分子的紧密堆砌有利于分子间电子的传递，电导率将随结晶度的增加而提高。

（3）交联。交联使高分子链段的活动性下降，因而离子电导下降。电子电导则可能因分子间交联键为电子提供分子间的通道而增加。

（4）杂质。水分、残留的催化剂和添加的微量稳定剂等杂质使绝缘高聚物的电导率增加，绝缘性能下降。对于亲水性的极性高聚物，潮湿空气中的水分以及溶解于其中的 CO_2 或其他盐类杂质，将使其离子载流子的浓度增加，电导率大大提高。水分还能促使有些原本电

离度不大的杂质的电离,使电导率进一步提高。对于聚四氟乙烯、聚苯乙烯和聚乙烯等高绝缘性的非极性高聚物来说,残留的催化剂和添加的微量稳定剂等是降低材料绝缘性能的主要杂质。

(5)湿度。非极性分子表面的憎水性、导电性受湿度影响小;极性分子受湿度影响大。

(6)增塑剂。增塑剂使高分子链段的活动性增加,自由体积增加,因而可提高离子载流子的迁移率。此外,极性增塑剂自身的电离使体系离子浓度增加,导电性显著增加。

(7)导电填料。加入导电填料使聚合物的导电性提高。常用的导电填料有金粉、银粉、铜粉、镍粉、钯粉、钼粉、铝粉、钴粉、镀银二氧化硅粉、镀银玻璃微珠、炭黑、石墨、碳化钨、碳化镍等。银粉具有最好的导电性,故应用最广泛。炭黑虽导电率不高,但其价格便宜、来源丰富,因此也广为采用。

(8)温度。对于大多数高聚物来说,电导率与温度有如下关系

$$\sigma = \sigma_0 e^{-E_c/RT} \tag{7-29}$$

式中,σ_0 为常数;E_c 为电导活化能;R 为摩尔气体常量。这个关系式表明,高聚物的电导率随温度的升高而迅速上升。

7.4　高聚物的介电击穿

7.4.1　介电击穿与介电强度

在弱外加电场中,聚合物绝缘体和聚合物导体的导电性能服从欧姆定律,但在强电场中,其电流-电压关系发生变化,电流增大的速度比电压更快。当电压升至某临界值时,聚合物内部突然形成了局部电导,丧失绝缘性能,这种现象称为介电击穿(dielectric strike)。击穿时材料化学结构遭到破坏,通常是焦化、烧毁。

导致材料击穿的电压称为击穿电压 V_c,它表示一定厚度的试样所能承受的极限电压。在均匀电场中,击穿电压随试样厚度增加而增加,通常用击穿电压 V_c 与试样厚度 d 之比来表示材料的耐电压指标,E_c 为击穿强度或称介电强度:

$$E_c = \frac{V_c}{d} \tag{7-30}$$

此外,工业上多采用耐压实验来检验材料的耐高压性能,耐压实验是在试样上加以额定电压,经规定时间后观察试样是否被击穿,若试样未被击穿即为合格产品。

介电强度是绝缘材料的重要指标,但不是高分子材料的特征物理量。因为这些指标受材料的缺陷、杂质、成型加工历史、试样几何形状、环境条件、测试条件等因素的影响。实际上它只是一定条件下的相对比较值。

7.4.2　高聚物介电击穿的机理

在强电场($10^7 \sim 10^8$V/m)中,随着电压的升高,高聚物的绝缘性能会逐渐下降。当电压达到一定数值后,介质中可形成局部电导,发生介电击穿。击穿时,高聚物完全失去电绝缘性能,材料的化学结构遭到破坏,从介电状态变为导电状态。

高聚物在强电场下的击穿,按其破坏机理大致可分为三种形式:本征击穿、热击穿和放电击穿。

1）本征击穿

本征击穿是在高压电场作用下，聚合物中微量杂质电离产生的离子和少数自由电子受到电场的加速，沿电场的方向做高速运动，当电场高到使它们获得足够的能量时，它们与高分子碰撞可以激发出新的电子，这些新生的电子又从电场获得能量，并在与高分子碰撞的过程中激发出更多的电子，这一过程反复进行，自由电子雪崩似地产生，以致电流急剧上升，最终导致聚合物材料的电击穿；或者因为电场强度达到某一临界值时，原子的电荷发生位移，使原子间的化学键遭到破坏，电离产生的大量价电子直接参与导电，导致材料的电击穿。

决定本征击穿的主要因素是聚合物的结构和电场强度，与冷却条件、外加电压的方式及试样的厚度无关。

2）热击穿

在强电场作用下，高聚物因介电损耗而产生热量，当高聚物材料传导热量的速度不足以将介电损耗产生的热量散发出去时，材料内部温度就逐渐升高。而随着温度的升高，电导率增加，介电损耗又进一步增加。如此循环的结果导致高聚物氧化、熔化和焦化，以致击穿。显然，热击穿一般都发生在试样散热最不好的地方。

3）放电击穿

在高压电场作用下，高聚物表面和内部微孔或缝隙中的气体由于其击穿强度比高聚物本身的击穿强度小很多，而微孔内的电场强度却高于聚合物本体，因而很容易发生局部电离放电。放电时被电场加速了的电子和离子轰击高聚物表面，可以直接破坏高分子结构。

7.5　高聚物的静电现象

7.5.1　静电现象及起电机理

对于高分子材料而言，摩擦起电和接触起电是人们熟知的静电现象（electrostatic phenomena）。在高分子材料加工和使用过程中，相同或不同材料的接触和摩擦是十分普遍的。根据目前认识，任何两个物理状态不同的固体，只要其内部结构中电荷载体能量分布不同，接触（或摩擦）时就会在固-固表面发生电荷再分配，使再分离后每一个固体都带有过量的正（或负）电荷，这种现象称为静电现象。

静电问题是高分子材料加工和使用中一个相当重要的问题。一般来说，静电是有害因素。例如，在聚丙烯腈纺丝过程中，纤维与导辊摩擦产生的静电压可高达 15kV 以上，从而使纤维的梳理、纺纱、牵伸、加捻、织布和打包等工序难以进行；在绝缘材料生产中，由于静电吸附尘粒和其他有害杂质，产品的电性能大幅度下降；输送易燃液体的塑料管道、矿井用橡胶运输带都可能因摩擦而产生火花放电，导致事故发生。

关于接触起电的机理，研究表明与两种物质的电荷逸出功之差有关。电荷逸出功 U 是指电子克服原子核的吸引从物质表面逸出所需的最小能量。不同物质的逸出功不同。两种物质接触时，电荷将从逸出功低的物质向逸出功高的物质转移，使逸出功高的物质带负电，逸出功低的物质带正电。接触界面上的电荷转移量 Q 与两种物质的逸出功差（U_1-U_2）和接触面积 S 成正比。热力学平衡状态下，有

$$Q = \alpha S(U_1 - U_2) \tag{7-31}$$

式中，α 为比例系数。

表 7-4 给出几种聚合物材料的电荷逸出功数值。其中任何两种聚合物接触时，位于表中前面的聚合物将带负电，后面的带正电。高分子材料与金属接触时，界面上也发生类似的电荷转移。

表 7-4　几种聚合物材料的电荷逸出功

聚合物	电荷逸出功/eV	聚合物	电荷逸出功/eV
聚四氟乙烯	5.75	聚乙烯	4.90
聚三氟氯乙烯	5.30	聚碳酸酯	4.80
氯化聚乙烯	5.14	聚甲基丙烯酸甲酯	4.68
聚氯乙烯	5.13	聚乙酸乙烯酯	4.38
氯化聚醚	5.11	聚异丁烯	4.30
聚砜	4.95	尼龙 66	4.30
聚苯乙烯	4.90	聚氧化乙烯	3.95

摩擦起电的情况较复杂，机理不完全清楚。实验表明，聚合物与金属摩擦起电，带电情况与电荷逸出功大小有关。例如，尼龙 66 与不同金属摩擦，对逸出功大的金属，尼龙带正电；对逸出功小的金属，尼龙带负电。聚合物与聚合物摩擦时，介电常数大的聚合物带正电，介电常数小的带负电。图 7-11 列出聚合物的起电顺序，任何两种聚合物摩擦时，排在前面的聚合物带正电，后面的带负电。另外，聚合物的摩擦起电顺序与其逸出功顺序也基本一致，逸出功高者一般带负电。

图 7-11　聚合物的起电顺序

摩擦起电是一个动态过程，摩擦时一方面材料不断产生电荷，另一方面电荷又不断泄漏。但由于聚合物大多数是绝缘体，表面电阻高，因此电荷泄漏很慢。例如，聚乙烯、聚四氟乙烯、聚苯乙烯、有机玻璃等的静电可保持数月。通常用起始静电量衰减至一半 $\left(Q = \dfrac{1}{2}Q_0\right)$ 时所需的时间表示聚合物泄漏电荷的能力，称聚合物的静电半衰期。

7.5.2　静电的危害和防止

一般说来，静电作用对高聚物的加工和使用是有害的，其危害性通过三种方式表现出来：

（1）吸引力和斥力：静电的吸引力和斥力给一些工艺过程带来困难，这在合成纤维和电影胶片工业中表现尤为突出。另外，在静电的吸引力作用下，高聚物表面吸附灰尘和水汽，从而大大降低制品的质量。

（2）触电：在一般情况下，静电不至于对人体造成直接的伤害，但经常会给生产操作带来困难。例如，在生产电影胶片时，产生的静电有时可高达几千伏，使人触电，在使用塑料制品时，也会发生触电现象。

（3）放电：静电所引起的放电包括火花放电和电晕放电。放电对产品、人身或设备的安全具有更大的威胁，特别是当现场有易燃易爆物时，放电可引起燃烧和爆炸。

由于静电给聚合物加工和使用带来很多危害，因此应尽量减少静电的产生和设法消除已产生的静电。从静电积聚过程可知，消除和减少静电可以从两方面着手，一是尽量控制电荷的产生；二是使产生的电荷尽快地泄漏。一般说来，控制电荷的产生较为困难，因此主要靠提高材料的表面电导率或体积电导率，使静电尽快泄漏。

消除高聚物静电的方法有三种：

（1）通过空气（雾气）消除，提高湿度和空气中的二氧化碳。

（2）在聚合物表面喷涂抗静电剂或在聚合物内添加抗静电剂，使高聚物表面活化，提高表面电导率。抗静电剂是一些具有两亲结构的表面活性剂。加入抗静电剂的主要作用是提高聚合物的表面电导性或体积电导性，使其迅速放电，防止电荷积累。例如，喷涂在聚合物表面的抗静电剂通过其亲水基团吸附空气中的水分子，会形成一层导电的水膜，静电从水膜中泄露。在涤纶电影片基上涂敷抗静电剂烷基二苯醚磺酸钾，使片基表面电阻率降低 7～8 个数量级。

（3）加入导电填料。根据制造复合型导电高分子材料的原理，在聚合物基体中填充导电填料，如炭黑、金属粉、导电纤维等也同样能起到抗静电作用，从而达到所需的电导率。

习　　题

1. 如果原子的核电荷为 1.6×10^{-19}C，原子半径为 10^{-10}m，计算原子核在价电子处的原子内电场强度。试与一般外电场强度加以比较，并讨论电子极化的大小。
2. 导出在交变电场中单位体积的介质损耗功率与电场频率的关系式，并讨论当 $\omega \to \infty$ 时介质的损耗情况。
3. 将非晶态极性聚合物的介电常数和介电损耗的变化值对外电场的频率作图，在图上标出 ε_0、ε_∞ 及临界频率 ω_{max}，并说明这些曲线的意义；将这些曲线与介电常数和介电损耗对温度关系的曲线进行比较。
4. 各种高聚物感受介电加热的性能不同，如表 7-5（频率为 20～30MHz）所示，试解释产生性质不同的可能原因。

表 7-5　几种高聚物感受介电加热的性能

高聚物	功率损耗因数	感受能力			
		好	相当好	不好	无
PVC（软）	0.4	√			
聚酰胺	0.16		√		
天然橡胶	0.13		√		
PMMA	0.09		√		
聚酯	0.05			√	
PC	0.03			√	

续表

高聚物	功率损耗因数	感受能力			
		好	相当好	不好	无
ABS	0.025			√	
PS	0.01				√

5. 把下列各组聚合物的电学性能排列成序。

（1）PS、PA、PVC、PE 的电导率；

（2）PP、PF、PVC、PET 的介电强度。

6. 当聚合物的相对分子质量增大或结晶度增大时，均使聚合物的电子电导增大，而离子电导减小。试分别解释这种影响的原因。

7. 用电性质研究高聚物的结构有什么优点？

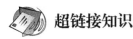 **超链接知识**

涤纶防静电除尘滤袋

涤纶防静电除尘滤袋生产均采用（在生产针刺毡基布的经纱中并入导电纤维纱或在化学纤维中混入导电纤维等导电材料）防静电涤纶针刺毡制作，具有极好的防静电性能，用于面粉尘、化工性粉尘、煤粉尘等遇静电放电有爆炸可能的行业，是目前防爆收尘的最理想选择。

目前，国内外涤纶防静电除尘滤袋生产主要有两种材质的滤料：

（1）涤纶防静电除尘滤袋生产使用改性涤纶。通过一定的化学处理，改变涤纶的疏水性，使其产生离子，将积聚的静电荷泄漏，使纤维及其织物具有耐久的抗静电性能。其抗静电机理为：在共纺丝过程中，经混炼形成的抗静电剂和涤纶混纺物均匀地分散，抗静电剂中的一组分子的微纤状态沿着纤维轴间分布，且因微纤之间有联结，便在纤维内形成由里向外的吸湿、导电通道，且易与另一组亲水性基团相结合，将积聚于纤维上的静电荷泄漏而达到抗静电的目的。

（2）涤纶防静电除尘滤袋生产纺入金属纤维。用不锈钢纤维同化学纤维混纺合成的纱为原料制作滤料，由于不锈钢纤维具有良好的导电性能，与化学纤维混纺后具有永久的抗静电性能。这种不锈钢金属纤维具有良好的导电性能，且容易和其他纤维进行混纺，具有挠性好、力学性能和导电性能好、耐酸碱及其他化学腐蚀、耐高温等特点。不锈钢金属纤维用于焦粉、煤粉类导电粉尘的除尘系统，可以降低阻力，延长滤料使用寿命和保障除尘器安全运行。除了加入导电纤维外，也有的用导电基布制作成防静电针刺滤料，可以获得同样的使用效果。

工业粉尘在浓度达到一定程度（爆炸极限）后，如遇静电火花或外界点火等因素，极易导致爆炸和火灾。例如，面粉尘、化工性粉尘、煤粉尘等如遇静电放电都有爆炸的可能。在袋式除尘领域，如这些粉尘需用布袋来收集，则要求制作除尘布袋的滤料具有防静电性能。

第8章 聚合物的表征方法

近代仪器分析技术在聚合物性能表征和结构鉴定中起着极为重要的作用。随着近代仪器分析技术的发展，红外光谱仪、紫外光谱仪、核磁共振光谱仪、差示扫描量热仪、热重分析仪等已成为聚合物工作者最常用的表征工具。因此，掌握这些表征方法并有效利用谱图提供的结构信息，实为从事聚合物学科工作者所必需。

考虑一般聚合物工作者的兴趣在于"识谱"，本章主要介绍聚合物研究领域涉及的最常用表征方法，包括红外光谱、拉曼光谱、紫外光谱、核磁共振光谱、X 射线分析、差示扫描量热法、热重分析法、偏光显微镜、电子显微镜、聚合物的拉伸性能表征方法、聚合物的冲击性能表征方法和聚合物的动态力学性能表征方法。重点阐明测试原理、谱图解析和结构推导，以引导聚合物初学者用理论联系实际，利用谱图推导聚合物结构。

8.1 波 谱 分 析

由于电子、光学技术和计算机科学的发展，波谱分析技术得到了迅速的发展，并成为人们认识聚合物结构信息的最重要手段之一。本节主要介绍红外光谱、拉曼光谱、紫外光谱、核磁共振波谱和 X 射线分析。

8.1.1 红外光谱

红外光谱是分子光谱，用于研究聚合物分子的振动能级跃迁。每一种分子中各个原子之间的振动形式十分复杂，即使是最简单的化合物，其红外光谱也是复杂而具备固有特征的。因此，可以通过分析红外光谱图获得反映分子中官能团的信息，从而鉴定聚合物的结构。具体来说，通过红外光谱可以确定聚合物的化学结构，包括结构单元、支化类型、支化度、端基、添加剂、杂质；化学立构，包括顺-反异构、立构规整度；物态，包括晶态、介晶态、非晶态，以及晶胞内链的数目、分子间作用力、晶片厚度；分子构象，包括反映高分子链的物理构象、平面锯齿形或螺旋形；分子取向，包括说明高分子链和侧基在各向异性材料中排列的方式和规整度等。目前，红外光谱是表征聚合物化学结构和物理性能的一种重要方法，在聚合物结构表征中占有十分重要的位置。

1. 基本原理

根据量子力学，当分子从一个量子态跃迁到另一个量子态时，需要发射或吸收光量子。两个量子态的能量差 ΔE 与发射或吸收的光的频率 ν 之间存在如下关系：

$$\Delta E = h\nu \tag{8-1}$$

式中，E 为光量子能量；h 为普朗克（Planck）常量，6.62×10^{-34}J·s。

聚合物吸收红外区的光量子后，由于红外区光量子的能量较小，只能引起原子的振动和分子的转动，而不会引起电子的跳动（电子跳动能 $> 10^{-18}$J，原子振动能为 $10^{-20} \sim 10^{-19}$J，分子转动能约为 10^{-23}J），因此，红外光谱又称为振动转动光谱，简称振-转光谱。

分子中原子的振动形式如下：当原子的相互位置处在相互作用平衡态时，势能最低，当位置略微改变时，就有一个回复力使原子回到原来的平衡位置，结果像摆钟一样做周期性的运动，即产生振动。原子的振动相当于键合原子的键长与键角的周期性改变。共价键有方向性，因此键角改变也有回复力。

　　按照振动时发生键长或键角的改变，振动分为伸缩振动和变形振动（或弯曲振动）。对应于每种振动方式有一种振动频率，振动频率的大小用波数来表示，单位是 cm^{-1}。

　　2. 基团特征频率

　　比较各种化合物的红外光谱发现，具有相同基团的一系列化合物近似地有一个共同的吸收频率范围，而分子中其他部分对其吸收频率的影响较小，通常把这种能代表某种基团存在并有较高强度的吸收峰称为基团的特征吸收峰，它所处的频率位置称为基团的特征吸收频率。通过掌握各种基团在红外吸收谱中的振动频率及其位移规律，可以检定化合物中存在的某种基团。

　　大量实验证明，许多基团或化学键与其频率对应关系在 $4000\sim1300cm^{-1}$ 区域内能明确地体现出来，此区域称为基团特征频率区。在基团特征频率区，吸收峰稀疏、较强、易辨认，基团和频率的对应关系明确，这对确定化合物中基团很有帮助。有别于基团特征频率区，在 $1300cm^{-1}$ 以下，谱图的谱带数目多，且难说明其明确的归属，吸收峰密集、难辨认，称为指纹区。但对同系物或结构相近的化合物，在指纹区的谱带也有一定的细微差别，如同人的指纹一样，这对精细区分化合物结构也有帮助。表 8-1 列出了聚合物中常见重要基团的特征吸收频率。

表 8-1　红外光谱中常见重要基团的特征吸收频率

吸收频率/cm^{-1}	基团
$4000\sim3000$	O—H、N—H 伸缩振动
$3300\sim2700$	C—H 伸缩振动
$2500\sim1900$	—C≡C—、—C≡N—、—C=C=C—、>C=C=O、—N=C=O 伸缩振动
$1900\sim1650$	>C=O 伸缩振动及芳烃中 C—H 弯曲振动的倍频和合频
$1675\sim1500$	芳环、>C=C<、>C=N—伸缩振动
$1500\sim1300$	C—H 面内弯曲振动
$1300\sim1000$	C—O、C—F、Si—O 伸缩振动、C—C 骨架振动
$1000\sim650$	C—H 面外弯曲振动、C—Cl 伸缩振动

　　3. 聚合物红外光谱的特点

　　对聚合物来说，每个分子包含的原子数目相当大，这似乎会使聚合物的红外光谱变得极为复杂，但实际情况并非如此。某些聚合物的红外光谱反而比其小分子单体更为简单。这是因为聚合物是由许多重复单元构成的，每个重复单元又具有大致相同的键力常数，其振动频率是接近的，由于严格的选择定律的限制，只有一部分振动具有红外活性，这导致聚合物的红外光谱相对简单。

　　4. 红外光谱解析

　　红外光谱解析的三要素包括谱峰位置、形状和强度。谱峰位置即谱带的特征吸收频率，依照特征峰的位置可确定聚合物的类型。谱峰的形状包括谱带是否有分裂，用于研究分子内是否存在缔合，以及分子的对称性、旋转异构、互变异构等。谱峰的强度与分子振动时偶极矩的变化率有关。因为谱峰的强度与分子含量成正比，所以可作为定量分析的基础。依据某些特征谱带强度随时间（或温度、压力）的变化规律可研究动力学过程。

红外光谱解析程序是先特征、后指纹；先强峰，后次强峰；先粗查，后细找；先否定，后肯定；寻找有关一组相关峰进行佐证。另外，对聚合物红外光谱的解析必须考虑聚合物的分子链结构和凝聚态结构。例如，未知结构聚合物红外光谱图如图 8-1 所示，试解析其结构。

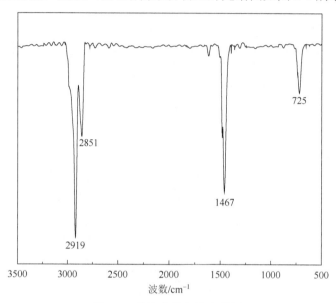

图 8-1 某聚合物红外光谱图

解析：在 $2919cm^{-1}$ 存在吸收峰，说明存在—CH_2—不对称伸缩振动吸收峰，在 $2851cm^{-1}$ 出现—CH_2—对称伸缩振动吸收峰，同时在 $1467cm^{-1}$ 出现—CH_2—弯曲振动吸收峰，在 $725cm^{-1}$ 出现—CH_2—面内摇摆振动吸收峰，因此，该聚合物为聚乙烯。

最后，谱图解析最简单的方法是把样品谱图直接和标准谱图对照。对照时，应特别注意制样条件，不同的制样条件会影响谱带的位置、形状和强度。

8.1.2 拉曼光谱

1. 基本原理

当单色光作用于试样时会产生散射光，在散射光中除了与入射光有相同频率的瑞利光以外，还有一系列其他频率的光，这些散射光对称地分布在瑞利散射光的两侧，这一现象最早由印度物理学家 C. V. Raman 发现，故而这种散射光被称为拉曼光。拉曼光的强度要比瑞利光弱得多，通常是瑞利光强的 10^{-4}，是入射光强的 10^{-8}。其中，波长比瑞利光长的拉曼光称为斯托克斯线，而波长比瑞利光短的拉曼光称为反斯托克斯线。

频率为 v_0 的入射单色光可看作具有能量为 hv_0 的光子，当光子与物质的分子碰撞时，有两种情况：一种是弹性碰撞，光子仅改变运动的方向而与分子没有能量的交换，称为瑞利散射；另一种是非弹性碰撞，光子不仅改变运动方向，而且还与分子有能量交换，这就是拉曼散射。

通过分子的散射能级跃迁图（图 8-2）可以进一步说明拉曼散射和瑞利散射过程。处于基态 E_0 的分子受到入射光子 $h\nu_0$ 的激发跃迁到受激虚态，而受激虚态是不稳定的，所以分子很快地又回到基态 E_0，把吸收的能量 $h\nu_0$ 以光子的形式释放出来，这就是弹性碰撞，称为瑞利散射。然而跃迁到受激虚态的分子还可以回到电子的振动激发态 E_n，这时分子吸收了部分能量 $h\nu$，并释放出能量为 $h(\nu_0-\nu)$ 的光子，这就是非弹性碰撞，所产生的散射光为斯托克斯线。若分子原先就处于激发态 E_n 的，受能量为 $h\nu_0$ 的入射光子激发后跃迁到受激虚态的分子不是回到原来的激发态，而是回到基态，这也是非弹性碰撞，放出能量为 $h(\nu_0+\nu)$ 的光子，即为反斯托克斯线，这时分子失掉了 $h\nu_0$ 的能量。由于在常温下原先处于基态的分子占绝大多数，所以斯托克斯线通常比反斯托克斯线强得多。

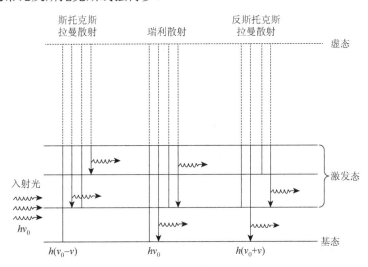

图 8-2　分子的散射能级跃迁

基于上述原理分析，拉曼散射光和瑞利散射光的频率之差（拉曼位移）与物质分子的振动和转动能级有关，不同的物质有不同的振动和转动能级，因而有不同的拉曼位移。对于同一物质，若用不同频率的入射光照射，所产生的拉曼散射光频率也不相同，但其拉曼位移是一个确定的值。因此，拉曼位移是表征物质分子结构和定性检定的依据。

2. 激光拉曼光谱

因为散射光的强度与入射光波长的 4 次方成反比，所以拉曼光谱需要采用波长较短的光源（可见光）。通常利用激光作为光源，因为激发强度大，使拉曼散射光的强度大大增加，只需几秒就能完成分析工作；另外，激光的方向性强，光束发射角小，可聚焦在很小的面积上，能对极微量的样品进行测定。例如，用 $10^{-7}cm^3$ 量级的液体、$0.5\mu g$ 量级的固体粉末或 10^{11} 个气体分子就能得到比较满意的拉曼光谱图。由于拉曼光谱也与振动和转动能级有关，因此它的表示方法和红外光谱一样，只是选律有所不同，红外光谱侧重于基团的测定，而拉曼光谱侧重于分子骨架测定，如图 8-3 所示。

激光拉曼光谱仪由激光光源、样品池、单色仪及检测记录系统等组成。激光拉曼光谱仪的光源多半是用气体激光器（如 He-Ne、Ar、Kr 等激光器），要求功率为 10～1000mW，功率的稳定性要强，变动不能大于 1%，使用寿命在 1000h 以上。由于拉曼散射光很弱，用 1W 的激光光束在光电倍增管上所能接收的拉曼光能量仅有 10^{-10}～10^{-11}W，因此要求单色仪具有成

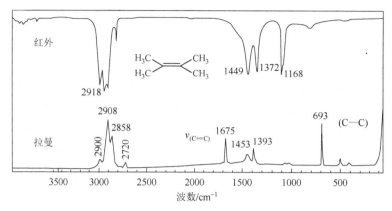

图 8-3　红外光谱与拉曼光谱的比较

像好、分辨率高、杂散光小的特点。激光拉曼光谱对液体、固体和气体均可测定，既能常量分析也能微量分析。需要注意，激光光源可能使样品发生分解，特别是聚合物或生物大分子样品更是如此。采用脉冲激发器或旋转样品技术可以防止或减少这种分解。另外，有些样品用激光光束照射时，不仅产生拉曼散射光，还产生强度比拉曼信号大几百万倍的荧光信号。为了消除或降低荧光噪声的干扰，可事先将样品用强光照射来大大降低其荧光信号，或选择适当的激发频率，使试样只产生拉曼光而不产生荧光，也可以在样品加入硝基苯及其衍生物来降低或消除荧光。

3. 拉曼光谱技术的发展

近年来，傅里叶变换光谱技术、表面增强拉曼、共焦显微拉曼、激光共振拉曼等新技术的出现，解决了拉曼光谱早期存在的荧光干扰、固有的灵敏度低等问题，拉曼光谱技术得到了迅速发展。

傅里叶变换光谱技术是采用傅里叶变换对信号进行收集，多次累积来增加信噪比，并用 1064nm 的近红外激光照射样品，从而大大减弱了荧光背景。表面增强拉曼技术是指当一些分子被吸附到金、银或铜的粗糙化表面时，它们的拉曼信号强度可能增加 $10^4 \sim 10^7$ 倍。这种吸附分子的拉曼散射信号比普通拉曼散射信号大大增强的现象称为表面增强拉曼散射，测得的光谱称为表面增强拉曼光谱。增强拉曼技术可有效克服拉曼光谱灵敏度低的缺点，获得常规拉曼光谱所不易得到的结构信息，被广泛应用于表面研究。例如，吸附界面表面状态研究、生物大分子的界面取向及构型、构象研究、结构分析等，可以有效分析化合物在界面的吸附取向、吸附态的变化、界面信息等。共焦显微拉曼是通过在光路中引入共聚焦显微镜，消除来自样品的离焦区域的杂散光，形成空间滤波，保证到达探测器的散光是激光采样焦点薄层微区的信号。共焦显微拉曼测量样品精度可以达到 $1\mu m$ 的量级，尤其适用于聚合物中细小包裹体的测量，如高分子共混物等，通过相微区中组分特征峰的强弱，可以准确了解微区中组分的成分、对称性等信息。

激光共振拉曼技术是使产生的激光频率与待测分子的某个电子吸收峰接近或重合，则该分子的某个或几个特征拉曼谱带强度可达到正常拉曼谱带的 $10^4 \sim 10^6$ 倍，并可观察到正常拉曼效应中难以出现的、其强度可与基频相比拟的振动光谱。与正常拉曼光谱相比，共振拉曼光谱灵敏度高，可用于低浓度和微量样品检测，特别适用于生物大分子样品检测，可不加处理得到人体体液的拉曼谱图。

8.1.3　紫外光谱

1. 基本原理

紫外光谱是电子吸收光谱，表征聚合物中电子能级的跃迁。引起聚合物中电子能级跃迁的光波波长范围为 10～800nm，其中 10～190nm 为远紫外区，190～400nm 为近紫外区，400～800nm 为可见光区。一般的紫外光谱只关注近紫外区和可见光区，称为紫外-可见光谱（ultraviolet-visible spectra，UV-vis）。紫外-可见光谱是聚合物表征中较简单的一种方法。

在紫外光照射分子时，分子吸收光子能量后，外层价电子受激发而从一个能级跃迁到另一个能级。由于分子的能量是量子化的，只能吸收分子内两个能级差的光子，即

$$\Delta E = E_2 - E_1 = h\nu = hc/\lambda \tag{8-2}$$

式中，E_1、E_2 分别为始态和终态的能量，eV；h 为普朗克常量；ν 为频率；c 为光速，2.9979×10^8 m/s；λ 为波长。

在理想情况下，分子处于基态的概率最大，由电子的基态到激发态的许多振动（或转动）能级都可发生电子能级跃迁，产生一系列波长间隔对应于振动（或转动）能级的谱线。因此，紫外光谱往往为带状光谱。

在电子光谱中，电子跃迁的概率有大有小，造成谱带有强有弱。允许跃迁，跃迁概率大，吸收强度就大；禁阻跃迁，跃迁概率小，吸收强度就小，甚至观察不到。允许跃迁和禁阻跃迁是把量子理论应用于激发过程所得到的选择定则。

哪种跃迁才能观察到紫外吸收光谱呢？按照分子轨道理论，有机化合物分子中存在未成键的孤对 n 电子、形成双键的 π 电子和形成单键的 σ 电子。产生跃迁的电子一般处于能量低的成键 σ 轨道、π 轨道及非键 n 轨道，受到紫外光照射后，这些电子可能跃迁到较高能级的反键轨道 σ*、π*。电子的跃迁主要有四种形式，包括 n-π* 跃迁、π-π* 跃迁、n-σ* 跃迁和 σ-σ* 跃迁，其中 n-σ* 跃迁和 σ-σ* 跃迁所需能量较大，紫外吸收光谱的产生主要是 n-π* 跃迁和 π-π* 跃迁的结果。n-π* 跃迁称为 R 吸收带，主要由醛基、—NO$_2$、—NO、—N＝N—等发色基团引起，特点是波长较长，但吸收较弱，吸（消）光系数 $\varepsilon < 100$，测定这种样品时需用浓溶液。π-π* 跃迁称为 K 吸收带，主要由共轭烯烃、取代芳香化合物引起，特点是波长较短，吸收较强，$\varepsilon > 10\ 000$。苯环振动加 π-π* 跃迁称为 B 吸收带，主要由芳杂环引起，特点是吸收强度中等，$\varepsilon = 1000$，吸收波长位于 230～270nm，谱带较宽且含多重峰或精细结构，最强峰约在 255nm 处。π-π* 跃迁也称为 E 吸收带，与 B 吸收带一样，是芳香族的特征谱带，吸收强度大，$\varepsilon = 2000～14\ 000$，吸收波长偏向紫外的低波长部分，有的在远紫外区。

2. 测定样品的准备

用于测定紫外吸收光谱的样品一般要配制成溶液。虽然薄膜也可直接测定，但只能用于定性鉴别。因为不同溶剂配制的待测液所测的紫外吸收光谱不同，所以溶剂的选择很重要。选择溶解聚合物的溶剂时要注意三点：

（1）选择能将聚合物充分溶解的溶剂。

（2）选择在测定范围内没有吸收或吸收很弱的溶剂。

（3）在同时满足上述两点的前提下，优先选择低极性溶剂。

3. 聚合物紫外光谱解析

紫外光谱图解析时如同红外光谱图的解析，也应同时顾及吸收带的位置、强度和形状三个方面。从吸收带的位置可估计产生该吸收的共轭体系的大小；吸收强度有助于 K 带、B 带和 R 带的识别；从吸收带形状可帮助判断产生紫外吸收的基团。某些芳环衍生物在峰形上显示一定程度的精细结构，这对推测结构是有帮助的。

一般紫外吸收谱都比较简单，大多数化合物只有一两个吸收带，因此解析较为容易。紫外吸收光谱的特征吸收带粗略归纳如下：①220～250nm 内显示强的吸收（$\varepsilon \geqslant 104$），表明 K 带的存在，即存在共轭的两个不饱和键（共轭二烯或 α, β-不饱和酮）；②250～290nm 内显示中等强度吸收，且常显示不同程度的精细结构，说明存在苯环或某些杂芳环；③250～350nm 内显示中、低强度的吸收，说明存在羰基或共轭羰基；④300nm 以上的高强度吸收，说明存在较大的共轭体系。

8.1.4　核磁共振波谱

核磁共振波谱作为表征物质的化学组成、结合及其变化的重要手段，可深入被测物质内部而不破坏样品，并具有快速、准确等特点，是研究聚合物分子结构、构型、构象的重要方法。

1. 基本原理

有自旋现象的原子核具有自旋角动量 P。原子核带正电粒子，在自旋时产生磁矩 μ。磁矩 μ 和角动量 P 符合：

$$\mu = \gamma \cdot P \tag{8-3}$$

式中，γ 为磁旋比。

核的自旋角动量用自旋量子数 I 表示。P 与 I 的关系如下：

$$P = \sqrt{I(I+1)} \cdot \frac{h}{2\pi} \tag{8-4}$$

自旋量子数 I 与原子的质量数 A 及原子序数 Z 有关。质量数和原子序数均为偶数的核，自旋量子数 $I = 0$，没有自旋现象。当自旋量子数 $I = \frac{1}{2}$ 时，核电荷呈球形分布于核表面，它们的核磁共振现象较为简单，是目前研究的主要对象。其中，应用最广的是 ^1H 和 ^{13}C 核磁共振谱。

若将自旋核放入场强为 B_0 的磁场中，由于磁矩与磁场相互作用，核磁矩相对外加磁场有不同的取向。它们在外磁场方向的投影是量子化的，用磁量子数 m 描述。自旋量子为 I 的核在外磁场中可有（$2I+1$）个取向，每种取向各对应一定的能量，用下式确定：

$$E = -\frac{m\mu}{I}\beta B_0 \tag{8-5}$$

式中，B_0 为以 T 为单位的外加磁场强度；β 为核磁子，是常数，等于 5.049×10^{-27}J/T。

如果以射频照射处于外磁场 B_0 中的核，且射频频率 ν 恰好满足下列关系时：

$$h\nu = \Delta E \text{ 或 } \nu = \mu\beta\frac{B_0}{Ih} \tag{8-6}$$

处于低能态的核将吸收射频能量而跃迁至高能态，其净效应是吸收，产生共振信号。

2. 核磁共振波谱仪

核磁共振波谱仪的测试原理如图 8-4 所示。将试样放在试管内,试管放在传感线圈中。传感线圈的轴垂直于外磁场 H_0 和射频磁场 ν_0。通过调控 H_0 的强度,射频磁场可由射频发生器产生某一频率的电磁波通过试管外的射频输入线圈,作用于试样。由传感线圈接收的信号经射频放大器、检波器、低频放大器后,可通过示波器观察,或由计算机记录,获得核磁共振波谱图。

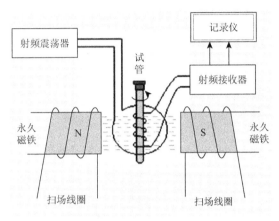

图 8-4 核磁共振波谱仪测试原理

3. 化学位移

原子核的磁矩与外磁场的相互作用受到核外电子抗磁屏蔽的影响,会使共振频率与裸核的共振频率不同。显然,同一分子中相同原子如果其化学结合状态不同,则共振频率就不一样,常称它们为不等同的原子。例如,CH_3CH_2I 中有两种不等同的氢原子。原子与质子置于外磁场 H_0 中,其运动电子产生附加磁场 $H_{反} = -\sigma H_0$,其方向与 H_0 相反,因此作用在原子核的磁场强度为 $H = H_0(1-\sigma)$,其中 σ 称为屏蔽常数,结果使原子核的能层间差值减少,这种相对位移称为化学位移。

化学位移的表示方法有多种。化学位移是由电子和外磁场相互作用所引起的,因此与外磁场的大小有关,常用相对单位 δ(ppm)来表示,当固定射频场频率 ν_0 而改变外磁场强度时

$$\delta = (H_{标准} - H_{试样})/H_{标准} \times 10^6 \text{ppm} \tag{8-7}$$

当固定外磁场强度 H_0 而改变射频场频率 ν_0 时

$$\delta = (\nu_{标准} - \nu_{试样})/H_{标准} \times 10^6 \text{ppm} \tag{8-8}$$

近年来,倾向于用 τ 表示化学位移,以四甲基硅烷作为内标,其 τ 值定为 10.00,则未知样品的 $\tau = 10.00 - \delta$。

4. 核磁共振波谱解析

以核磁共振氢谱为例,谱图解析过程如下:①检查整个氢谱谱图的外形、信号对称性、分辨率、噪声、被测样品的信号等;②注意使用溶剂的信号、杂质峰等;③确定内标的位置,若有偏移应对全部信号进行校正;④从积分曲线计算质子数;⑤解析单峰,对照标准图,解析是否有—CH_3—O—、RO—CH_2—Cl 等特征基团;⑥确定有无芳香族化合物,如果在 6.5~8.5ppm 范围内有信号,则表示有芳香族质子存在;⑦解析多重峰,根据各单峰之间的关系,

确定有哪种基团；⑧用重水交换确定有无活泼氢；⑨连接各基团，推出结构式。例如，已知某杂环化合物分子式，使用 DMSO 作为溶剂，测定核磁共振氢谱如图 8-5 所示，解析分子内各质子归属。

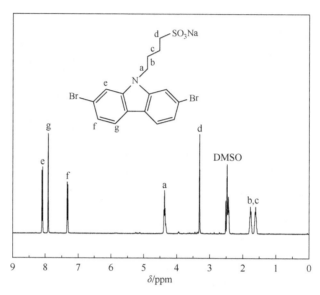

图 8-5　化合物核磁共振氢谱图

解析：6.5～8.5ppm 范围内出现质子，归属芳香族质子。4 个—CH$_2$—基团由于化学环境不同，质子化学位移发生移动，参考给定的分子式，确定 1.5～2.0ppm 归属 b，c 位质子，3.3ppm 归属 d 位质子，4.4ppm 归属 a 位质子。

聚合物一些重要基团的化学位移数据列于图 8-6 中。

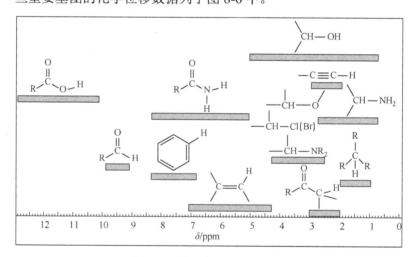

图 8-6　重要基团的化学位移

8.1.5　X 射线分析

X 射线分析是一种重要的聚合物结构和物相分析技术，能获得聚合物晶态类型、晶体结构、结晶度等大量信息。

1. 基本原理

　　X 射线是由高能电子的减速运动或原子内层轨道电子的跃迁产生的短波电磁辐射。X 射线的波长为 0.01～2.5nm。X 射线衍射分析是将具有一定波长的 X 射线照射到物质上时，X 射线因遇到原子或离子而发生散射，散射的 X 射线在某些方向上相位得到加强，从而显示与结构相对应的特有衍射图谱。如果物质具有周期性结构（晶区），则 X 射线被相干散射，入射光与散射光之间没有波长的改变，这种过程称为 X 射线衍射效应，在广角度上测定称为广角 X 射线衍射。如果试样具有不同密度的非周期性结构（非晶区），则 X 射线被不相干散射，有波长改变，这种过程称为漫射 X 射线衍射效应（简称散射），在小角度上测定称为小角 X 射线散射。

　　1）广角 X 射线衍射的基本原理

　　设有等同周期为 d 的原子面，入射线与原子面间的交角为 θ。由图 8-7 可知，从原子面散射出来的 X 射线产生衍射的条件是相邻的衍射 X 射线间的光程差等于波长的整数倍，即

$$2d\sin\theta = n\lambda \tag{8-9}$$

这就是布拉格（Bragg）公式。式中，n 为整数，由 X 射线的波长和实验测得交角 θ 可算出等同周期 d。

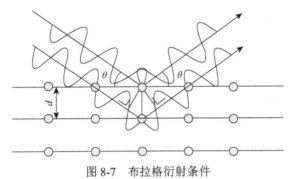

图 8-7　布拉格衍射条件

　　广角 X 射线衍射分为粉末照相法和单晶转动法。粉末照相法是指当单色的 X 射线通过粉末晶体时，因为粉末中包含无数任意取向的晶体，由于晶粒取向的随意性，反射性将形成以入射角为轴的衍射线圆锥，该圆锥顶角为 4θ。满足布拉格公式的晶面可以有很多组，它们或是相应于不同 n 值的（如 $n = 1, 2, 3, \cdots$），或是相应于不同的面间距 d 的，这样就得到了很多顶角不等的锥形光束。如果将这些锥形光束摄制下来，就得到了一系列的同心圆或圆弧，如样品至相片的距离 R 已知，从衍射图上测得圆或圆弧的直径 l，则 θ 可按下式算出

$$\frac{l}{2\pi R} = \frac{4\theta}{360} \quad \text{或} \quad \theta = \frac{90l}{2\pi R} \tag{8-10}$$

也可按式（8-11）计算

$$2\theta = \tan^{-1}\frac{l}{2R} \tag{8-11}$$

　　单晶旋转法是指不动的单晶不能产生衍射图案，但是当晶体以恒速转动时，它们的晶面是可以满足产生衍射图案的条件的。如果一束窄的 X 射线束垂直地投射到晶体的主晶轴方向的一列原子上，而晶体是绕着主晶轴以恒速转动着，并且主晶轴的等同周期为 x，则这一序列原子所散射的 X 射线满足衍射的条件是

$$x\cos\varphi = n\lambda \quad (n = 0, \pm1, \pm2, \cdots) \tag{8-12}$$

这样，当晶体转动时就产生了锥形散射光束。这些位于锥形光束上的衍射线可以用两种方法摄制成衍射图案：一种是将相片卷成圆筒形，样品放在圆筒形相片的中心，X 射线从一侧射入，这样得到的衍射图案是许多平行的层线，层线上分布着许多衍射点，每一层线相当于不同的 n 值，$n = 0$ 的层线即入射光束的线称为赤道线；另一种方法是将平整的照相底片放置在垂直于 X 射线入射的方向上，这样得到的是一系列的双曲线。

从照片图上很容易测定顺着旋转轴方向的等同周期 x，R 是样品离照相底片间的距离，A 是 n 次层线与赤道线间的距离，则

$$\chi = n\lambda / \cos\phi; \quad \phi = \tan^{-1}\frac{R}{A} \tag{8-13}$$

聚合物很难得到足够大的单晶，所以用来作 X 射线研究的都是部分结晶的多晶体，甚至是玻璃态，这样得到的衍射图案是弥散的图。但聚合物的薄膜或纤维经单向拉伸后，可以使分子链有一定程度的取向，晶粒也有一定程度的取向。可以将晶粒中的原子面分为两类：一类晶面垂直于拉伸轴；另一类晶面平行于拉伸轴，没有一定的方向，因此纤维就满足了单晶旋转的条件。当入射的 X 射线垂直于拉伸轴的方向投射到纤维的样品时，就产生纤维衍射图，得到的图案与旋转晶体的图案是一样的，沿纤维轴（分子链方向）的等同周期可从衍射图上测定层线间的距离而得到。

聚合物晶胞的对称性不高，一般是三斜或单斜晶系，衍射点不多，而且有些还重叠在一起，又与非晶态的弥散图混在一起。因此，晶胞参数不易求得，可以根据已知的键长键角间的关系做出模型，然后按设想的分子模型计算各衍射点的强度，检查是否与实验符合，从而确定晶体中高分子链上的各个原子的相对排列方式。X 射线衍射法除了可以测定晶体结构的晶胞参数外，还可以测定纤维的取向度和晶态聚合物的结晶度。

2）小角 X 射线散射的基本原理

小角 X 射线散射法在仪器构造、测试原理和应用范围上，与广角 X 射线衍射有很大的差异。通常，广角 X 射线衍射法的衍射角 θ 为 $10°\sim30°$，能够测定的晶格间距在几纳米以下。可是，在晶态聚合物中，常要求测定几十纳米的长周期，就要求测定角度缩小到小角范围。小角 X 射线散射的散射角 θ 小于 $2°$。由于测定的 θ 较小，就要求入射的 X 射线是一束单色准直的平行光。另外，照相底片与试样的距离必须得远，才能使入射光与小角度的散射光分开。

聚合物在小角测量时有两种 X 射线的效应：一种是弥散的散射；另一种是不连续的衍射。这两者是相互独立的。无论固态的或液态的聚合物，都有弥散散射。一般情况，这种弥散散射强度在 $\theta = 0°$ 处最强，在 $1°\sim2°$ 内随着角度增加而下降。许多固体晶体聚合物都有不连续的衍射，最常见的是衍射强度在相当于布拉格空间 $75\sim200\text{Å}$ 处有一极大值。在通常情况下，取向聚合物的小角 X 射线散射谱图中既有弥散的散射，又有不连续的衍射。

2. X 射线衍射分析的应用

定性分析广角 X 射线衍射图可得到如下信息：①试样的形态（结晶或非晶）；②结晶的类型；③结晶的大致程度；④晶粒的取向及大致程度。定量分析广角 X 射线衍射数据可得到如下信息：①晶胞参数；②结晶度；③取向度。

用广角 X 射线衍射实例区别晶态聚合物和非晶态聚合物。如图 8-8 所示，晶态聚合物的衍射环和非晶态聚合物的弥散环区别明显。

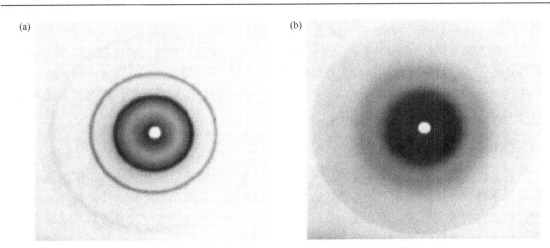

图 8-8　晶态聚合物的衍射环（a）和非晶态聚合物的弥散环（b）

小角 X 射线散射能用于研究几纳米到几十纳米的高分子结构，如晶片尺寸、长周期、溶液中聚合物分子间的回转半径、共聚物和嵌段聚合物的片层结构等。

8.2　热　分　析

热分析是指在程序控温下，测量物质的物理性质随着温度变化的一类技术，是用热力学参数或物理参数随温度变化的关系进行分析的方法。人们通过检测样品本身的热物理性质随温度或时间的变化，来研究物质的分子结构、凝聚态结构、分子运动的变化等。

根据测定的物理参数又分为多种方法，如差示扫描量热分析、热重分析（thermogravimetric analysis，TGA）等。本节主要介绍这两种热分析方法。

8.2.1　差示扫描量热分析

DSC 测定的是相同的程控温度变化下，用补偿器测量样品与参比物之间的温差保持为零所需热量对温度 T 的依赖关系。如图 8-9 所示，DSC 曲线的纵坐标为焓变化率 dH/dT，曲线中出现的热量变化峰或基线突变相对于聚合物的转变温度。DSC 主要优点是对热效应的响应快、灵敏，峰的分辨率更好，是一种快速可靠的热表征方法。

DSC 可以测定聚合物的比热容、反应热、转变热、结晶速率、结晶度及玻璃化转变温度 T_g 等。如图 8-9 所示，对于熔融 T_m 或结晶转变温度 T_c，通常取峰顶温度或峰两侧各自的斜率最大处作的两条切线的交点作为转变温度。

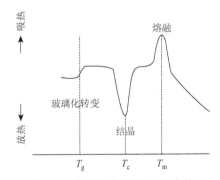

图 8-9　典型聚合物的 DSC 曲线

对于结晶度 C，首先通过标准物质测出单位面积所对应的热量（单位为 mJ/cm^2），再由测试样品的峰面积即可求得样品的熔融焓 ΔH_f（单位为 mJ/cm^2），若百分之百结晶样品的熔融焓 ΔH_f^*是已知的，则可按式（8-14）计算样品的结晶度 C：

$$C = \frac{\Delta H_f}{\Delta H_f^*} \times 100\%$$
（8-14）

传统 DSC 只能获得单一信号，使用传统 DSC 测定聚合物要得到高的分辨率必须采用较多样品和较慢升温速率，如果要得到高分辨率必须以降低灵敏度作为代价。近年来出现的调制 DSC（modulated DSC，MDSC）解决了这一难题。MDSC 与传统 DSC 的热流传感装置相同，但升温方式不同，MDSC 主要改进在于，其程控温度基于传统的线性加热程序上叠加正弦振荡加热方式进行调制得到锯齿形升温模式。MDSC 以缓慢线性加热方式得到高解析度，同时采用正弦波振荡加热方式形成瞬间剧烈的温度变化而保证高灵敏度，因而可以观测到某些传统 DSC 无法测定或被掩盖的弱转变。

8.2.2　热重分析

热重分析是在程序控温下测量物质的质量随温度（或时间）的变化关系。应用热重分析可以研究聚合物在不同气氛下的热稳定性和热分解作用，还可测定水分、挥发物和残渣、增塑剂的挥发性和吸湿性、吸附和解吸、气化速度和汽化热、升华速度和升华热、缩聚聚合物的固化程度、有填料的聚合物的组成等。

从热重分析还可以派生出微商热重分析，也称导数热重分析，它是记录 TG 曲线对温度或时间的一阶导数的一种技术。实验得到的结果是微商热重曲线，即 DTG 曲线。DTG 曲线的特点是能精确反映出每个失重阶段的起始反应温度、最大反应速率温度和反应终止温度。DTG 曲线上各峰的面积与 TG 曲线上对应的样品失重量成正比。

热重分析的特点是定量性强，能准确地测量物质的质量变化及变化的速率，只要物质受热时发生质量变化，都可以用热重分析来研究。

8.3　显　微　分　析

8.3.1　偏光显微镜

用偏光显微镜研究聚合物的结晶形态是目前实验室中较为简便而实用的方法。由于结晶条件不同，晶态聚合物会形成不同的结晶形态，如单晶、球晶、伸直链晶体、串晶、柱晶等。晶态聚合物的一些使用功能（如光学透明性、冲击强度等）与其内部的结晶形态、晶粒大小及完善程度有着密切的联系。

光波是电磁波，其传播方向与振动方向相垂直。若取垂直于光波传播方向上的一个横截面作为观察面，则自然光的振动方向在观察面中的各个方向上的概率相等。而若振动方向只有一个方向时，则称为线偏振光。

将自然光转变成线偏振光的仪器称为起偏振器。通常用得较多的起偏振器有尼克耳棱镜和人造偏振片。起偏振器既能够用来将自然光转变成线偏振光，也能够用来检查线偏振光，此时它被称为检偏振器（或分析器）。偏光显微镜与普通显微镜的不同之处就在于其光路中加入了起偏振器和检偏振器，其中，靠近光源的偏振片是起偏振器，而靠近目镜的偏振片是检偏振器。当起偏振器与检偏振器的振动方向相互垂直时，称为正交偏振场，此时从目镜中看到的光强最弱。

偏光显微镜的光源可以是电光源，也可以是由一个反光镜反射的自然光。由光源发出的非偏振光通过起偏振器后变成线偏振光，照射到置于工作台上的结晶试样上，由于晶体的双折射效应，光束被分解为振动方向相互垂直的两束线偏振光。这两束线偏振光中只有平行于检偏振器振动方向的分量才能够通过检偏振器，到达目镜。而通过了检偏振器的这两束光的分量具有相同的振动方向和频率，从而产生干涉效应，从目镜里看到的图像是一个干涉图像。

8.3.2　电子显微镜

电子显微镜简称电镜,是根据电子光学原理,用电子束和电子透镜代替光束和光学透镜,使物质的细微结构在高放大倍数下成像的仪器。电子显微镜的主要特点是具有高放大倍数和分辨能力,可以观察到普遍光学显微镜所看不见的细微结构。电子显微镜常用的有透射电子显微镜和扫描电子显微镜(scanning electron microscope,SEM)。

聚合物是一个复杂体系,其结构研究相当困难。截至目前,有关聚合物结构的研究还存在诸多争论。电子显微镜在聚合物结构研究中提供了直接可靠的实验证据,因此它与 X 射线衍射法一样,是研究聚合物结构的一种重要方法。目前,电子显微镜所能达到的分辨能力是 1～2Å,比光学显微镜的分辨能力高了数百倍。

1. 透射电子显微镜

透射电子显微镜的构造相当复杂,主要包括稳定的高压电源、高真空系统和显微镜筒等几个部分。显微镜筒是成像的主要部分,它的结构与光学显微镜相类似。如图 8-10 所示,显微镜筒包括电子枪(相当于光学显微镜中的光源)、电磁聚光镜、电磁物镜、电磁投影镜和用来观察物像的荧光屏。不同的是,透射电子显微镜的光源是高速的电子流。在光学显微镜中,光线通过物体时,由于物体各部分厚薄疏密程度的不同,对光的吸收程度有差别,因此形成了轮廓清楚的物像。然而,透射电子显微镜中物像的形成是物体内部结构对电子发生散射作用的结果。物体各部分厚薄疏密程度的不同,对电子散射的能力也各不相同,物体厚度和密度越大,对电子的散射能力越强,即电子被散射的角度越大。因此,电子束通过物体时,以不同的角度被散射开,然后通过接物透镜重新成像,再经投影透镜放大,最后电子打在荧光屏上,显示出明亮清晰的物像,可以直接观察或摄影记录。

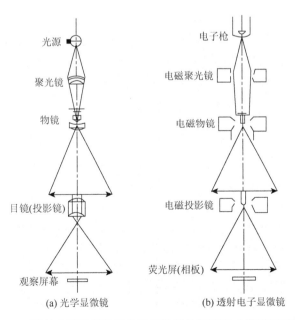

图 8-10　透射电子显微镜和光学显微镜的构造和成像原理示意图

显微镜的分辨能力由式（8-15）决定

$$d = \lambda / 2n \sin\theta \tag{8-15}$$

式中，d 为显微镜能分辨的邻近两个点的最小距离；λ 为光源的波长；n 为透镜周围介质的折射率；θ 为透镜对成像点张角的 1/2。

可以看出，显微镜的分辨能力 d 与光源波长成正比，即光源的波长越短，显微镜的分辨能力越高。普通光学显微镜的分辨能力为 100nm～10μm。透射电子显微镜以电子束为光源，其波长比可见光短得多，所以透射电子显微镜的分辨能力比普通光学显微镜更高。电子的波长与加速电压的高低有关，加速电压越高，电子的速度越大，波长越短。

1）透射电子显微镜样品的制备

在透射电子显微镜的研究中，样品制备是一个极其重要的环节，它关系到检测的成败。由于电子束的穿透能力较弱，只能穿透不超过 1000Å 厚度的薄膜，因此，常规物体不能直接进行透射电子显微镜观察，必须经过一定的制备技术，制备成可观察样品。

样品的制备方法有两类：一类是直接法；另一类是间接法。凡是电子束可以透过的薄膜或薄片样品，都可以直接放入透射电子显微镜进行观察。为了获得这样的薄膜或薄片样品，可以采取稀溶液挥发成膜的办法，也可以使用专门的超薄切片机直接从固体聚合物材料上切取，前者适用于观察分子的大小和形态、薄膜的结构及培养得到的单晶等，后者适用于研究固体聚合物的内部结构。对于许多电子不能透过的大块聚合物样品，为了研究其结构，则必须采用样品复型的方法，制备可供观察的间接样品。样品复型方法是在原样品的表面上蒸发一层很薄的碳膜，然后将原样品聚合物溶解，留下一层与原样品的表面结构一样的复型薄膜，即可用于电子显微镜观察，对于不易溶解的试样，则需进行两次复型。

由直接法或间接法所制得的样品，虽然已可进行透射电子显微镜的观察，但所得的物像不够清晰，因此必须增加物像的反差。对于那些表面凹凸不平的样品，一般可作金属定向蒸发处理，来提高物像的反差。金属定向蒸发是在样品上以较小的角度定向蒸发一层重金属原子，使凹凸不平的表面上落下数量不等的重金属原子，由于重金属原子对电子具有极强的散射能力，因此落有重金属原子的区域在物像中出现阴影，增加物像的阴暗对比。同时，从阴影区域的大小可以确定样品凸起部分的高度 h，即

$$h = l \tan\theta \tag{8-16}$$

式中，l 为阴影的长度；θ 为金属原子喷射的角度。

在多相体系聚合物的结构研究中，则时常采用"着色"技术，使照片上样品的某些部分颜色加深，以便与样品的其他部分区别开来。例如，为了研究高抗冲聚苯乙烯和 ABS 等橡胶改性塑料的相结构与性质之间的关系，通常用四氧化锇处理样品。四氧化锇与橡胶中残留的不饱和双键反应，使样品的橡胶相部分"着色"，在透射电子显微镜照片上，橡胶相变成黑色，而塑料相则仍为白色，呈现清晰的相结构图像。

2）透射电子显微镜在聚合物研究中的应用

使用透射电子显微镜可以观察到一系列聚合物的单晶体。如图 8-11 所示，聚乙烯在二甲苯溶液中形成菱形薄片状单晶体，单晶体的镜片厚度在 100Å 左右。

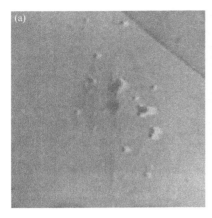
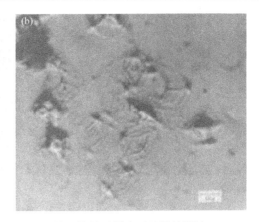

图 8-11　聚合物甘油（a）和聚乙烯（b）单晶体的透射电子显微镜照片

通过透射电子显微镜还能观察到比单晶体的结构形式更为复杂的球晶。如图 8-12 所示，通过透射电子显微镜发现，球晶是由许多扭曲成螺旋状的微小晶带所组成的，并确定在晶带中分子链是垂直于球晶的径向方向而平行排列的。

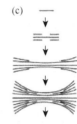
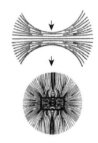

图 8-12　聚苯乙烯球晶的透射电子显微镜照片

此外，用透射电子显微镜还观察到几种特殊的聚合物结晶形态，包括在剪切力场下形成的纤维状晶体［图 8-13（a）］、在高压下形成的伸直链晶体［图 8-13（b）］和纤维状晶与片晶的复合体——串晶［图 8-13（c）］等。

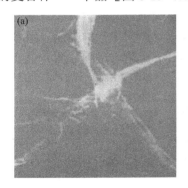
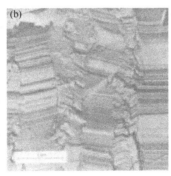
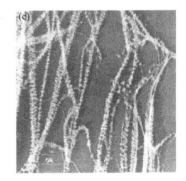

图 8-13　聚合物纤微状晶体（a）、伸直链晶体（b）和串晶（c）的透射电子显微镜照片

尽管对于聚合物的晶态结构细节尚有争论，但透射电子显微镜为晶态聚合物的结构研究提供了大量可靠的直接证据，现已成为不可缺少的工具，后续必将发挥巨大作用。

透射电子显微镜除了可研究聚合物晶态结构外，也可用于非晶态聚合物结构的研究。例如，用透射电子显微镜可以观察聚合物共混膜的形貌，如图 8-14 所示。

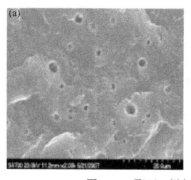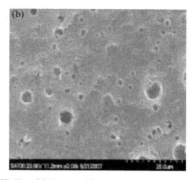

图 8-14　聚丁二烯与聚苯乙烯共混形貌图

（a）共混质量比 95∶5；（b）共混质量比 80∶20

2. 扫描电子显微镜

扫描电子显微镜是研究聚合物三维表面结构的有力工具。它在许多方面比透射电子显微镜优越，包括：

（1）聚焦景深 300 倍于光学仪器，因而粗糙的样品表面也可以构成细致清晰的图像，立体感更强。

（2）分辨率高，表面扫描电子显微镜二次电子像的分辨率已达 100Å，透射电子显微镜可达 5Å。

（3）放大倍数大，通过电子系统的变换，调节视域和聚焦条件，可使放大倍数从 20 倍调至 10 万倍。

（4）配置 X 射线接收系统，可直接探测样品表面的成分。

（5）配有各种性能的样品台，能使样品处于多种环境条件下进行实验观察，如表面形态、力学、磁学、电学性能测定，高低温条件下的相变及形态变化等。

图 8-15 是扫描电子显微镜的工作原理示意图。由灯丝、栅极和阳极构成电子枪，从电子枪发射出来的电子流，经过三个聚光镜聚焦后，变成一股细束。置于末级透镜上部的扫描线圈能使电子束在试样表面做光栅状扫描。试样在电子束作用下激发出各种信号，信号的强度取决于试样表面的形貌、受激区域的成分和晶体取向。由探测器和高灵敏毫微安计把激发出的电子信号接收下来，经信号放大处理系统输送到显像管栅极以调制显像管的亮度。由于显像管中的电子束和镜筒中的电子束是同步扫描的，由试样表面任一点所收集到的信号强度与显像管屏上相应点亮度之间是一一对应的，因此试样状态不同，响应的亮度也必不同。可见，

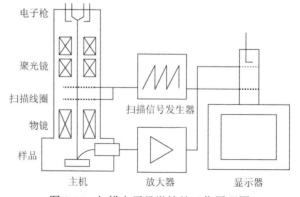

图 8-15　扫描电子显微镜的工作原理图

由此得到的图像一定是试样状态的反映。放置在试样斜上方的 X 射线接收系统可用来进行微区成分分析。

值得强调的是，入射电子束在试样表面上是逐点扫描的，像是逐点记录的，因此试样各点所激发出来的各种信号都可选录出来，并可同时在相邻的几个显像管上或记录仪上显示出来，这给试样综合分析带来极大的方便。

扫描电子显微镜可用于观察聚合物表面形貌（图 8-16）、断口形貌（图 8-17）、磨损形貌（图 8-18）等。

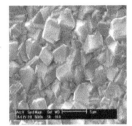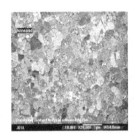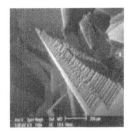

图 8-16　聚合物表面形貌的扫描电子显微镜照片

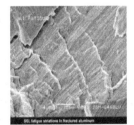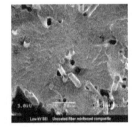

图 8-17　聚合物断口形貌的扫描电子显微镜照片

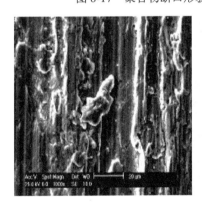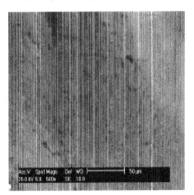

图 8-18　聚合物磨损形貌的扫描电子显微镜照片

随着高分子科学的发展，要尽量保持样品的原始表面，在不做任何处理的条件下进行扫描电子显微镜分析。最近出现的模拟环境工作方式的扫描电子显微镜，即环境扫描电子显微镜（environmental SEM，ESEM），就是为了适应上述条件而产生的新的扫描电子显微镜技术。环境扫描电子显微镜技术拓展了电子显微学的研究领域，是扫描电子显微镜领域的一次重大技术革命，是研究材料热模拟、力学模拟、氧化腐蚀等过程的有力工具，受到了广大科研工作者的广泛关注，具有广阔的应用前景。

8.4　力学性能分析

聚合物的力学性能是其受力后的响应,如形变大小、形变的可逆性和抗破损性能等。本节主要介绍描述力学性能的几个基本物理量及其表征方法,包括拉伸性能、冲击性能和动态力学性能。

8.4.1　聚合物的拉伸性能及表征方法

拉伸性能是聚合物力学性能中最重要、最基本的性能之一。拉伸性能的好坏可以通过拉伸实验来检验。

拉伸实验是在规定的实验温度、湿度和速度条件下,对标准试样沿纵轴方向施加静态拉伸负荷,直到试样被拉断为止。用于聚合物应力-应变曲线测定的电子拉力机是将试样上施加的载荷、形变通过压力传感器和形变测量装置转变成电信号记录下来,经计算机处理后,测绘出试样在拉伸变形过程中的拉伸应力-应变曲线。从应力-应变曲线上可得到材料的各项拉伸性能指标值,如拉伸强度、拉伸断裂应力、拉伸屈服应力、偏置屈服应力、拉伸弹性模量、断裂伸长率等。通过拉伸实验提供的数据,可对聚合物材料的拉伸性能做出评价,从而为产品质量控制、研究、开发及其他目的提供参考。

应力-应变曲线一般分为两个部分:弹性形变区和塑性形变区。在弹性形变区,材料发生可完全恢复的弹性形变,应力与应变呈线性关系。在塑性形变区,形变是不可逆的塑性形变,应力和应变增加不再呈正比关系,最后出现断裂。不同的聚合物材料、不同的测定条件,呈现不同的应力-应变行为。根据应力-应变曲线的形状,目前大致可将聚合物分成五种类型:

(1)软而弱型,拉伸强度低,弹性模量小,且断裂伸长率也不大,如溶胀的凝胶等。

(2)硬而脆型,拉伸强度和弹性模量较大,断裂伸长率小,如聚苯乙烯等。

(3)硬而强型,拉伸强度和弹性模量较大,且有适当的断裂伸长率,如硬聚氯乙烯等。

(4)软而韧型,断裂伸长率大,拉伸强度也较高,但弹性模量低,如天然橡胶、顺丁橡胶等。

(5)硬而韧型,弹性模量大、拉伸强度和断裂伸长率都大,如聚对苯二甲酸乙二醇酯、尼龙等。

影响聚合物拉伸强度的因素:

(1)聚合物的结构和组成。聚合物的相对分子质量及其分布、取代基、交联、结晶和取向是决定其拉伸强度的主要内在因素。通过在聚合物中添加填料,采用共聚和共混方式来改变高聚物的组成,可以达到提高聚合物拉伸强度的目的。

(2)实验状态。拉伸实验是用标准形状的试样,在规定的标准化状态下测定聚合物的拉伸性能。标准化状态包括试样制备、状态调节、实验环境和实验条件等,这些因素都将直接影响实验结果。在试样制备过程中,由于混料及塑化不均,引起微小气泡或各种杂质,在加工过程中留下来的各种痕迹,如裂缝、结构不均匀的细纹、凹陷、真空泡等,这些缺陷都会使材料拉伸强度降低。

拉伸速率和环境温度对拉伸强度也有非常重要的影响。塑料属于黏弹性材料,其应力松弛过程对拉伸速率和环境温度非常敏感。当低速拉伸时,分子链来得及位移、重排,呈现韧性行为,表现为拉伸强度减小,而断裂伸长率增大。高速拉伸时,高分子链段的运动跟不上外力作用速度，呈现脆性行为，表现为拉伸强度增大，断裂伸长率减小。由于聚合物品种繁多，不同的聚合物对拉伸速率的敏感不同。硬而脆的聚合物对拉伸速率比较敏感，一般采用较低的拉伸速率。韧性塑料对拉伸速率的敏感性小，一般采用较高的拉伸速率，以缩短实验周期，提高效率。

8.4.2 聚合物的冲击性能及表征方法

冲击性能是聚合物材料的一个非常重要的力学指标。它是指某一聚合物标准样品在每秒数米至数万米的高速形变下，在极短的负载时间下表现出的破坏强度，或者说是材料对高速冲击断裂的抵抗能力，也称为材料的韧性。通过抗冲击实验，可以评价聚合物在高速冲击状态下抵抗冲击的能力或判断聚合物的脆性和韧性程度。

冲击实验的方法很多，根据实验温度可分为常温冲击、低温冲击和高温冲击三种。依据试样的受力状态，可分为摆锤式弯曲冲击、拉伸冲击、扭转冲击和剪切冲击。依据采用的能量和冲击次数，可分为大能量的一次冲击和小能量的多次冲击。不同材料或不同应用可选择不同的冲击实验方法。需要特别注意，由于不同实验方法中试样受力形式和冲击物的几何形状不一样，所得冲击强度结果不能相互比较。

8.4.3 聚合物的动态力学性能及表征方法

当聚合物样品受到变化着的外力作用时，产生相应的应变。在这种外力作用下，对样品的应力-应变关系随温度等条件的变化进行分析，即为动态力学分析。动态力学分析是研究聚合物结构和性能的重要手段，它能得到聚合物的储能模量（E'）、损耗模量（E''）和力学损耗（$\tan\delta$），这些物理量是决定聚合物使用特性的重要参数。

聚合物材料如塑料、橡胶、纤维及其复合材料等都具有黏弹性。用动态力学的方法研究聚合物材料的黏弹性是一种非常有效的方法。研究材料的动态力学性能，就是要精确测量各种因素（包括材料本身的结构参数及外界条件）对动态模量及损耗因子的影响。

聚合物的性质与温度有关，与施加于材料上外力作用的时间有关，还与外力作用的频率有关。当聚合物作为结构材料使用时，主要利用它的弹性、强度，要求在使用温度范围内有较大的贮能模量。聚合物作为减震或隔音材料使用时，则主要利用它的黏性，要求在一定的频率范围内有较高的阻尼。当作为轮胎使用时，除应有弹性外，同时内耗不能过高，以防止生热脱层爆破，但是也需要一定的内耗，以增加轮胎与地面的摩擦力。为了了解聚合物的动态力学性能，需要在宽广的温度范围内对聚合物进行性能测定，简称温度谱；在宽广的频率范围内对聚合物进行测定，简称频率谱；在宽广的时间范围内对聚合物进行测定，简称时间谱。

温度谱采用的是温度扫描模式，是指在固定频率下测定动态模量及损耗随温度的变化，用以评价材料力学性能的温度依赖性。通过动态力学热分析（dynamic mechanical thermal analysis，DMTA），温度谱可获得聚合物的一系列特征温度，这些特征温度除了在研究高分子结构与性能的关系中具有理论意义外，还具有重要的实用价值。

频率谱采用的是频率扫描模式，是指在恒温、恒应力下测量动态力学参数随频率的变化，用于研究材料力学性能的频率依赖性。从频率谱可获得各级转变的特征频率，各特征频率取倒数，即得到各转变的特征松弛时间。利用时-温等效原理，还可以将不同温度下有限频率范围的频率谱组合成跨越几个甚至十几个数量级的频率主曲线，从而评价材料的超瞬间或超长时间的使用性能。

时间谱采用的是时间扫描模式，是指在恒温、恒频率下测定材料的动态力学参数随时间的变化，主要用于研究材料动态力学性能的时间依赖性。例如，用来研究树脂-固化剂体系的等温固化反应动力学，可得到固化反应动力学参数，如凝胶时间、固化反应活化能等。

习　题

1. 解析红外光谱图的三个基本要素。
2. 如何利用 X 射线衍射仪确定晶区和非晶区结构共存的聚合物材料的结晶度？
3. 电镜样品的基本要求是什么？
4. TEM 的样品制备方法有哪些？
5. X 射线衍射分析的应用领域有哪些？
6. TEM 的应用领域有哪些？
7. 应力-应变曲线分为哪几类？

 **超链接知识**

可溯源计量型扫描电子显微镜

可溯源计量型扫描电子显微镜是通过在高分辨力场发射扫描电子显微镜的基础上，加装激光干涉仪测距的纳米级高精度位移台，实现步进扫描代替传统电子束扫描的图像获取的新方法。该方法可直接关联图像扫描与激光干涉仪的位置测量，实现对样品纳米结构扫描成像的量值溯源，有效减少电子束扫描成像过程中放大倍率波动和扫描线圈非线性特征在纳米尺度测量中产生的误差，从而实现对样品纳米结构的溯源测量。可溯源计量型扫描电子显微镜对纳米尺度计量标准的制定、扫描电子显微镜及其他纳米尺寸测量仪器的校准、纳米标样和标物的校准等方面将起到重要作用。

聚合物防弹衣

作为一种重要的个人防护装备，防弹衣经历了由金属装甲防护板向聚合物合成材料的过渡。在第一次世界大战中，出现了以天然纤维织物为服装衬里，配以钢板制成的防弹衣。但是天然纤维在战壕中变质较快，使天然纤维配钢板式防弹衣在第一次世界大战中受到了交战各国的冷落，未能普及。在第二次世界大战中，弹片的杀伤力增加了 80%，而伤员中 70%因躯干受伤而死亡。各参战国开始不遗余力地研制防弹衣。这一时期的防弹衣以特种钢板为主要防弹材料，配以高强尼龙衬里。其中的高强尼龙为聚酰胺 66，是当时发明不久的合成聚合物材料。以尼龙为原料的防弹衣能为士兵提供一定程度的保护，但体积较大，质量也高达 6kg。

20 世纪 70 年代初，一种具有超高强度、超高模量、耐高温的合成聚合物材料——Kevlar，由美国杜邦公司研制成功，并很快在防弹领域得到了应用。美军率先使用 Kevlar 制作防弹衣，质量仅为 3.8kg。

参 考 文 献

方征平，王香梅. 2013. 高分子物理教程. 4 版. 北京：化学工业出版社

何曼君，张红东，陈维孝，等. 2007. 高分子物理. 3 版. 上海：复旦大学出版社

胡谷平，曾春莲，黄滨. 2011. 现代化学研究技术与实践——仪器篇. 北京：化学工业出版社

华幼卿，金日光. 2013. 高分子物理. 4 版. 北京：化学工业出版社

鲁宾斯坦，科尔比. 2007. 高分子物理. 励杭泉，译. 北京：化学工业出版社

汪瑗，阿里木江·艾拜都拉. 2008. 波谱解析关键技术. 北京：化学工业出版社

王曙. 1978. 偏光显微镜和显微摄影. 北京：地质出版社

翁诗甫，徐怡庄. 2016. 傅里叶变换红外光谱分析. 3 版. 北京：化学工业出版社

Bower D I. 2002. An Introduction to Polymer Physics. New York：Cambridge University Press

Chen J，Yang D C. 2004. Nature of the ring-banded spherulites in blends of aromatic poly (ether ketone) s. Macromolecular Rapid Communication，25（15）：1425-1428

Chen J，Yang D C. 2005. Phase behavior and rhythmic grown ring-banded spherulites in blends of liquid poly (aryl ether ketone) and poly (aryl ether ether ketone). Macromolecules，38（8）：3371-3379

Dun Y X，Jiang Y，Jiang S D，et al. 2004. Depletion-induced nonbirefringent banding in isotactic polystyrene thin films. Macromolecules，37（24）：9283-9286

Fisher J C，Hollomon J H，Turnbull D. 1948. Nucleation. Journal of Applied Physics，19（8）：775-784

Ho R M，Ke K Z，Chen M. 2000. Crystal structure and banded spherulite of poly (trimethylene terephthalate). Macromolecules，33（20）：7529-7537

Madhusudana N V，Savithramma K L，Chandrasekhar S. 1977. Short range orientational order in nematic liquid crystals. Pramana，8（1）：22-35

Patel D，Bassett D C. 2002. On the formation of S-profiled lamellae in polyethylene and the genesis of banded spherulites. Polymer，43（13）：3795-3802

Rubenstein M，Colby R H. 2003. Polymer Physics. New York：Oxford University Press Inc.

Sperling L H. 2005. Introduction to Physical Polymer Science. 4th ed. Hoboken：John Wiley & Sons，Inc.

Turnbull D，Fisher J C. 1949. Rate of nucleation in condensed systems. Journal of Chemical Physics，17（1）：71-74

Wang Z G，An L J，Jing B Z，et al. 1998. Periodic radial growth in ring-banded spherulites of poly (ε-caprolactone)/ poly (styrene-co-acrylonitrile) blends. Macromolecular Rapid Communication，19（2）：131-133

Wool R P. 1995. Polymer Interfaces：Structure and Strength. Munich：Hanser

Xing C M，Lam J W Y，Zhao K Q，et al. 2008. Synthesis and liquid crystalline properties of poly (1-alkyne) s carrying triphenylene discogens. Journal of Polymer Science Part A：Polymer Chemistry，46（9）：2960-2974

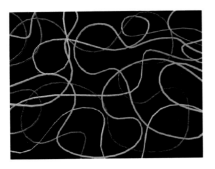

图 2-1 无规线团模型

图 2-2 间规聚苯乙烯球晶的偏光显微镜（a）和原子力显微镜（b）照片

图 2-4 聚丁二酸丁二醇酯球晶在偏光显微镜下的照片

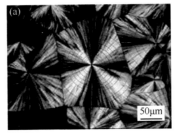

图 2-5 间规聚苯乙烯环状球晶偏光（a）和去偏光后（b）的照片

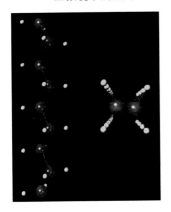

图 2-6 全对位交叉聚乙烯的构象

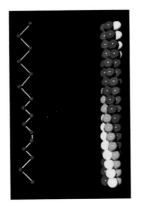

图 2-7 聚四氟乙烯的构象

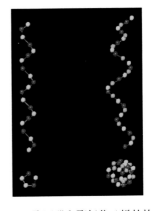

图 2-8 聚甲醛和聚氧化乙烯的构象

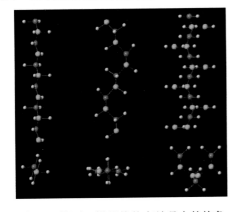

图 2-9 聚丁二烯异构体在结晶中的构象

图 2-30 单轴与双轴取向的结构示意图

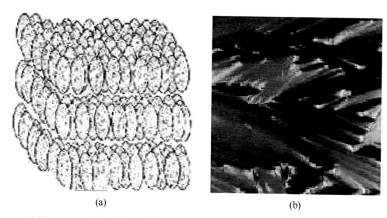

图 2-33　近晶相的分子排列示意图（a）和偏光显微镜照片（b）

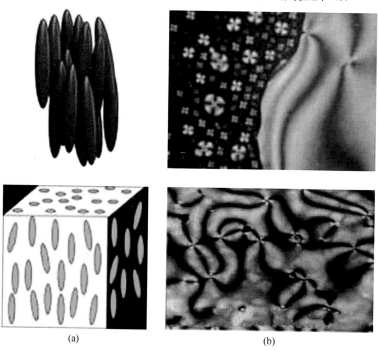

图 2-34　向列相的分子排列示意图（a）和偏光显微镜照片（b）

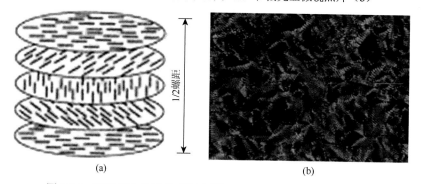

图 2-35　胆甾相的分子排列示意图（a）和偏光显微镜照片（b）